高等学校实验课系列教材

基础光学实验

EXPERIMENTATION

主 编 赵 艳
副主编 李巧梅 汪 涛

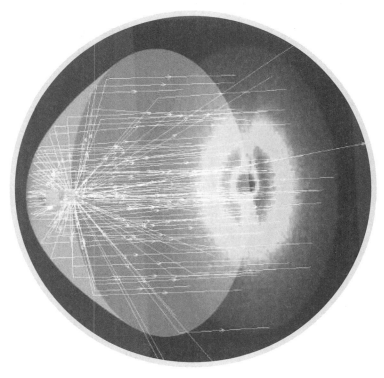

重庆大学出版社

内容简介

本书是参照教育部高等学校物理学与天文学教学指导委员会、物理基础课程教学指导分委员会 2010 年编制的《理工科类大学物理实验课程教学基本要求》，根据高校物理类专业普通物理实验教学需求，结合重庆大学物理学院多年光学实验教学经验，同时吸收国内众多高校的教学改革经验编写而成的。全书共分 8 章，第 1 章是绪论，介绍光学仪器的使用和维护规则、人眼的光学构造原理及特性、常用光路的调节及常用光学常数和光源，以及主要的物理实验数据处理方法；第 2 章介绍常用的光学实验仪器；第 3 章是基础光学实验，涵盖通常所说的几何光学、物理光学以及近代物理实验；第 4—7 章为综合性实验，目的在于巩固学生在基础实验阶段的学习成果，开阔眼界及思路，提高学生对实验方法和技术的综合运用能力；第 8 章是探究性实验，目的在于进一步提高学生的综合实验能力与科学研究的素质。全书共 61 个实验项目，其中纳入了一些与生产实践或科研有密切联系的、具有时代气息的实验项目。

本书为高等院校物理类各专业二年级本科学生的专业基础实验教学用书，对从事物理光学实验教学的高校教师来说，本书的部分新颖实验内容亦具有很好的参考价值。

图书在版编目（CIP）数据

基础光学实验／赵艳主编. -- 重庆：重庆大学出版社，2023.3
高等学校实验课系列教材
ISBN 978-7-5689-3733-7

Ⅰ . ①基… Ⅱ . ①赵… Ⅲ . ①光学—实验—高等学校—教材 Ⅳ . ①O43-33

中国国家版本馆 CIP 数据核字（2023）第 044554 号

基础光学实验
JICHU GUANGXUE SHIYAN

主 编 赵 艳
副主编 李巧梅 汪 涛
策划编辑：杨粮菊

责任编辑：杨育彪 版式设计：杨粮菊
责任校对：关德强 责任印制：张 策

*

重庆大学出版社出版发行
出版人：饶帮华
社址：重庆市沙坪坝区大学城西路 21 号
邮编：401331
电话：（023）88617190 88617185（中小学）
传真：（023）88617186 88617166
网址：http://www.cqup.com.cn
邮箱：fxk@cqup.com.cn（营销中心）
全国新华书店经销
重庆市正前方彩色印刷有限公司印刷

*

开本：787mm×1092mm 1/16 印张：14.25 字数：358 千
2023 年 3 月第 1 版 2023 年 3 月第 1 次印刷
印数：1—1 500
ISBN 978-7-5689-3733-7 定价：45.00 元

前 言

　　光学实验的主要特点是测量精度较高、实验仪器较为精密和易损、调试要求严格、数据重复性好。光学实验课是一门非常基础、重要的实验课,它具有丰富的实验思想、方法和手段,是培养学生科学实验能力,提高科学素质的摇篮。本书要求学生通过光学实验课程能够熟练、规范地使用常用的光学仪器,加深对光学理论的理解,掌握基本的光学实验方法和技能,着重培养学生分析问题、解决问题的创新性思维。一本配套的实验教材对达到本门课程实验教学目的起到事半功倍的作用。但目前国内外没有适合本校教学大纲的教材。本书是笔者在基础光学实验讲义的基础上,经过15届以上的试用以后改写而成的,积累了笔者多年的光学实验教学经验,特别是近几年在教学改革中所做的一些探索。

　　本书涵盖了通常所说的几何光学和物理光学的基础光学实验及综合实验、应用光学的综合实验以及相关的探究性实验。本书从基础光学实验出发到探究性光学实验,由浅入深地介绍了一系列几何光学、物理光学实验及其综合实验,并引入了应用性较强的光学系统像差理论综合实验和具有时代气息的空间光调制器参数测量及应用综合实验,最终以验收学习成果的探究性实验为终篇,目的是使学生通过本书的学习可以深入了解光学实验的构造、原理、意义,并通过引入一些探究性、创新性实验激发学生的创新意识。

　　本书展现了重庆大学物理实验中心开发的实验项目,物理实验中心的教师研制开发了"傅里叶透镜系列""光学法测微小形变""SLD 声光衍射效应仪"和"SI 智能单缝衍射测量仪"等仪器,在这些仪器基础上开发出了具有时代气息的新实验项目。本书有应用性比较强的光学系统像差理论综合实验,对以后从事光学仪器设计工作的学生大有裨益。本书第7章是空间光调制器参数测量及应用实验,空间光调制器是实时光学信息处理、自适应光学和光计算等现代光学领域的关键器件,对空间光调制器的性能熟悉和掌握以及为现代光学的学习奠定基础,有助于学生在这些现代光学领域的发展;

本书的探究性实验共 20 个，要求学生灵活运用掌握这些实验的原理和技能，自己设计实验方案并基本独立完成实验的全过程，进一步提高学生的综合实验能力与科学研究素质，加深学生对理论知识的理解。本书中的基础实验均对学生提出了相应要求，并且留有思考题，以提高学生对该实验的认识。为了方便读者，本书的主要实验仪器还附有相应的生产单位，以便查找。

由于编者水平有限，编写工作量大，书中定有疏漏和不妥之处，望读者和各位同仁不吝赐教。

编者

2022 年 6 月

目录

1

第 **1** 章
绪论

由于光学元件和仪器的自身特点，一些基本知识必须在做实验之前了解。

1.1 光学仪器的使用和维护规则

光学实验主要和光学仪器打交道，而光学仪器的核心部分是它的光学元件，如透镜、棱镜、反射镜等。这些光学元件大多数是用光学玻璃磨制，再抛光、镀膜而成的，它们的光学性能都有一定的技术指标，如果使用不当，就会使其光学性能降低，甚至造成损坏。常见的损坏包括以下几个方面。

（1）破损：往往是使用者不慎，使元件或仪器跌落、受震和受压造成的。

（2）磨损：往往是光学元件表面有灰尘等不洁物时，用手指、抹布或纸片擦拭致使元件表面留下细微的刻痕。

（3）污损：在一些不能清洗的镀膜表面染上油污渍，将造成永久性的污损。

（4）发霉：光学仪器长期处于高温、湿度大的环境中，由于表面微生物的繁殖，镜片模糊。

（5）腐蚀：酸、碱等化学药品对光学玻璃产生腐蚀。

由于以上原因，在使用及维护光学仪器时应严格遵守如下规则。

（1）在使用仪器前必须弄清楚仪器的正确使用方法，杜绝摆弄仪器。

（2）使用仪器要轻拿轻放，勿使仪器受冲击和震动。

（3）不得用手触摸仪器的光学表面。若必须用手拿某些光学元件，只能接触非光学表面部分。

（4）光学表面如有轻微的污痕或指印，可用特制的镜头纸或清洁的麂皮轻轻拂去；若表面有较严重的污痕，可用乙醚、丙酮、酒精等有机溶剂清洗（但镀膜面不能随便清洗）。

（5）搬动仪器时，用手托底座或手握仪器的主轴部分，不得随便拎起仪器及其部件。

（6）仪器或光学元件用毕应放回专用的盒内或箱内，不得随便乱放。

（7）光学仪器装配很精密，拆卸后很难复原，因此不能随便拆卸。

1.2 人眼的光学构造原理及特性

人眼的结构如图1.2.1所示。从光学原理上来说,人眼的晶状体相当于凸透镜,视网膜相当于成像屏,如果要看清外界的物体,则必须使物体发出的光线进入眼睛,经晶状体后在视网膜上成一实像,这个实像通过视神经引起视觉。

晶状体到视网膜之间的距离是固定的,要看清远近不同的物体则要靠睫状体的松弛或紧张来改变晶状体的曲率,从而改变其焦距,以便在视网膜上成像。但人眼的这种调节作用有一定的限度,正常眼睛的观察范围是从无穷远到明视距离,其中明视距离为25 cm。把观察处到眼睛的距离(单位:m)的倒数称为视度(单位:D),人眼观察远点的视度和近点的视度之间的范围反映人眼的观察距离调节能力,这种调节能力随着年龄的增加逐渐降低,儿童一般为几十视度,而老年人一般只有几视度。

物像只有落在视网膜上,才能够被看清楚,这需要眼球内晶状体等结构的调节。如不注意用眼卫生,或是长时间近距离看书,就会导致晶状体过度变凸,甚至眼球的前后径过长,远处物体所形成的物像落在视网膜的前方,从而看不清远处的物体,这就形成了近视。近视眼可通过佩戴凹透镜加以矫正。

能引起视觉的光谱范围为400~700 nm,人眼对540 nm左右的黄绿光最为敏感。大量实验表明,在正常照度下,人眼瞳孔直径为2~8 mm,最小分辨角为1′。虹膜是眼睛构造的一部分,属于眼球中层,位于血管膜的最前部,在睫状体前方,能自动调节瞳孔的大小,从而调节进入眼内光线的多少。

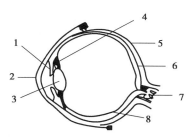

1—虹膜;2—角膜;3—晶状体;4—睫状体;5—巩膜;6—脉络膜;7—视神经;8—视网膜

图1.2.1 人眼的结构

1.3 视差和视差法

简单地说,视差是在纵深(即光轴)方向上两个像面不重合,即人眼在不同位置观察时,两个像面发生相对位移的现象。通过一定的手段,调节两个像面重合,消除视差现象的方法称为视差法。

光学实验中经常需要调节两个测量像面重合,或比较测量像的大小。如图1.3.1所示,量度标尺和被测物体不重合,读数将随着观察者眼睛位置的改变而改变,即它们之间有相对位移。只有把它们紧贴在一起,读数才不随眼睛位置的改变而变化,亦即当眼睛位置移动时,它们没有相对位移。反之,我们要使纵深方向的两个像面(或两个物体或一个像和一个物)重合,可以通过移动眼睛看它们是否有相对位移来检验。

　　一般规律:当眼睛位置移动时,远处的测量像面与眼睛位置移动方向相同,近处的测量像面与眼睛位置移动方向相反。根据这个规律我们就可以判断出测量的像面应该朝哪个方向移动才能与另一个像面重合,进而消除视差。

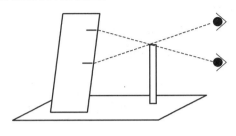

图 1.3.1　视差现象

1.4　光路的基本调节

1) 共轴等高的调节

　　在光具座上或平台上布置光路,都要进行共轴等高的调节,以保证光路的准确性。把所使用的光学元件中心调成相对于光具座导轨或光学平台面等高,并且各个透镜主光轴重合便称为共轴等高调节。

　　实验中有很多方法可以调节共轴等高,常用的方法如下:首先进行粗调,即把各个光学元件及透镜在光具座上或光学平台上聚在一起,观察者保持平视,目测各个元件的中心及透镜的光心是否在一条线上,并且这条线与光具座或光学平台平行,除此之外,还需目测各个光学元件及透镜的被夹持面是否平行且与光具座主轴垂直;然后用二次成像法进行细调,如图1.4.1所示,当物与像屏之间的距离大于透镜的四倍焦距时,固定物与屏之间的位置,移动透镜,则必能在屏上两次成像,并且一次成大像,一次成小像。如果物的中心 A 在透镜的主光轴上,那么两次成像在屏上的像中心位置是重合的(图 1.4.1),否则 A' 和 A'' 是不重合的(图 1.4.2)。如果大像中心 A'' 在小像中心 A' 的下面,则物的中心 A 高于透镜主光轴,需要降低物高或将透镜升高;反之大像中心 A'' 在小像中心 A' 的上面,此时需要升高物高或将透镜降低。在光具座实验中,一般是通过物的中心作一条和光具座平行的光轴 OO' ,在二次成像的过程中分别通过小像调屏的高度和大像调透镜高度的方式将屏中心及透镜的光心调到主轴 OO' 上。

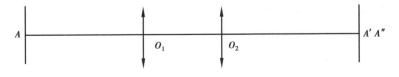

图 1.4.1　物与透镜共轴等高

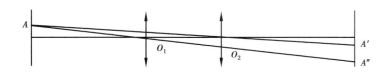

图 1.4.2　物与透镜不共轴等高

2）扩束和准直

在光学实验中,往往需要把细光束扩大(即扩束)或需要产生平行光(即准直)以满足具体的要求。图 1.4.3 和图 1.4.4 分别表示产生球面光波的扩束光路和产生平面光波的准直光路,其中 L_1 为短焦距的凸透镜,L_2 为准直透镜。

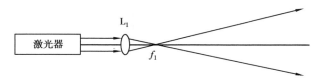

图 1.4.3　高斯光束扩束获得球面光波

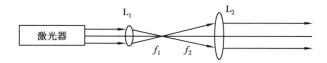

图 1.4.4　高斯光束扩束和准直获得平面光波

1.5　常用光学常数表

1）可见光颜色与光波波长对应表

可见光颜色与光波波长对应表见表 1.5.1。

表 1.5.1　可见光颜色与光波波长对应表

光的颜色	波长范围/nm	光的颜色	波长范围/nm
红色	630 ~ 760	青色	450 ~ 500
橙色	600 ~ 630	蓝色	430 ~ 450
黄色	570 ~ 600	紫色	400 ~ 430
绿色	500 ~ 570		

2）各种物质的折射率（波长为 589.3 nm）

（1）气体的折射率（正常温度和气压）见表 1.5.2。

表 1.5.2　气体的折射率（正常温度和气压）

气体名称	空气	氧气	氢气	水蒸气	二氧化碳
折射率 n	1.000 292 6	1.000 271	1.000 132	1.000 254	1.000 488

（2）液体的折射率（温度 20 ℃、标准大气压）见表 1.5.3。

表 1.5.3　液体的折射率（温度 20 ℃、标准大气压）

液体名称	水	乙醇	乙醚	甘油	加拿大树脂
折射率 n	1.333 0	1.361 4	1.351 0	1.474	1.530

（3）光学玻璃的折射率见表 1.5.4。

表 1.5.4　光学玻璃的折射率

光学玻璃	冕牌玻璃 K_8	冕牌玻璃 K_9	重冕牌玻璃 ZK_8	火石玻璃 F_8	重火石玻璃 ZF_1
折射率 n	1.515 90	1.516 30	1.614 00	1.605 51	1.647 50

（4）单轴晶体的折射率 n_o 和 n_e 见表 1.5.5。

表 1.5.5　单轴晶体的折射率

单轴晶体	方解石	晶态石英	电石	硝酸钠	锆石
折射率 n_o	1.658 4	1.544 2	1.669	1.587 4	1.923
折射率 n_e	1.486 4	1.553 3	1.638	1.336 1	1.968

（5）双轴晶体的折射率见表 1.5.6。

表 1.5.6　双轴晶体的折射率

双轴晶体	云母	蔗糖	酒石酸	硝酸钾
折射率 n_α	1.560 1	1.539 7	1.495 3	1.334 6
折射率 n_β	1.593 6	1.566 7	1.535 3	1.505 6
折射率 n_γ	1.597 7	1.571 6	1.604 6	1.506 1

1.6　常用光源

光源是光学实验系统中不可缺少的组成部分,对不同的光学实验常使用不同的光源。现将光学实验中的常用光源介绍如下。

1) 白炽灯

白炽灯是以热辐射形式发射光能的电光源。它通常用钨丝作为发光体,为防止钨丝在高温下蒸发,在真空玻璃泡内充进惰性气体,通电后温度约 2 500 K 达到白炽发光。白炽灯的光谱是连续光谱,其光谱能量分布曲线与钨丝的温度有关。白炽灯可作白光光源和一般照明用。光学实验中所用的白炽灯一般多属于低电压类型,常用的有 3 V、6 V、12 V。使用低压白炽灯时,要特别注意供电电压,必须与白炽灯的标称值相等,否则会使白炽灯亮度不足、烧毁甚至发生爆炸。在白炽灯中加入一定量的碘、溴就成了碘钨灯或溴钨灯(统称卤素灯),这种

灯有其特别的优点:

①灯壳不发黑、光较稳定。

②玻壳较清洁,允许使用较高的稀有气体气压。

③灯的体积小,可选用氪气达到高光效。

卤素灯常被用作强光源,使用时除注意工作电压外,还应考虑电源的功率及散热的问题。

2) 汞灯

汞灯是一种气体放电光源。它是以金属汞蒸气在强电场中发生游离放电现象为基础的弧光放电灯。

汞灯有低压汞灯与高压汞灯之分,实验室中常用低压汞灯。低压汞灯的汞蒸气压通常在一个大气压以下,正常点燃时发出汞的特征光谱,其波长见表1.6.1。

表1.6.1　低压汞灯光谱线波长表

颜色	波长/nm	相对强度	颜色	波长/nm	相对强度
紫	404.66	弱	绿	546.07	很强
紫	407.78	弱	黄	576.96	强
蓝	435.83	很强	黄	579.07	强
青	491.61	弱			

在低压汞灯内壁涂上荧光粉,使涂层转变成可见辐射,选择适当的荧光物质,则发出的光与日光接近,这种荧光灯称为日光灯。日光灯点燃时发出的光谱既有白光光谱线又有汞的特征光谱线。使用汞灯时必须在电路中串联一个符合灯管参数要求的镇流器后才能接到交流电源上。严禁将灯管直接并联到220 V的市电上,否则会即刻烧坏灯丝。灯管点燃后,一般要等10 min甚至30 min发光才趋稳定,灯管熄灭后若想再次点燃,则必须等待灯管冷却,汞蒸气压降到适当程度之后,才可以重新点燃。为了保护眼睛,不要直接注视汞灯光源,以防紫外线灼伤。

3) 钠光灯

钠光灯也是一种气体放电光源。它是以金属钠蒸气在强电场中发生游离放电现象为基础的弧光放电灯,实验室常用低压钠光灯。钠光灯被点燃后,当管壁温度为260 ℃时,管内钠蒸气压为3×10^{-3} Torr(1 Torr=133.32 Pa),发出波长为589.0 nm和589.6 nm两种黄光谱线,由于这两种单色黄光波长较接近,一般不易区分,故常以它们的平均值589.3 nm作为钠黄光的波长值。钠光灯可作为实验室一种常用的单色光源。钠光灯的使用方法与汞灯相同。

4) 氦氖激光器

氦氖(He-Ne)激光器是20世纪60年代发展起来的一种新型光源。它与普通光源相比,具有单色性好、相干长度长、发光强度大、方向性好(几乎是平行光)等优点。

实验室常用的氦氖激光器,由激光工作物质(He、Ne混合气体)、激励装置和光学谐振腔3部分组成。放电管内的He、Ne混合气体,在直流高压激励作用下受激辐射形成激光,经光学谐振腔加强到一定程度后,从谐振腔的一端面反射镜发射出去。谐振腔的两端各装有一块镀有多层介质膜、面对面地平行放置的反射镜,它是激光管的重要组成部分,因此,氦氖激光器必须保持清洁,防止灰尘和油污的污染。

在光学实验中,可以利用各种光学元件将激光管发射出的激光束进行分束、扩束或改变激光束的方向,以满足实验的不同要求。

另外,氦氖激光器的形式颇多,因此输出的激光特性也各不相同,例如,装有布儒斯特窗的外腔式激光管输出的激光为线偏振光,而内腔式激光管输出的是圆偏振光。

由于激光管射出的激光束发散角小、能量集中,故切勿迎着激光束直接观看激光。直视未充分扩束的少许光将造成人眼视网膜的永久损伤。另外,氦氖激光器工作时激光管两端加有直流高压(1 200 ~ 8 000 V),因此,实验中不得触摸,以防电击事故的发生。

1.7　物理实验数据处理的基本方法

实验得到的一系列数据,往往是零碎而有误差的,要从这一系列数据中得到可靠的实验结果,找出物理量之间的变化关系及其服从的物理规律,得靠正确的数据处理方法。所谓数据处理,就是对实验数据通过必要的整理分析和归纳计算,得到实验的结论。常用的方法有列表法、作图法、逐差法和最小二乘法。

1)列表法

在记录和处理数据时,常常将所得的数据列成表格。数据列表后,可以简单而明确、形式紧凑地表示出有关物理量之间的对应关系;便于随时检查结果是否合理,及时发现问题,减少和避免错误;有助于找出有关物理量之间规律性的联系,进而求出经验公式等。

列表的要求是:

(1)要写出所列表格的名称,列表力求简单明了,便于看出有关量之间的关系,便于后面的处理数据。

(2)列表要标明各符号所代表的物理量意义(特别是自定的符号),并注明单位。单位及测量值的数量级写在该符号的标题栏中,不要重复记在各个数值上。

(3)列表时可根据具体情况,决定列出哪些项目。个别与其他项目联系不密切的数据可以不列入表内。列入表中的除原始数据外,计算过程中的一些中间结果和最后结果也可以列入表中。

(4)表中所列数据要正确反映测量结果的有效数字。

2)作图法

(1)作图法的作用和优点。

物理量之间的关系既可以用解析函数关系表示,也可用图示法表示。作图法是把实验数据按其对应关系在坐标纸上描点,并绘出曲线,以此曲线揭示物理量之间对应的函数关系,从而求出经验公式。作图法是一种被广泛用来处理实验数据的很重要的方法。它的优点是能把一系列实验数据之间的关系或变化情况直观地表示出来。同时,作图连线对各数据点可起到平均的作用,从而减小随机误差;还可从图线上简便求出实验需要的某些结果。例如,求直线斜率和截距等;从图上还可读出没有进行观测的对应点(称内插法);此外,在一定条件下还可从图线延伸部分读到测量范围以外的对应点(称外推法)。

作好一幅正确、实用、美观的图是实验技能训练的一项基本功,应该牢固地掌握它。实验作图不是示意图,它既要表达物理量之间的关系,又要能反映测量的精确程度,因此必须按一定的要求作图。

（2）作图的步骤及规则。

①作图一定要用坐标纸。根据所测的物理量,经过分析研究后确定应选用哪种坐标纸。常用的坐标纸有:直角坐标纸、单对数坐标纸、双对数坐标纸、极坐标纸等。

②坐标纸大小的确定。坐标纸大小一般根据测得数据的有效数字位数来确定,原则上应使坐标纸上的最小格对应有效数字最后一位可靠数位。

③选坐标轴。以横轴代表自变量,纵轴代表因变量,画两条粗细适当的线表示横轴和纵轴,并画出方向。在轴的末端近旁标明所代表的物理量及单位。

④定标尺及标度。在用直角坐标纸时,采用等间隔定标和整数标度,即对每个坐标轴在间隔相等的距离上用整齐的数字标度。

标尺的选择原则:

a. 图上观测点坐标读数的有效数字位数与实验数据的有效数字位数相同。

b. 纵坐标与横坐标的标尺选择应适当。应尽量使图线占据图面的大部分,不要偏于一角或一端。

c. 标尺的选择应使图线显示出其特点。标尺应划分得当,以不用计算就能直接读出图线上每一点的坐标为宜,通常使坐标纸的一小格表示被测量的最后一位准确数字的 1 个、2 个或 5 个单位(而不应使一小格表示 3 个、7 个或 9 个单位)。

d. 如果数据特别大或特别小,可以提出相乘因子,例如,提出 $\times 10^5$、$\times 10^{-2}$ 放在坐标轴上最大值的右边。

e. 标度时,一方面要整数标度,另一方面,又要标出有效数字的位数。

⑤描点。依据实验数据在图上描点,并以该点为中心,用 +、×、△、⊙、▢ 等符号中的任一种标注。同一图形上的观测点要用同一种符号,不同曲线要用不同符号加以区别,并在图纸的空白位置注明符号所代表的内容。

⑥连线。用直尺、曲线板(云形尺)等工具,根据不同情况,把点连成直线、光滑曲线或折线。如是校正曲线则要通过校准点连折线。当连成直线或光滑曲线时,曲线并不一定要通过所有的点,而是要求线的两侧偏差点有较均匀的分布。在画线时,个别偏离过大的点应当舍去或重新测量核对,如图线需延伸到测量范围以外,则应按其趋势用虚线表示。

⑦写图名和图注。在图纸的上部空旷处写出图名、实验条件及图注,或在图纸的下方写出图名。一般将纵轴代表的物理量写在前面,横轴代表的物理量写在后面,中间加一连线。

（3）作图举例。

一定质量的气体,当体积一定时,其压强与温度关系为 $p = p_0\beta t + p_0$(直线关系:$y = ax + b$,式中 $a = p_0\beta$,$b = p_0$,$x = t$,$y = p$)。观测得如表 1.7.1 所示的一组数据,试用作图法求 β。

如图 1.7.1 所示,采用毫米坐标纸,横轴为温度 t,每小格代表 1 ℃,纵轴为压强 p,每 5 小格代表 1 cmHg,用"+"表示对应坐标点的位置,其误差界限为 $2 \cdot \Delta t = 1$ ℃ 为 1 个小格;$2 \cdot \Delta p = 2 \times 0.5 = 1$ cmHg 为 5 个小格。

表 1.7.1　等容变化时 p 与 t 的数据表

$t/℃$	7.5	16.0	23.5	30.5	38.0	47.0	$\Delta t = \pm 0.5$ ℃
p/cmHg	73.8	76.6	77.8	80.2	82.0	84.4	$\Delta p = \pm 0.5$ cmHg

由 $p=p_0\beta t+p_0$ 知 p-t 函数关系为一条直线。作直线时,使其穿过各坐标点的误差界限。

由式 $p=p_0\beta t+p_0$ 知 p_0 为纵轴截距,$k=p_0\beta$ 为直线斜率。

延长直线交纵轴于 p_0,得 $p_0=71.9\ \text{cmHg}$,在画好的直线上靠近两端取两点 A 和 B,用符号"○"表示

$$k=p_0\beta=\frac{83.7-74.5}{45.0-10.0}\approx 0.263\ \text{cmHg}\cdot\text{℃}^{-1}$$

$$\beta=\frac{k}{p_0}=\frac{0.263}{71.9}\approx 0.003\ 66\ \text{℃}^{-1}$$

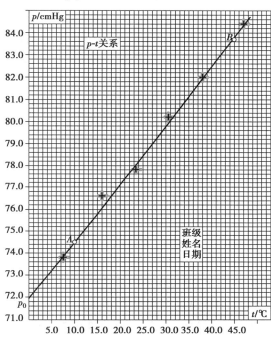

图 1.7.1　按直线规律变化的作图法

3)逐差法

逐差法是物理实验中处理数据常用的一种方法。凡是自变量作等量变化,因变量也作等量变化,便可采用逐差法求出因变量的平均变化值。逐差法的优点:计算简便,特别是在检查数据时,可随测随检,及时发现差错和数据规律;可充分利用已测得的所有数据,并具有对数据取平均的效果;可绕过一些具有定值的未知量,求出所需要的实验结果;可减小随机误差和扩大测量范围。

在谈论逐差法的优点时还应指出通常人们采用的相邻差法的缺点。例如,我们测得一组坐标数据 $x_1,x_2,x_3,\cdots,x_k$,共 k 个(k 为偶数)。按相邻差法各相邻坐标距离的平均值为

$$\bar{x}=\frac{1}{k}\sum_{i=1}^{k-1}(x_{i+1}-x_i)=\frac{1}{k}\big[(x_2-x_1)+(x_3-x_2)+\cdots+(x_k-x_{k-1})\big]$$

$$=\frac{1}{k}(x_k-x_1)$$

从上述结果我们看到,仅第 1 个数据 x_1 和第 k 个数据 x_k 才对平均值 $\bar{x}$ 有贡献,这显然是

不科学的,也是不公平的。逐差法是把这 k 个(偶数个,$k=2n$)数据分成 $(x_1,x_2,\cdots,x_n)$ 和 $(x_{n+1},x_{n+2},\cdots,x_{2n})$ 两组,取两组数据对应项之差:$\bar{x}_j=x_{n+1}-x_j,j=1,2,\cdots,n$,再求平均,得到相邻坐标间距离的平均值为

$$\bar{x}=\frac{1}{n\times n}\sum_{j=1}^{n}\bar{x}_j=\frac{1}{n\times n}\left[(x_{n+1}-x_1)+\cdots+(x_{2n}-x_n)\right] \tag{1.7.1}$$

从以上求平均我们看到每一个测量数据都对平均值有贡献,都有自己的意义,亦即用逐差法处理数据既保持了多次测量的优点,又具有对数据取平均的效果。一般来说,用逐差法得到的实验结果优于作图法而次于最小二乘法。

4) 最小二乘法

物理量之间的关系,通常可用函数和曲线来表示。曲线表示能直观地找出物理量之间的对应关系,求出经验公式,但它比较粗糙,不如直接用函数关系式表示来得明确和方便。如何才能从实验数据中找到一个最佳函数形式拟合于观测点的测量值(所谓拟合就是给观测点的测量值配上一个方程的过程),求出经验方程?或者说,如何估计一条曲线,使其能最好地拟合于观测点,且左右分布匀称?答案是采用最小二乘法。它能从一组等精度的测量值中确定最佳值;或能使估计曲线最好地拟合于观测点。最小二乘法是最科学、最准确的数据处理方法,是从事科学研究的人员应该具备的知识。最小二乘法拟合曲线是以误差理论为依据的严格方法,涉及许多概率论知识,且计算比较繁杂。另外,由于大学物理实验中常常遇到物理量之间的函数关系是线性的,或能通过变量代换化为线性的,因此,下面仅介绍如何用最小二乘法进行直线拟合的问题。

最小二乘法拟合曲线的原理:若能找到最佳的拟合曲线,那么这一拟合曲线和各测量值之偏差的平方和在所有拟合曲线中应最小。

现假设两物理量之间满足线性关系,其函数形式为 $y=mx+b$。由实验等精度测得一组数据 $(x_i,y_i,i=1,2,3,\cdots,k)$,因为测量总是有误差的,所以 x_i 和 y_i 中都含有误差,但相对来说 x_i 的误差远比 y_i 的误差小,为了讨论简便,认为 x_i 值是准确的,而所有的误差只与 y_i 联系。假若对于一组 $(x_i,y_i,i=1,2,3,\cdots,k)$ 数据点,$y=mx+b$ 是最佳拟合方程,那么每次测量值与按方程 mx_i+b 计算出的 y 值之间偏差为

$$v_i=y_i-(mx_i+b)$$

根据最小二乘法原理,所有偏差平方和为最小,即

$$s(m,b)=\sum_{i=1}^{k}v_i^2=\sum_{i=1}^{k}\left[y_i-(mx_i+b)\right]^2=最小 \tag{1.7.2}$$

在式(1.7.2)中,y_i、x_i 是已经测定的数据点,它们不是变量,要使方程达到最小,变量就只能是 m 和 b,如果设法确定这两个参数,那么该直线也就确定了。根据求极值的条件,式(1.7.2)对 m 和对 b 的一阶导数分别为0,即

$$\left.\begin{aligned}\frac{\partial s}{\partial m}&=-2\sum_{i=1}^{k}x_i(y_i-mx_i-b)=0\\\frac{\partial s}{\partial b}&=-2\sum_{i=1}^{k}(y_i-mx_i-b)=0\end{aligned}\right\} \tag{1.7.3}$$

①求解 m 和 b。

联立求解式(1.7.3),得

$$m = \frac{\overline{x} \cdot \overline{y} - \overline{xy}}{(\overline{x})^2 - \overline{x^2}} \Bigg\}$$
$$b = \overline{y} - m\overline{x}$$
$$\tag{1.7.4}$$

式中　$\overline{x} = \dfrac{1}{k} \displaystyle\sum_{i=1}^{k} x_i$, $\overline{y} = \dfrac{1}{k} = \displaystyle\sum_{i=1}^{k} y_i$, $\overline{x^2} = \dfrac{1}{k} \displaystyle\sum_{i=1}^{k} x_i^2$, $\overline{xy} = \dfrac{1}{k} \displaystyle\sum_{i=1}^{k} x_i y_i$。

要验证式(1.7.2)表示的极值最小,还需证明二阶偏导数大于零,这里不再证明。实际上由式(1.7.4)给出的 m 和 b 对应的 $\displaystyle\sum_{i=1}^{k} v_i^2$ 就是最小值。

②各参量的标准误差。

a. y 测量值偏差的标准误差。

$$\sigma_y = \sqrt{\frac{\displaystyle\sum_{i=1}^{k} (y_i - mx_i - b)^2}{k-2}} \tag{1.7.5}$$

上式分母是 $k-2$,这是因为确定两个未知数要用两个方程,多余的方程数为 $k-2$。

b. 斜率 m 值的标准误差。

$$\sigma_m = \frac{\sigma_y}{\sqrt{k\left[\overline{x^2} - (\overline{x})^2\right]}} \tag{1.7.6}$$

c. 截距 b 值的标准误差。

$$\sigma_b = \frac{\sqrt{\overline{x^2}}}{\sqrt{k\left[\overline{x^2} - (\overline{x})^2\right]}} \cdot \sigma_y \tag{1.7.7}$$

③拟合直线的检验。

在待定参量确定后,还要检验一下拟合直线是否成功,引入一个叫相关系数 γ 的量,它的定义为

$$\gamma = \frac{\overline{xy} - \overline{x} \cdot \overline{y}}{\sqrt{\left[\overline{x^2} - (\overline{x})^2\right] \cdot \left[\overline{y^2} - (\overline{y})^2\right]}} \tag{1.7.8}$$

γ 表示两变量之间的函数关系与线性函数的符合程度,γ 值总在 0 与 ±1 之间。γ 值越接近 1,说明实验数据分布越密集,越符合求得的直线,或说明 x 和 y 的线性关系越好,用线性函数进行拟合比较合理;相反,如果 γ 值远小于 1 而接近 0,说明不能用线性函数拟合,x 与 y 完全不相关,必须用其他函数重新试探。$\gamma > 0$,拟合直线斜率为正,称为正相关;$\gamma < 0$,拟合直线斜率为负,称为负相关。

第 **2** 章
常用光学实验仪器

在物理实验中,无论观察现象或进行测试,都离不开实验设备。实验设备根据其构造原理和用途的不同又有仪器、量具、器件之分。一般来说,凡具有指示器和在测量过程中有可以运动的测量元件都称为测量仪器,如千分尺、温度计、电表等;没有上述特点的则称为量具,如米尺、标准电阻、标准电池等(仪器和量具统称器具);凡不能用于测量的称为器件。

光学是物理学的一个重要部分,因此光学实验也是物理实验的内容之一。物理实验中常常接触测微目镜、读数显微镜、分光计和迈克尔逊干涉仪等光学仪器。现分别介绍这些光学仪器的性质和使用方法。

2.1　测微目镜

测微目镜是测量微小长度的常用仪器。它也可以作为测微自准直管、测微望远镜和测微显微镜、工具显微镜、维氏硬度计等仪器的部件。总之,测微目镜是实验室常用仪器之一。

1)仪器结构

测微目镜的种类很多,常见的有丝杆式测微目镜,如图 2.1.1 所示。其中 1 是滚花紧固螺钉,2 是壳体,3 是目镜管(目镜就安装在其末端),4 是图 2.1.1(a)中所示的固定分划板,5 是图 2.1.1(b)中所示的活动分划板,6 是读数鼓轮。固定分划板是一个毫米分度的光学刻尺,范围是 0~8 mm。当旋动鼓轮,活动分划板作平动,这时从目镜视场中就可以看到叉丝交点和两竖直平行线在固定分划板的刻尺上移动。

2)使用方法

(1)旋松滚花紧固螺钉 1,将测微目镜套入仪器(如显微镜)的测量系统的目镜管内,使目镜管端面与测微目镜的端面相接触,再拧紧滚花紧固螺钉 1。

(2)调节仪器的升降机构,使被测物表面在目镜视场内成清晰像。

(3)调节目镜管 3 使活动分划板 5 上的十字叉线及双刻线在目镜视场内成清晰的像(这时被测物表面的像可能模糊了),再调节仪器的升降机构,使被测物表面在目镜视场内重新成清晰像。

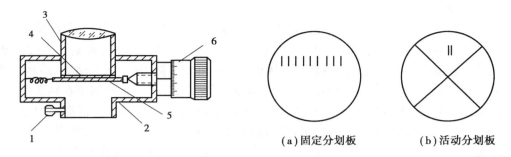

（a）固定分划板　　　　（b）活动分划板

1—滚花紧固螺钉；2—壳体；3—目镜管；4—固定分划板；5—活动分划板；6—读数鼓轮

图 2.1.1　丝杆式测微目镜

（4）拧松滚花紧固螺钉 1，转动壳体 2 使活动分划板 5 上的双刻线垂直于所测的方向，再拧紧滚花紧固螺钉 1。

（5）转动与读数鼓轮 6 相连的手轮，用活动分划板 5 上的十字叉线交点瞄准待测对象的被测部分，此时视场内双刻线位于固定分划板 4 刻线尺的某两数字刻线之间。毫米以上的整数就取这两个数字中的小的数字，毫米以下的小数从读数鼓轮（分度值 0.01 mm）上读出，这两处读数之和就是十字叉线交点的坐标，例如，图 2.1.2 给出的叉线交点坐标为 3.436 mm，也就是被测物的起点（边）坐标 x_1。转动手轮使十字叉线交点，瞄准被测物的终点边，读取坐标 x_2，则被测物的长度为 $l = |x_2 - x_1|$。

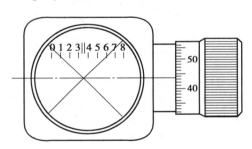

图 2.1.2　测微目镜叉线交点坐标

注意在测定物的起点（边）和终点（边）坐标时手轮只能向一个方向旋转（十字叉线向一个方向移动），否则将产生回程误差，使测量值严重偏离被测物的真实尺寸，其原因在于丝杆与螺母之间存在间隙。

2.2　读数显微镜

读数显微镜是物理实验中常用的必备光学仪器。它的用途广泛，根据不同需要可完成下列测试工作：既可测量长度也可作低倍数放大观察使用，如测孔距、直径、线距及线宽度等；配备测微目镜和物方测微器，还可测量显微镜的放大率和平板玻璃的折射率；改变显微镜的位置还能组成各种测试与观察装置。

1）仪器结构

读数显微镜的种类较多,但功能大致差不多。如图 2.2.1 所示为 JCD₃ 型读数显微镜正视图。图中目镜 2 可用锁紧螺钉 3 固定于任一位置。为了使用方便,棱镜室 19 可在 360°方向上旋转。物镜组 15 用丝扣拧入镜筒内,调焦手轮 4 可使镜筒 16 上下移动完成调焦。转动测微鼓轮 6,显微镜就会沿燕尾导轨移动。旋动锁紧手轮 7,可将方轴 9 固定在接头轴十字孔中。接头轴 8 可在底座 11 中旋转、升降,用锁紧手轮 10 可以使其固定。根据使用要求的不同,方轴可插入接头轴的另一十字孔中,使镜筒处于水平位置。压片 13 用来固定被测元件。旋转反光镜旋轮 12 可调节反光镜方位。半反镜组 14 是专为牛顿环实验配备的。

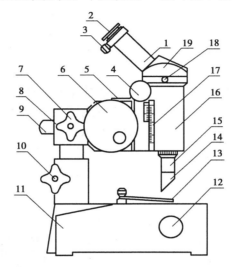

1—目镜接筒;2—目镜;3—锁紧螺钉;4—调焦手轮;5—标尺;6—测微鼓轮;
7—锁紧手轮 I;8—接头轴;9—方轴;10—锁紧手轮 II;11—底座;12—反光镜旋轮;
13—压片;14—半反镜组;15—物镜组;16—镜筒;17—纵向标尺;18—锁紧螺钉;19—棱镜室
图 2.2.1　JCD₃ 型读数显微镜正视图

2）使用说明

现以测量细小物体长度为例说明本仪器的使用方法。先调节反光镜旋轮 12 使目镜内观察到的视场明亮均匀,将被测件放在工作台面上,用压片 13 固定。旋转棱镜室 19 至最舒适的位置,用锁紧螺钉 18 固定,调节目镜 2 进行视度调整,使分划线清晰。转动调焦手轮 4 使镜筒自下而上地移动直到从目镜中观察的被测件成像清晰为止。调整被测件使其被测部分的轮廓线与显微镜目镜内的纵向叉丝平行(即与显微镜的移动方向平行)。转动测微鼓轮 6,使十字分划板的纵叉丝与被测件的起点(边)重合,记下此值 x_1,沿同方向转动测微鼓轮,使纵叉丝与被测件的终点(边)重合,记下此值 x_2,则所测件长度为 $L = |x_2 - x_1|$。

读数显微镜的读数由两部分组成,毫米以上的整数在标尺 5 上读出,毫米以下的小数在测微鼓轮 6 上读出。以上两数之和即为纵叉丝的位置坐标。纵叉丝沿燕尾导轨的有效活动范围是 0～50 mm,这就是读数显微镜的测量范围。从测微鼓轮上可看到仪器的最小读数值为 0.01 mm。

2.3　分光计

分光计是一种能精确测量角度的光学仪器,利用它能直接测定反射角、折射角、衍射角、劈尖的角度。利用它准确地进行测量必须了解它的结构及掌握它的调整方法。

1)分光计的构造及各部分的作用

分光计由三脚架座、平行光管、望远镜、载物平台和读数装置(包括读数盘和游标盘)等组装而成,其结构正视图如图 2.3.1 所示。

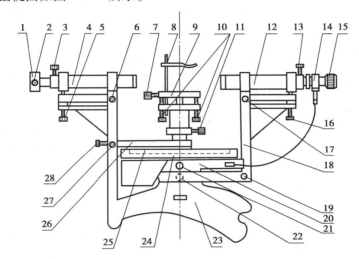

1—可调狭缝;2—狭缝宽度调节手轮;3—狭缝套筒锁紧螺钉;4—平行光管镜筒;
5—平行光管高低调节螺钉;6—平行光管水平微调螺钉;7—夹持弹簧片锁紧螺钉;
8—夹持弹簧片;9—载物平台;10—载物平台调平螺钉(三只);11—载物平台锁紧螺钉;
12—望远镜镜筒;13—望远镜套筒锁紧螺钉;14—照明小灯、分划板及全反射棱镜;
15—望远镜目镜调节手轮;16—望远镜高低调节螺钉;17—望远镜水平调节螺钉;
18—望远镜支臂;19—望远镜微调螺钉;20—望远镜转座;21—望远镜与读数盘联结螺钉;
22—望远镜制动螺钉;23—三脚架座;24—读数盘(主刻度盘);25—游标盘;26—游标盘制动架;
27—游标盘微调螺钉;28—游标盘制动螺钉

图 2.3.1　分光计结构正视图

(1)三脚架座。三脚架座是分光计的底座,架座中心有垂直方向的转轴,望远镜、载物平台、游标盘和读数盘(即刻度盘)都可绕该中心轴转动。

(2)平行光管。平行光管是产生平行光的部件。平行光管镜筒 4 固定在三脚架座的一只脚上,镜筒的一端装有一个消色差的胶合透镜。另一端是装有可调狭缝 1 的套筒,狭缝宽度调节手轮 2 可改变狭缝的宽度。旋松狭缝套筒锁紧螺钉 3 可使套筒前后移动,改变狭缝和透镜间的距离,使狭缝落在透镜的主焦面上,就可产生平行光。若平行光管的主光轴与中心转轴偏离或倾斜时,可分别通过平行光管水平微调螺钉 6 和平行光管高低调节螺钉 5 来调整。

(3)望远镜。本仪器采用阿贝式自准直望远镜,如图 2.3.2(a)所示,它由镜筒、物镜(消色差凸透镜)、分划板、阿贝式目镜、套筒、全反射式棱镜以及小灯组成。分划板装在套筒中间部位,阿贝式目镜装在套筒的一端,并能转动,以便调焦看清楚分划板上的十字叉丝和消除视差。图 2.3. 2(b)是分划板示意图,它的原理是接通电源小灯发光,经全反射棱镜照亮分划板上的十字刻线,当分划板位于物镜焦平面上时,十字刻线发出的光经物镜后形成平行光,成像于无限远处。若在前面放置一个垂直于望远镜主光轴的平面反射镜,则平行光被反射回来,再经物镜聚焦在分划板上方十字叉丝处形成亮十字像。望远镜镜筒 12 固定在望远镜支臂 18 上方,望远镜支臂和望远镜转座 20 固定在一起,旋松望远镜制动螺钉 22,望远镜支臂就可带动望远镜转动。拧紧望远镜与读数盘(刻度盘)的联结螺钉 21,则读数盘就跟着望远镜一起转动。旋松望远镜套筒锁紧螺钉 13,套筒可前后移动,以调节分划板在物镜的焦平面处。转动望远镜目镜调节手轮 15 可调焦看清楚分划板上的叉丝。在调整望远镜的过程中,若望远镜的主光轴与中心轴之间存在倾斜和偏离,则可分别调节望远镜高低调节螺钉 16 和望远镜水平调节螺钉 17。在调整反射回来的亮十字像与分划板上方十字叉丝精确重合时,若需要微转望远镜,则可拧紧望远镜制动螺钉 22,调节望远镜微调螺钉 19。

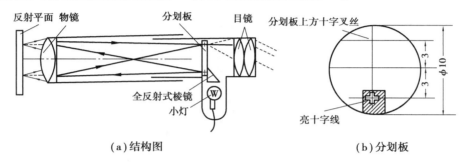

(a)结构图　　　　　　　　　　**(b)分划板**

图 2.3.2　阿贝式自准直望远镜示意图

　　(4)载物平台。夹持弹簧片 8 用以夹持待测元件,由夹持弹簧片锁紧螺钉 7 来锁紧。载物平台 9 的下方有 3 个等分圆的载物平台调平螺钉 10,用来调节载物平台与中心转轴的倾斜度。整个载物平台可升降,以适应待测物不同大小的需要,升降后用载物平台锁紧螺钉 11 锁定,使载物平台与中心转轴连在一起。

　　(5)读数装置。读数装置由主刻度盘 24 和游标盘 25 组成,且与中心转轴垂直。拧紧望远镜与读数盘联结螺钉 21 可把刻度盘(即读数盘)与望远镜支臂连接成一体,当望远镜转动时,读数盘也跟着转动。游标盘和中心转轴固定在一起,旋紧游标盘制动螺钉 28 使它们不能转动,只能通过调节游标盘微调螺钉 27 实现微转动。读数盘分为 360°,每一度又分两个小格,每格 0.5°(即 30′)称为半度格。游标盘上有两个游标,位于直径两端,与刻度盘相接触,其目的是消除偏心差。游标共分 30 格,其弧长与刻度盘上 29 小格相等,两者的每个小格相差 1′,故此角游标尺的精度为 1′。其读数方法与直线游标卡尺相似,以角游标的零线为准读出度数,再找游标上与刻度盘上刚好重合的刻线,读出其分数。例如,如图 2.3.3 所示,游标尺上 22 格与刻度盘上的刻度重合故读为 149°22′;如图 2.3.4 所示,游标尺上 14 格与刻度盘上的刻度重合,但零线过了刻度的半度线,故读数为 149°44′。

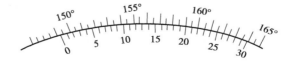

图 2.3.3　分光计的读数(游标零线未过半度数)

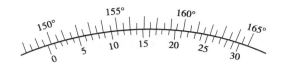

图 2.3.4　分光计的读数（游标零线过半度数）

2）分光计的调整

为了精确测量角度,事前必须将分光计调整好。调节分光计的要求:使平行光管发出平行光,望远镜能接受平行光(聚焦无穷远);平行光管和望远镜的主光轴与仪器中心转轴垂直,被测物的主截面与仪器中心转轴垂直。

(1)目测粗调。先用眼睛观察估计平行光管、望远镜是否在一直线上,是否水平,载物台是否水平。若不是,则可分别调节平行光管高低调节螺钉 5 和平行光管水平微调螺钉 6,望远镜高低调节螺钉 16 和望远镜水平微调螺钉 17,以及载物平台调平螺钉 10。目测粗调对能否顺利调整好分光计是至关重要的。

(2)望远镜的调节。

①目镜调焦:旋动望远镜目镜调节手轮 15,使眼睛能清楚地看到分划板上的十字叉丝线。

②望远镜调焦:接上电源,开亮小灯,分划板上的十字刻线被照亮。在载物平台上放上平面平镜,放法如图 2.3.5 所示。旋紧望远镜制动螺钉 22,旋松游标盘制动螺钉 28,转动游标盘使平面平镜的一个面(如 b_1 所对面)对着望远镜,观察有无反射回来的亮十字像或亮光斑,如果没有,则边来回微转游标盘边调节调平螺钉(如 b_1),使看到反射回来的亮斑或不清楚的亮十字像。旋松望远镜套筒锁紧螺钉 13 前后移动套筒进行调焦,使眼睛能清楚地看到亮十字像。再旋紧望远镜套筒锁紧螺钉 13。

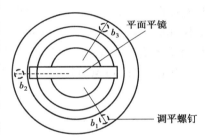

图 2.3.5　平面平镜的放法

③调整望远镜主光轴与中心转轴垂直:将在望远镜调焦的过程中所看到的亮十字像调到视场中央,转动游标盘使另一面正对着望远镜,观察有无亮十字像,如没有,则边来回微转动游标盘边调节调平螺钉 b_3,使眼睛能看到被反射回来的亮十字像。当两个面反射回来的亮十字像都能被看到时,确定它是在分划板上方横向叉丝的同侧还是在两侧,如果在同侧,则说明望远镜主光轴是俯仰着,这时,需调节望远镜高低调节螺钉 16,使两亮十字像分居上方横向叉丝的两侧,然后,分别将两个亮十字像与上方横向叉丝间的距离缩小 1/2,这样重复几次,采用逐渐逼近法,将两个亮十字像横线调到与上方横向叉丝精确重合。此时,望远镜主光轴已与中心转轴垂直,到此为止望远镜已调好。同时,平面镜两面的法线也和中心转轴垂直(注意:望远镜调好后切忌再调望远镜高低调节螺钉 16,否则前功尽弃)。

(3)平行光管的调整。点亮钠光灯,使平行光管正对着钠光灯窗口,取下平面平镜旋松望远镜制动螺钉 22 转动望远镜,使它与平行光管在同一直线上,从望远镜中观察狭缝光源的亮像线,调节平行光管高低调节螺钉 5 使亮线条被望远镜分划板上中间横向叉丝平分。如看到亮像线模糊不清,旋松狭缝套筒锁紧螺钉 3 前后移动套筒,直至观察到清晰亮线条。如亮线条太粗则可调节狭缝宽度调节手轮 2 使亮线条粗细在 1 mm 左右。这时平行光管已调整好,光轴已与中心转轴垂直。

2.4 迈克尔逊干涉仪

迈克尔逊干涉仪是现代干涉仪之母,是用分振幅的方法获得双光束干涉的精密光学仪器,它在近代物理和计量技术中有着广泛的应用。它可以用来观察光的等厚、等倾干涉现象,还可以用来测定单色光波长和光的相干长度等。迈克尔逊干涉仪的结构如图 2.4.1 所示,它由一套精密的机构传动系统和 4 个高质量的光学镜片装在底座上组成,其光路图如图 2.4.2 所示。其中 G_1 是一块后表面镀有铬半反射膜的平行平面镜,也叫做分光镜。来自光源 S 的光束到达 O 点时一半透射,一半反射,分成(1)(2)两路进行,分别被与 G_1 成 45°角的平面反射镜 M_1 和 M_2 反射,又在 O 点会合射向观察位置 E。由于(1)(2)两束光来自光源 S 上同一点,满足相干光的条件,因而在 E 处可以观察到干涉图样。G_2 是一块与 G_1 的厚度和折射都相同的平行平板玻璃,且与 G_1 平行放置。它的作用是使(1)(2)两光束在玻璃中经过的色散完全相同,所以叫做补偿板。有了它,在计算两光束的光程差时,只要计算它们在空气中的几何路程之差就可以了。平面反射镜 M_2 是固定的,M_1 可沿导轨前后移动,以改变(1)(2)两光束的光程差。M_1 由一个精密丝杆控制,其移动的距离可由转轮读出。仪器前方转轮上最小刻度读数为 10^{-2} mm,右侧微调手轮的最小刻度读数为 10^{-4} mm 可估计到 10^{-5} mm。M_1 和 M_2 背面各有 3 颗螺钉,用来调节 M_1 和 M_2 平面的方位,M_2 下方有两个相互垂直的拉簧螺钉,以便用来对 M_1 和 M_2 的方位作更细微的调节。

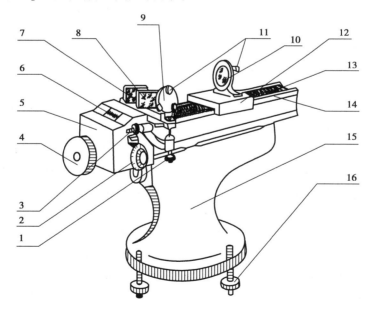

1—垂直拉簧螺钉;2—微调手轮;3—水平拉簧螺钉;4—粗调手轮;5—传动系统罩;6—读数窗口;
7—分束板 G_1;8—补偿板 G_2;9—固定反射镜 M_2;10—可动反射镜 M_1;11—反射镜调节螺钉;12—拖板;
13—精密丝杆;14—导轨;15—底座;16—水平调节螺钉

图 2.4.1 迈克尔逊干涉仪的结构

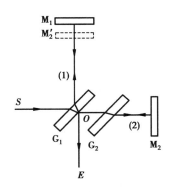

图 2.4.2　迈克尔逊干涉仪光路图

实验使用的 WSM-100 型迈克尔逊干涉仪的主要性能如下：

①动镜移动范围:0 ~ 100 mm。

②动镜移动最小读数:0.000 1 mm。

③丝杆导轨直线性误差:≤16″。

④干涉条纹变形量:≤1/3 条干涉带宽。

⑤当计数干涉条纹级次 $\Delta K \geqslant 100$ 时,波长测量精度:≤2%。

第**3**章
基础光学实验

基础光学实验主要有几何光学实验和物理光学实验。几何光学实验涉及几何光学基本定律和成像概念、理想光学系统等;物理光学实验包括光的干涉、光的衍射、光的偏振和晶体光学等重要知识点。基础光学实验要求学生能够熟练、规范地使用常用光学仪器,加深对光学理论的理解,掌握基本的光学实验方法和技能,培养与提高自身的科学素质。

实验3.1　薄透镜焦距的测量

透镜是组成光学仪器的最基本的元件,它由透明材料(如玻璃、塑料、水晶等)制成,而透镜的焦距又是反映透镜特性的基本参数,对正确选用光学仪器是必不可少的。

【实验目的】

(1)通过对光具座上各元件的共轴调节,初步学会光路的调整和分析方法。
(2)掌握测量薄透镜焦距的基本方法。

【实验原理】

单透镜是具有两个折射面的简单的球面光学系统。当透镜的两个折射面在光轴上的顶点间的距离远比它的焦距小时,可以忽略其厚度而称为薄透镜。凸透镜可使光线因折射而会聚,又称会聚透镜。凹透镜具有使光束发散的作用,又称发散透镜。

1)薄凸透镜焦距的测量

(1)自准直法(平面镜法)。

当发光点 A(物体)处在凸透镜 L 的焦平面上时,它发出的光经凸透镜后会变成一束平行光,若用与主光轴垂直的平面镜 M 将此光反射回去,反射光再次通过凸透镜,仍会聚在凸透镜的焦平面上,其汇聚点 A' 将在物光点 A 相对于光轴对称的位置上,这时发光点与透镜之间的距离就近似等于该透镜的焦距,如图3.1.1所示。

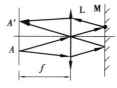

图 3.1.1　自准直法

（2）平行光法（辅助透镜法）。

使物屏至已知焦距的凸透镜的距离等于该透镜的焦距，于是通过凸透镜的光为平行光。平行光通过待测的凸透镜成像于它的焦平面上，这样像屏与待测凸透镜的距离就等于其焦距。

用以上两种方法测凸透镜焦距，均要求确定凸透镜的光心。一般情况下，透镜的光心和几何中心不重合，所以光心很难确定，也就是说用以上两种方法测焦距是不准确的，所以我们常用共轭法。

（3）共轭法（二次成像法、位移法）。

物与像之间的距离 D 大于四倍焦距 $4f$ 时，固定物与屏之间的位置，移动透镜，则必能在屏上两次成像。如图 3.1.2 所示，物距为 u_1 时，屏上将出现放大、倒立、清晰的实像；物距为 u_2 时，屏上将出现缩小、倒立、清晰的实像。透镜在两次成像的过程中移动的距离是 d。根据透镜成像公式有：

$$\frac{1}{u}+\frac{1}{D-u}=\frac{1}{f} \tag{3.1.1}$$

$$\frac{1}{u+d}+\frac{1}{D-(u+d)}=\frac{1}{f} \tag{3.1.2}$$

解式（3.1.1）和式（3.1.2）得：

$$u=\frac{D-d}{2}$$

$$f=\frac{D^2-d^2}{4D} \tag{3.1.3}$$

由式（3.1.3）可知，只要测出 D、d 即可求出 f。

这种方法的优点在于避开了因透镜光心位置不确定而带来的误差，使焦距的测量依赖于精确测量 D、d 上。

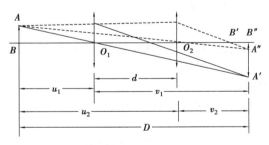

图 3.1.2　共轭法测凸透镜的焦距

2）薄凹透镜焦距的测量

（1）物距-像距法。

因为凹透镜是发散透镜，实物通过它得不到实像，故不能用白屏接收像的方法求焦距，为此，我们用一个辅助凸透镜配合，如图 3.1.3 所示。发光物体 A 发出的光经过凸透镜会聚成像于 B 点，在凸透镜和像点 B 之间放置一个焦距为 f 的凹透镜，于是光线会聚于点 B'。对于凹透镜来说，凹透镜的光心 O_2 与 B 点的距离为物距 u，O_2B' 即为像距 v，则由

$$-\frac{1}{u}+\frac{1}{v}=\frac{1}{f} \tag{3.1.4}$$

得

$$f = \frac{uv}{u-v} \qquad\qquad (3.1.5)$$

测出 u、v,由式(3.1.5)可算出凹透镜的焦距。

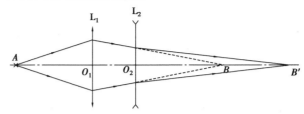

图 3.1.3　物距-像距法测凹透镜的焦距

(2)自准直法(平面镜法)。

将图 3.1.3 中的像屏换成平面反射镜,同时调节凹透镜的位置,使平面镜反射回来的光线经凹透镜与凸透镜后,在物屏上出现与发光物体 A 大小相同的、倒立的实像,此时从凹透镜上射向平面镜的光是一束平行光。记下凹透镜的位置 M,再取下凹透镜和平面镜,放上像屏,记下像屏上呈清晰像的位置 N,则 MN 就是凹透镜的焦距。

【实验仪器】

光具座,白炽灯,待测焦距凸、凹透镜各一片,已知焦距凸透镜,物屏,像屏,平面镜,毛玻璃等。

【实验内容】

1)调节光具座上各元件共轴等高

在光具座上安置好物屏、像屏和已知焦距的透镜,打开白炽灯,用共轭法调节系统的"共轴等高"(每更换透镜必须重复这一调节)。

2)凸透镜焦距的测量

分别用自准直法、平行光法和共轭法测量凸透镜的焦距各 3 次,求焦距的平均值和不确定度。

3)观察凸透镜的成像规律

依次使 $u>2f$、$u=2f$、$f<u<2f$、$u=f$、$u<f$,观察成像的位置、像的虚实、像的大小和正倒,将结果填入表 3.1.1 中。

表 3.1.1　凸透镜的成像规律

物距和焦距 关系	像距和焦距 关系	成像特点			物像 同侧或异侧
		正立或倒立	放大或缩小	实像或虚像	
$u>2f$					
$u=2f$					
$f<u<2f$					
$u=f$					
$u<f$					

4) 凹透镜焦距的测量

分别用物距-像距法和自准直法测量凹透镜的焦距各 3 次, 求焦距的平均值。

【思考题】

(1) 总结测量透镜焦距的几种方法, 各有什么优缺点? 还有别的测量方法吗?

(2) 在共轭法测凸透镜的焦距时, 物和屏的距离为什么必须大于四倍焦距?

(3) 自准直法中, 当透镜移到某一位置, 拿掉反射镜仍可以在物屏上看到一个倒立、等大的实像, 为什么?

实验 3.2　用阿贝折射仪测定固体和液体的折射率

折射率是透明材料的重要光学常数, 在生产和科学研究中经常会遇到折射率的测量问题。有多种方法可以测定物质的折射率, 常用的方法有: 全反射法(掠入射法)、最小偏向角法、干涉法、偏光法等。

阿贝折射仪是根据光的全反射原理设计的仪器, 属于比较测量。虽然它的测量范围受到限制, 测量准确度较低, 但是具有操作简单、环境要求低、不需要单色光源等优点。阿贝折射仪用于测量透明或半透明液体、固体的折射率以及测量蔗糖溶液的浓度, 是石油化工、光学仪器、食品工业等有关测量的常用设备之一。

【实验目的】

(1) 了解阿贝折射仪的工作原理, 正确使用阿贝折射仪。

(2) 掌握用全反射法测定固体和液体折射率的原理和方法。

(3) 通过对蔗糖溶液折射率的测定, 确定蔗糖溶液的浓度。

【实验原理】

1) 全反射法

众所周知, 光从一种介质进入另一种介质时, 在界面上将发生折射。如图 3.2.1 所示, 对任何两种介质, 由折射定律知道, 光的入射角 i 和折射角 r 之间的关系为:

$$n \sin i = n_0 \sin r \tag{3.2.1}$$

如果光从光疏介质进入光密介质, 即 $n < n_0$ 时, 折射角必小于入射角, 并且当入射角为 90° 时, 折射角达到最大值 r_c。此时的入射光线称为掠入射光线, 对应的折射角为全反射临界角。由式(3.2.1)可知光疏介质的折射率为:

$$n = n_0 \sin r_c \tag{3.2.2}$$

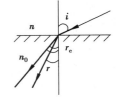

图 3.2.1　折射现象

若已知 n_0 值, 测出全反射临界角 r_c, 即可由式(3.2.2)得到待测介质的折射率。

2) 阿贝折射仪的工作原理

阿贝折射仪(也称阿贝折光仪)是根据光的全反射原理设计的仪器, 将一块已知折射率的直角棱镜作为折射棱镜,它与待测物体进行比较,求得待测物体的折射率。

如图 3.2.2 所示,将折射率为 n 的待测物体放在折射率为 n_0 的直角三棱镜的 AB 面,掠入射光线 3 产生临界角 r_c,然后以出射角 i_0 射入折射率为 1 的空气中。其他入射光线在三棱镜 ABC 中的折射角均小于 r_c,而在 AC 面的出射角都大于 i_0。用望远镜对向出射光线观察时,可以看到望远镜的视场被分为明暗两部分,而分界线正好对应 i_0 的出射光线方向。

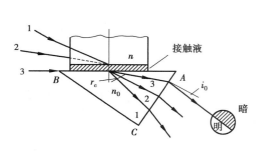

图 3.2.2　阿贝折射仪原理图　　　　　图 3.2.3　折射光线图

由图 3.2.3 可知:

$$A+\alpha+\beta = 180° \quad 并且 \quad \alpha+\gamma+B+\gamma' = 180°$$

所以有

$$A = \gamma+\gamma' \tag{3.2.3}$$

对于掠入射光线有:

$$i = 90°, \gamma = \gamma_c, i' = i_0 \tag{3.2.4}$$

根据折射定律:

$$n_0 \sin \gamma' = \sin i_0 \tag{3.2.5}$$

式(3.2.2)、式(3.2.3)、式(3.2.4)与式(3.2.5)相结合得到待测物体的折射率为:

$$n = \sin A \sqrt{n_0{}^2 - \sin^2 i_0} \mp \sin i_0 \cos A \tag{3.2.6}$$

若已知三棱镜的顶角 A 及折射率 n_0,测得出射角 i_0,即可通过式(3.2.6)算出待测物质的折射率。如果测透明固体的折射率,则必须预先把它加工成有两个互为 $90°$ 的抛光面,在待测物体和折射棱镜之间加入一种高折射率体胶合。当被测物体为液体时,使液体放置在一磨砂面的进光棱镜和折射棱镜中间即可。在阿贝折射仪中,实际上是用转动棱镜的方法去改变 i_0,以适应不同折射率的测量,而读数镜筒的标尺已按照式(3.2.6)换算成折射率标出,故仪器的读数即为被测物质的折射率而不需要复杂的计算。

3)阿贝折射仪的结构及调整

阿贝折射仪的结构如图 3.2.4 所示。该仪器由望远系统和读数系统两部分组成,分别由测量镜筒和读数镜筒进行观察,属于双镜筒折射仪。在测量系统中,主要部件是两块直角棱镜,上面一块表面光滑,为折射棱镜,下面一块是磨砂面的,为进光棱镜(辅助棱镜)。两块棱镜可以开启与闭合,当两棱镜对角线平面叠合时,两镜之间有一细缝,将待测溶液注入细缝中,便形成一薄层液体。当光由反射镜入射而透过表面粗糙的棱镜时,光在此毛玻璃面产生漫射,以不同的入射角进入液体层,然后到达表面光滑的棱镜,光线在液体与棱镜界面上发生折射。当旋转棱镜的转动手轮时,棱镜组同时转动,可使明暗分界线位于视场中央,此时读数镜筒的值即为待测物体的折射率或蔗糖溶液的浓度。

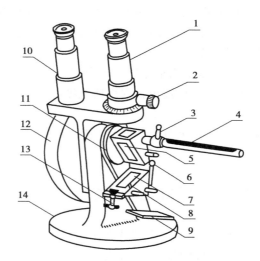

1—测量镜筒;2—阿米西棱镜手轮;3—恒温器接头;4—温度计;5—折射棱镜;6—铰链;7—进光棱镜;
8—加样品孔;9—反射镜;10—读数镜筒;11—转轴;12—刻度盘罩;13—棱镜锁紧手柄;14—底座
图 3.2.4　阿贝折射仪的结构图

阿米西棱镜(阿米西补偿器)由两组完全相同的棱镜组成。这两个复合棱镜组可以用一个旋钮调节,使之绕测量镜筒光轴各自沿相反方向同时转动;在平行棱镜主截面的平面内,产生或正或负、或大或小的色散,以抵消光源及待测物所产生的色散。因此使用阿贝折射仪时不必用单色光源,可用白光作光源。

折射率不但与波长有关,同时与温度有关,在要求较高的情况下,测量应使用恒温器,作一般测量可不用恒温器,但需记下当时的室温。

在一定温度下,对一定浓度的某种溶液,其折射率是一定的。不同浓度的溶液具有不同的折射率,即温度一定,浓度与折射率一一对应。因此阿贝折射仪也可测溶液的浓度。

【实验仪器】

阿贝折射仪(生产单位:上海光学仪器五厂)、白光光源、有机玻璃块、酒精、蒸馏水、蔗糖溶液、溴代萘、脱脂棉等。

【实验内容】

(1)开始测量前,必须将进光棱镜及折射棱镜的表面用酒精棉球擦洗干净,待酒精全部挥发后进行测量。

(2)被测物体的准备。

①蒸馏水或蔗糖溶液的准备。

旋动棱镜锁紧手柄,打开进光棱镜,使进光棱镜的磨砂面保持水平,把蒸馏水或蔗糖溶液用滴管均匀加在磨砂面上,合上折射棱镜并旋紧棱镜锁紧手柄,将两镜筒放在合适的位置,调节光源和反光镜,使镜筒视场明亮。

②有机玻璃块的准备。

将仪器放平,使折射棱镜的 AB 面基本水平,旋动棱镜锁紧手柄,打开进光棱镜,在其磨砂面上放一张粗糙的白纸,用小灯照亮它作为漫反射光源;将固体样品的一个抛光面和折射棱镜用溴代萘($n = 1.663\,6$)进行胶合,溴代萘层一定要涂得均匀、无气泡,并使有机玻璃的另一个抛光面对着白纸反射来的漫射光。

③转动棱镜旋转手轮使望远镜中明暗分界线与十字叉丝中点重合,同时旋转阿米西棱镜手轮消除视场中的颜色,从读数镜筒中读出折射率或蔗糖溶液的浓度,记下此值并重复测量 3 次取平均值。

④将仪器用酒精棉球擦洗干净,恢复仪器原状,记下室温。

【思考题】

(1)全反射法测定固体、液体折射率的理论依据是什么?具体计算公式是什么?半荫视场是怎么形成的?

(2)全反射法为什么要用辅助棱镜?它起什么作用?

(3)全反射法对光源有什么具体要求?为什么?

(4)式(3.2.6)中什么情况下取"+"?

实验 3.3 分光计的调整与掠入射法测三棱镜的折射率

分光计(光学测角仪)是一种精确测量角度的典型光学仪器。利用它不但能直接测出反射角、透明物质的折射角、光栅的衍射角、劈尖的角度,而且能确定与这些角度有关的物理量(如折射率、光波波长、色散率、光栅常数等)。除此之外,分光计还可以用于多种光学现象的定性观察,如光波的衍射和干涉现象。分光计不仅用途广泛,而且构造精密,因此要求学生必须掌握分光计的调整和使用方法。

【实验目的】

(1)了解分光计的主要构造及各部分的作用。

(2)掌握分光计的调节要求和调节方法。

(3)学会用掠入射法测量玻璃三棱镜的折射率。

【实验原理】

掠入射法也称极限法,是测定透明液体或固体折射率的基本方法之一。根据掠入射法原理已设计出专门的测量仪器,如阿贝折射仪等。作为原理性实验,可在分光计上用掠入射法测定玻璃三棱镜以及透明液体的折射率。掠入射法要求用单色扩展光源,以提供各个方向的入射光,形成清晰的明暗分界线。

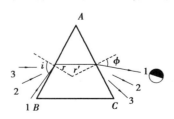

图 3.3.1 扩展光源在棱镜
主截面内的折射

1)掠入射法测玻璃三棱镜的折射率

如图 3.3.1 所示,用单色扩展光源照射到顶角为 A 的玻璃三棱镜的 AB 面上,以角 i 入射的光线经过三棱镜的两次折射后,从 AC 面以角 ϕ 出射。根据折射定律:

在 AB 面上有

$$n_0 \sin i = n \sin r \qquad (3.3.1)$$

在 AC 面上有

$$n_0 \sin \phi = n \sin r' \qquad (3.3.2)$$

式中，n_0 和 n 分别是空气和玻璃的折射率。将 $r+r'=A$ 和 $n_0=1$ 代入式(3.3.1)和式(3.3.2)可得：

$$n = \frac{1}{\sin A} \sqrt{\sin^2 i \ \sin^2 A + (\sin i \cos A + \sin \phi)^2} \qquad (3.3.3)$$

如图 3.3.1 所示，当入射角 $i<90°$ 的光线，如光线 1、2 和 3 均可进入三棱镜，在 AC 面出射光线 1、2 和 3 形成亮场；当入射角 $i>90°$ 的光线无法进入三棱镜(BC 面为毛面)形成暗场；而入射角 $i=90°$(即掠入射)的光线对应的出射光线为明暗分界线，此时的出射角 ϕ 最小，称为极限角 i_0，此时对应的折射角 r 称为临界角 r_c。将 $i=90°$ 代入式(3.3.3)，可得：

$$n = \sqrt{1 + \left(\frac{\cos A + \sin i_0}{\sin A}\right)^2} \qquad (3.3.4)$$

只要测出顶角 A 和极限角 i_0，即可由式(3.3.4)测得三棱镜的折射率 n。

2)掠入射法测液体的折射率

如图 3.3.2 所示，将折射率为 n 的待测液体通过毛玻璃片均匀地压放在折射率为 n_0 的三棱镜的 AB 面，用单色扩展光源照射 AB 面，掠入射光线产生临界角 r_c，然后以极限角 i_0 射入折射率为 1 的空气中。其他入射光线的在三棱镜 ABC 中的折射角均小于 r_c，而在 AC 面的出射角都大于 i_0。用望远镜对向出射光线观察时，可以看到望远镜的视场被分为明暗两部分，而分界线正好对应 i_0 的出射光线方向。

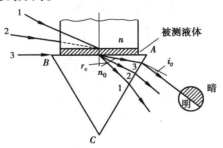

图 3.3.2　掠入射法测液体的折射率

由阿贝折射仪的工作原理，可以得到待测物体的折射率为：

$$n = \sin A \sqrt{n_0{}^2 - \sin^2 i_0} \pm \sin i_0 \cos A \qquad (3.3.5)$$

若已知三棱镜的顶角 A 及折射率 n_0，测得极限角 i_0，即可通过式(3.3.5)算出待测液体的折射率 n。

【实验仪器】

分光计(生产单位:浙江光学仪器厂)、三棱镜、钠光灯、6.3 V 变压器电源、毛玻璃、平面平镜(半透半反镜)、被测液体等。

分光计的具体介绍详见第 2 章常用光学实验仪器第 2.3 节。

【实验内容】

1）分光计的调整

为了精确测量三棱镜的顶角和极限角,必须将分光计调整好。调节分光计的要求:平行光管发出平行光,望远镜接收平行光(聚焦于无穷远处),平行光管和望远镜的主光轴与分光计主轴垂直;三棱镜的主截面与分光计主轴垂直。本实验使用的是单色扩展光源,分光计的平行光管不需要调节。望远镜的具体调节方法参阅第 2 章常用光学实验仪器第 2.3 节。

2）三棱镜的主截面与分光计主轴垂直的调节

在调好望远镜的基础上,将三棱镜按照图 3.3.3 所示位置放在载物台中央。由于三棱镜的两底面一般不是主截面,载物台也不像光学面那样平整,所以还必须将载物台重新调整。首先转动游标盘,在望远镜中注意观察三棱镜的两个光学面是否有反射回来的亮十字像,若能看到一面有亮十字像,第二面没有,可边来回转动游标盘边调节该面所对着的调平螺钉,使望远镜能看到反射回来的亮十字像,但当两光学面反射回来的亮十字像都能看到后,再调节各面所对的调平螺钉(AB 面对应螺钉为 b_1,AC 面对应螺钉为 b_2),按每面缩小亮十字横线与分划板上方横向叉丝之间距离 1/2 的方法逐渐逼近(在此过程中,若两个亮十字像都在上方横向叉丝的同一侧,则说明望远镜未调好,必须重新调节望远镜),最后调整到精确重合为止,这时三棱镜主截面与仪器的中心转轴垂直。

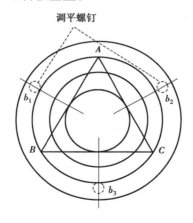

图 3.3.3　三棱镜在载物台上的位置

3）顶角 A 的测量(自准直法)

顶角 A 是指 A 的两个侧面 AB 和 AC 面的二面角。当望远镜的主光轴和三棱镜的主截面已调到与分光计主轴垂直时,固定望远镜,转动游标盘使侧面 AB 反射回来的亮十字像与分划板上方的横十字叉丝精确重合(如有困难可以锁紧游标盘,调节望远镜的微调螺钉,实现精确重合),记下游标 1 和游标 2 的读数 φ_1'、φ_1''。继续转动游标盘使侧面 AC 反射回来的亮十字像与分划板上方的横十字叉丝精确重合,记下游标 1 和游标 2 的读数 φ_2'、φ_2''。两侧面法线的角位置之差 $|\varphi_1'-\varphi_2'|$ 与 $|\varphi_1''-\varphi_2''|$ 就是两个侧面法线的夹角 φ'、φ''。

为消除偏心差,求其平均值:

$$\overline{\varphi}=\frac{\varphi'+\varphi''}{2}=\frac{|\varphi_1'-\varphi_2'|+|\varphi_1''-\varphi_2''|}{2}$$

可以证明,顶角 $A = 180° - \varphi$。这种测量顶角的方法称为自准直法。多次测量求出平均值 $\overline{A}$,把数据填入表 3.3.1 中。

表 3.3.1　自准直法测三棱镜的顶角 A

次数	游标	φ_1	φ_2	$\varphi_i = \|\varphi_1 - \varphi_2\|$	$\overline{\varphi_i}$	$\varphi = (\overline{\varphi_1} + \overline{\varphi_2})/2$
1	$I(\varphi')$					
	$I(\varphi'')$					
2	$I(\varphi')$					$A = 180° - \varphi$
	$I(\varphi'')$					

4)三棱镜极限角 i_0 的测量

(1)打开钠光灯,预热几分钟。

(2)移动钠光灯,使钠光灯的发光面位于 AB 的延长线上。

(3)固定游标盘,紧贴三棱镜的 B 角处放置一片毛玻璃以扩展光源。

(4)用眼睛在另一光学面 AC 面寻找钠黄光经两次折射后形成的明暗分界线的位置,再转动望远镜使其纵叉丝对准分界线,并测定其角位置读数 φ_3'、φ_3''。

(5)保持游标盘锁定,转动望远镜正对此光学面,找到此面反射回来的清晰绿色十字像并将其对准到上叉丝线交点处,记录此角位置读数 φ_4'、φ_4''。

(6)极限角 i_0 为两个角位置的差值,即

$$i_0 = \frac{1}{2}\left[(\varphi_3' - \varphi_4') + (\varphi_3'' - \varphi_4'')\right]$$

多次测量取其平均值 $\overline{i_0}$,把数据填入表 3.3.2 中。

表 3.3.2　测三棱镜的极限角 i_0

次数	游标	φ_3	φ_4	$\|\varphi_3 - \varphi_4\|$	i_0	$\overline{i_0} = \frac{1}{2}(i_{01} + i_{02})$
1	$I(\varphi')$					
	$I(\varphi'')$					
2	$I(\varphi')$					
	$I(\varphi'')$					

5)测定三棱镜的折射率 n

将顶角 $\overline{A}$ 和极限角 $\overline{i_0}$ 代入式(3.3.4)计算棱镜的折射率 n。

6)测定液体的折射率 n

(1)在一片毛玻璃的毛面上滴几滴被测液体,把毛玻璃的毛面从光学面 AB 面的边缘快速切入 AB 面,使毛玻璃和 AB 面之间形成均匀的、无气泡的被测液体层。

(2)重复第 4)步的(2)—(6),测量被测液体的极限角,表格自拟。

(3)将三棱镜的顶角、折射率和被测液体的极限角代入式(3.3.5)计算液体的折射率 n。

【思考题】

（1）如果液体的明暗分界线在出射面法线的偏顶角 A 的一侧,式(3.3.5)中取"+"还是"−"? 若明暗分界线在出射面法线的偏非光学面 BC 的一侧,式(3.3.5)中取"+"还是"−"?

（2）如果用汞灯作为扩展光源,掠入射法对应的出射面会观察到什么现象?

实验 3.4　最小偏向角法测三棱镜的折射率

折射率可以衡量物质的折光性能,是光学玻璃的主要特性参数,与通过物质的光波波长有关。用分光计测量三棱镜的折射率,除了掠入射法,常用的方法还有最小偏向角法、全反射法、垂直入射法、偏光法等。最小偏向角法利用分光计测出三棱镜的顶角和最小偏向角,代入公式进而得到三棱镜的折射率。

【实验目的】

（1）了解分光计的主要构造及各部分的作用。

（2）掌握分光计的调节要求和调节方法。

（3）学会用最小偏向角法测量玻璃三棱镜折射率。

【实验原理】

根据折射定律 $n = \sin i / \sin r$,式中 i 为入射角,r 为折射角。只要测出 i 和 r 就可确定物体的折射率。本实验用最小偏向角法测定三棱镜的折射率。

当单色光通过玻璃三棱镜时,传播方向发生改变,入射光 E 与出射光 H 所成的夹角称为偏向角,用 δ 表示,如图 3.4.1 所示。

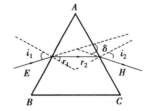

图 3.4.1　光在棱镜主截面内的折射

$$\delta = (i_1 - r_1) + (i_2 - r_2) = i_1 + i_2 - (r_1 + r_2)$$

因为顶角 $A = r_1 + r_2$,所以

$$\delta = i_1 + i_2 - A \tag{3.4.1}$$

对于给定的三棱镜,顶角 A 和折射率 n 是一定的,故偏向角只随入射角 i_1 而变。对某一 i_1 值,偏向角有一最小值 $\delta_{\min}$。由式(3.4.1)对 i_1 求导数得

$$\frac{\mathrm{d}\delta}{\mathrm{d}i_1} = 1 + \frac{\mathrm{d}i_2}{\mathrm{d}i_1}$$

由 $\delta_{\min}$ 的必要条件 $\mathrm{d}\delta / \mathrm{d}i_1 = 0$,得

$$\frac{\mathrm{d}i_2}{\mathrm{d}i_1} = -1 \tag{3.4.2}$$

按折射定律,光在 AB 及 AC 面折射时有

$$\left. \begin{array}{l} n \sin r_1 = \sin i_1 \\ n \sin r_2 = \sin i_2 \end{array} \right\} \tag{3.4.3}$$

又可得

$$\frac{\mathrm{d}i_2}{\mathrm{d}i_1}=\frac{\mathrm{d}i_2}{\mathrm{d}r_2}\cdot\frac{\mathrm{d}r_2}{\mathrm{d}r_1}\cdot\frac{\mathrm{d}r_1}{\mathrm{d}i_1}=\frac{n\cos r_2}{\cos i_2}\cdot(-1)\cdot\frac{\cos i_1}{n\cos r_1}$$

利用式(3.4.2)可得

$$\cos r_2\cos i_1=\cos r_1\cos i_2$$

将上式平方并利用式(3.4.3)得:

$$\frac{1-\sin^2 i_1}{n^2-\sin^2 i_1}=\frac{1-\sin^2 i_2}{n^2-\sin^2 i_2} \tag{3.4.4}$$

因 i_1、i_2 必小于 $\pi/2$,故只有当 $i_1=i_2$ 时,式(3.4.4)成立。这就说明光线在棱镜 AB 侧面上的入射角在数值上等于光线在 AC 侧面上的折射角是偏向角取最小值的必要条件。此时 $r_1=r_2$、$i_1=i_2$ 并且

$$\delta_{\min}=2i_1-A \tag{3.4.5}$$

或

$$i_1=\frac{\delta_{\min}+A}{2} \tag{3.4.6}$$

由于

$$A=r_1+r_2=2r_1 \text{ 或 } r_1=A/2 \tag{3.4.7}$$

根据折射定理

$$n=\frac{\sin\dfrac{A+\delta_{\min}}{2}}{\sin\dfrac{A}{2}} \tag{3.4.8}$$

故只要测得三棱镜的顶角 A 和最小偏向角 $\delta_{\min}$,就可测量出玻璃对单色光的折射率。

【实验仪器】

分光计(生产单位:浙江光学仪器厂)、三棱镜、钠光灯(或日光灯)、6.3 V 变压器电源、平面平镜(半透半反镜)等。

分光计的具体介绍详见第 2 章常用光学实验仪器第 2.3 节。

【实验内容】

1) 分光计的调整

为了精确测量三棱镜的顶角和最小偏向角,必须将分光计调整好。调节分光计的要求:平行光管发出平行光,望远镜接收平行光(聚焦于无穷远处),平行光管和望远镜的主光轴与分光计主轴垂直;三棱镜的主截面与分光计主轴垂直。望远镜和平行光管的具体调节方法参阅第 2 章常用光学实验仪器第 2.3 节。

2) 三棱镜的主截面与分光计主轴垂直的调节

在调好望远镜的基础上,将三棱镜按照如图 3.4.2 所示位置放在载物台中央(也可以按照如图 3.3.3 所示放置)。由于三棱镜的两底面一般不是主截面,载物台也不像光学面那样平整,所以还必须将载物台重新进行调整。首先转动游标盘,在望远镜中注意观察三棱镜的两个光学面是否有反射回来的亮十字像,若能看到一面有亮十字像,第二面没有,可边来回转动游标盘边调节该面所

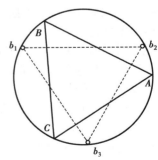

图 3.4.2　三棱镜在载物台上的位置

对着的调平螺钉(AB 面对应螺钉为 b_2，BC 面对应螺钉为 b_1，而螺钉 b_3 的调节对 AB 面和 AC 面的俯仰均有影响)，使望远镜能看到反射回来的亮十字像，但当两光学面反射回来的亮十字都能看到后，再调节各面所对着的调平螺钉，按每面缩小亮十字横线与分划板上方横向叉丝之间距离 1/2 的方法逐渐逼近(在此过程中，若两个亮十字像都在上方横向叉丝的同一侧，则说明望远镜未调好，必须重新调节望远镜)，最后调整到精确重合为止，这时三棱镜主截面与仪器的中心转轴垂直。

3）顶角 A 的测量

顶角 A 的测量可以用实验 3.3 中介绍的自准直法，除此之外还可以用分光束法。如图 3.4.3 所示，平行光管发出的平行光照在三棱镜上，被光学面 AB 和 AC 面分为两束光，再经过两个光学面分别反射，则反射光的夹角 θ 等于顶角 A 的两倍，即 $A = \theta/2$。

固定游标盘，转动望远镜分别测量 AB 面的反射光的角位置 φ_1'、φ_1''、AC 面的反射光的角位置 φ_2'、φ_2''，则 $\theta = \dfrac{1}{2}\left[(\varphi_1' - \varphi_2') + (\varphi_1'' - \varphi_2'')\right]$。多次测量取其平均值，把数据填入表 3.4.1 中。

注意：由于平行光管和望远镜的透镜孔径限制，分光束法测棱镜顶角 A 时，顶角 A 应放置在载物台的中心处。

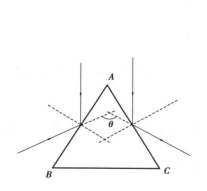
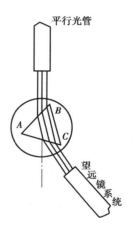

图 3.4.3　分光束法测顶角　　　　图 3.4.4　出射光线的观察

4）最小偏向角 δ_{min} 的测定

移动游标盘带动载物台，使三棱镜处于如图 3.4.4 所示位置(不要移动平台上的三棱镜)，先用眼睛直接找到折射光的大致方向，再用望远镜观察。当棱镜随着载物台的转动(即改变入射角)时，应使望远镜跟随一条光谱线(如 546.1 nm 的绿光)转动。这个过程中会发现出射光线有一个转折现象，即入射角改变到某一位置再继续改变时，视场内的该谱线不再沿原来方向移动，而开始向相反方向移动。把游标盘固定，望远镜纵向叉丝对准这个转折处的谱线，记录角位置 φ_o 的两个游标读数。此位置即是最小偏向角所对应的出射光线的位置。然后使望远镜对准入射光(三棱镜可以取下或者降低载物台的高度)，读取入射光角位置 φ_i 的两个游标读数，则最小偏向角 $\delta_{min} = |\varphi_o - \varphi_i|$(同样应注意消除偏心差)。把数据填入表 3.4.2 中。

5）计算折射率

利用式(3.4.8)测量冕牌玻璃对钠黄光($n = 1.516\,30$)或者日光灯波长为 546.1 nm 绿光的折射率($n = 1.518\,29$)

表 3.4.1　分光束法测三棱镜的顶角 A

次数	游标	φ_1	φ_2	$\|\varphi_1-\varphi_2\|$	θ_i	$\bar{\theta}=\dfrac{1}{2}(\theta_1+\theta_2)$
1	$I(\varphi')$					
	$I(\varphi'')$					
2	$I(\varphi')$					$\bar{A}=\bar{\theta}/2$
	$I(\varphi'')$					

表 3.4.2　测最小偏向角 $\delta_{\min}$

次数	游标	φ_o	φ_i	$\delta_{\min}=\|\varphi_o-\varphi_i\|$	$\overline{\delta_{\min}}$	$\overline{\delta_{\min}}=(\delta_{\min 1}+\delta_{\min 2})/2$
1	$I(\varphi')$					
	$I(\varphi'')$					
2	$I(\varphi')$					
	$I(\varphi'')$					

【思考题】

(1)试考虑另外一种用分光计测量三棱镜顶角的方法并解释原理。

(2)在调节仪器中,发现眼睛上下、左右移动时,亮十字像也在分划板上方十字叉丝处上下、左右相对移动,此现象称为视差。视差的存在影响测量的准确度,怎样消除视差?

(3)如何利用自准直望远镜调节分光计到正常工作状态?

(4)试证明为什么双游标可以消除偏心差。

(5)当望远镜的主光轴、反射平面镜的法线未与仪器中心轴垂直而进行调整时,反射回来的亮十字像可能的相对位置及其变化规律是怎样的?

实验 3.5　等厚干涉——劈尖和牛顿环

光的干涉现象是光波动性的基本特征之一,在对光的本性的认识过程中,它为光的波动性提供了重要的实验证据。劈尖和牛顿环干涉都是用分振幅方法产生的干涉。其特点是同一级干涉条纹处,两反射面间的厚度相等,故劈尖和牛顿环都属于等厚干涉。在实际工作中,通常利用劈尖来测量薄膜的厚度和固体的热膨胀系数,利用牛顿环来检查光学元件表面的光洁度、平整度和加工精度。

【实验目的】

(1)掌握等厚干涉现象的原理及特点。

(2)学习利用等厚干涉测量薄片厚度和曲率半径等物理量的方法。

（3）学会调节和使用读数显微镜。

【实验原理】

1）劈尖干涉

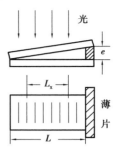

图 3.5.1　劈尖干涉

如图 3.5.1 所示，将两块光学平玻璃叠合在一起，一端插入厚度为 e 的薄片或细丝，则在两玻璃片的下表面和上表面之间形成一空气劈尖。空气的折射率用 n 来表示。当用单色光垂直照射时，在劈尖薄膜上、下表面反射的两束光发生干涉，所形成的干涉图像为明暗相间的平行两薄片交界棱边的直线。

干涉中两光束的光程差为：

$$\delta = 2ne + \lambda/2$$

式中，$\lambda/2$ 是光线由光疏媒质（空气）进入光密媒质（玻璃）时在交界面反射产生的一位相 π 的突变而引起的附加光程差（称半波损失）。其干涉情况为：

当 　　　$2ne + \lambda/2 = (2k+1)\lambda/2$ 　　$(k = 0,1,2,3,\cdots)$ 时产生暗条纹　　　(3.5.1)

　　　　　$2ne + \lambda/2 = k\lambda$ 　　　　　$(k = 1,2,3,\cdots)$ 时产生明条纹。

式（3.5.1）化简之后为：

$$e = k\lambda/2n \quad (k = 0,1,2,3,\cdots)$$ 　　　(3.5.2)

由式（3.5.2）可知，只要知道从两玻璃片交界的棱边到空气劈尖内薄片边缘的暗条纹总数 k，即可得到薄片 e 的值。由于总条纹数 k 较大，为避免误读 k，实验时采用先测出 $X(=20)$ 个条纹间隔的长度 L_x，则相邻条纹间的距离为 L_x/X，若劈尖的总长为 L，则干涉暗条纹总数 $k = XL/L_x$，代入式（3.5.2），得到薄片厚度为：

$$e = \frac{\lambda XL}{2nL_x}$$ 　　　(3.5.3)

2）牛顿环

牛顿环是牛顿 1675 年在制作天文望远镜时偶然将一个望远镜物镜放在平玻璃上发现的。牛顿环是一种典型的等厚干涉，是分振幅法产生的定域干涉。当一个曲率半径较大的平凸透镜的凸面放在一片平玻璃上时，如图 3.5.2 所示，二者之间就形成自中心向外逐渐变厚的空气薄层，当入射光垂直地射向平凸透镜时，由于透镜下表面（凸面）所反射的光和平玻璃片上表面所反射的光互相干涉，结果便形成干涉条纹。如果光束是单色光，我们将观察到中心为暗斑的宽窄不等的明暗相间的同心环形条纹。此圆环即被称为牛顿环。

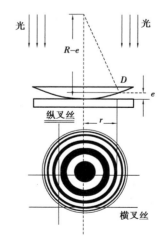

图 3.5.2　牛顿环及其装置

设平凸透镜的曲率半径为 R，第 k 级暗纹的半径为 r，而该环纹处对应的空气膜（折射率为 n'）厚度为 e，则由干涉条件可得

$$2n'e + \frac{\lambda}{2} = \frac{(2k+1)\lambda}{2} \quad (k = 0,1,2,3,\cdots)$$ 　　　(3.5.4)

由图 3.5.2 的几何关系可以看出：

$$R^2 = r^2 + (R-e)^2 = r^2 + R^2 - 2Re + e^2 \tag{3.5.5}$$

因 $R \gg e$，式（3.5.5）中的 e^2 项可忽略，因此得：

$$e = \frac{r^2}{2R} \tag{3.5.6}$$

将 e 值代入式（3.5.4）简化得：

$$n'r^2 = k\lambda R \tag{3.5.7}$$

式（3.5.7）表明，当波长 λ 已知时，只要测出第 k 环对应的半径 r，即可算出透镜的曲率半径 R；相反，当 R 已知时，则可求出 λ 的值。

但是，由于玻璃的弹性形变及接触处不干净，接触处不可能是一个几何点，环心的干涉结果会是一个较大的暗斑。暗斑中可能包含若干个圆环（设为 m_0 个环），且近圆心处的环纹比较模糊和粗阔，以致难以确定牛顿环的中心位置，精确测定其半径和干涉级数。实测时直接引用式（3.5.7）会增大误差。为了减少误差，提高测量精度，将式（3.5.7）作如下的推演：

$$n'D_m^2 = 4\lambda R(m+m_0)$$
$$n'D_n^2 = 4\lambda R(n+m_0) \tag{3.5.8}$$

式中，D_m^2、D_n^2 分别是第 $m+m_0$ 级与第 $n+m_0$ 级暗环的直径的平方。两式相减，得

$$R = \frac{n'(D_m^2 - D_n^2)}{4\lambda(m-n)} \tag{3.5.9}$$

利用式（3.5.9）测定曲率半径 R，尽管暗环的中心位置不易确定，但暗环直径可以测定；尽管中心暗斑包含的环数不知、m 和 n 级次不易测准，但两个暗环级数之差 $(m-n)$ 是准确的，从而可由式（3.5.9）测定平凸透镜凸面的曲率半径 R。

【实验仪器】

读数显微镜、钠光灯、平玻璃片、牛顿环装置等。

【实验内容】

1）读数显微镜的调节

当钠光灯通电发出黄光后，调节反光玻片的角度和方向，以及显微镜、钠光灯的位置，使显微镜内视场明亮均匀。调节目镜使叉丝像清晰。读数显微镜的具体调节方法参阅第 2 章常用光学实验仪器第 2.2 节。

2）用牛顿环测平凸透镜凸面的曲率半径

（1）将牛顿环放于载物台上，由下往上调节望远镜筒，得到清晰的干涉条纹；调节牛顿环装置的位置和叉丝方向，使牛顿环中某环在纵向叉丝沿主尺方向移动时始终与横向叉丝相切。

（2）观察牛顿环条纹的分布情况，并测量环的直径。记录环数时以中心暗斑为 0 级计数，取最大环数为 16，最小环数为 5。读数过程中为了消除回程差，纵向叉丝只能向一个方向移动。

（3）根据式（3.5.9）使用逐差法处理测量数据，计算 R，并与标准值比较。

（4）根据 $D_m^2 = 4\lambda R(m+m_0)$ 用最小二乘法处理测量数据，计算 R，并与标准值比较。

3）观察劈尖干涉，测量薄片厚度

把劈尖装置放在读数显微镜的载物台上，参照牛顿环实验调节光路，使待测薄片的直边与干涉条纹平行。根据式(3.5.3)测量薄片的厚度 e。

【思考题】

（1）有哪些因素会使劈尖条纹由直变弯？改变薄片在二玻璃片的位置，条纹将如何变化？

（2）牛顿环条纹各级宽窄不同的原因是什么？若中心是亮斑，是何原因？透射牛顿环与反射牛顿环有何不同？

（3）纵向叉丝沿主尺移动时，与横向叉丝相切的某环不再与之相切，这对测量结果有何影响，怎样消除？

（4）如何利用牛顿环装置测量气体或液体的折射率？

实验 3.6 迈克尔逊干涉仪（一）

迈克尔逊干涉仪是 1880 年美国物理学家迈克尔逊为研究"以太"漂移速度而设计的，1887 年，他和美国物理学家莫雷合作进一步用实验否定了"以太"的存在，为爱因斯坦建立狭义相对论奠定了有力的实验基础。此后迈克尔逊又用它做了两个重要实验，首次系统地研究了光谱的精细结构以及直接用光谱线的波长标定标准米尺，为近代物理和近代计量技术作出了重要的贡献。由于发明了以他的名字命名的精密光学仪器以及借助这些仪器所作的基本度量学上的研究，迈克尔逊于 1907 年获得诺贝尔物理学奖。

迈克尔逊干涉仪是现代干涉仪的原型。后人利用该干涉仪的原理又研制出多种形式的干涉测量仪器，如用于检测棱镜的泰曼干涉仪，研究光谱分布的傅里叶干涉分光计等。这些仪器被广泛应用在近代物理和计量技术中。

【实验目的】

（1）学习迈克尔逊干涉仪的设计原理、结构及调整方法。

（2）通过实验观察等倾干涉、等厚干涉的形成条件和条纹形状特点。

（3）应用迈克尔逊干涉仪测定光波波长及透明薄膜的厚度。

【实验原理】

1）光路

迈克尔逊干涉仪是一种分振幅双光束的干涉仪，光路如图 3.6.1 所示。从扩展光源 S 发出的光被平面玻璃板 G_1（分光板）的半反射镜面 A（镀有一层银膜）分成相互垂直的两部分光束 I 和 II，分别经过平面镜 M_1 和 M_2 反射，再通过 A 形成相互平行的两束光，复合起来互相干涉，在 E 处成像于透镜焦平面上或进入观察者的眼睛。应该指出的是，经过 M_1 反射的光束 I 在 G_1 中通过了 3 次，而经过 M_2 镜反射的光束 II 在 G_1 中仅通过了一次。为了弥补这一光程差，把一块材料和厚度与 G_1 完全相同的平面平行玻璃板 G_2（补偿板），以与 G_1 严格平行的位置加到光束 II 的光路上。G_2 使两臂上任何波长的光在 G_1 都有相同的光程，于是白光也能产生干涉。G_2 的加入使得在计算光束 Ⅰ 和光束 Ⅱ 的光程差时，只需考虑二者在空气中的几何路程差，无须计算它们在分光板中的光程。观察者在 E 处向 G_1 看，不仅能看到 M_1 镜，还能看到被 G_1 反射的 M_2 的虚像 M_2'。光束 Ⅱ 就好像是从 M_2' 反射而来的。显然，光线经过 M_2' 反射到达 E 点的光程与经过 M_2 反射到达 E 点的光程严格相等，故在 E 处观察到干涉现象可以认为是由于存在于 M_1 和 M_2' 之间的空气薄膜产生的。

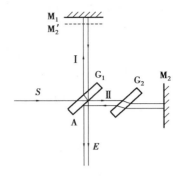

图 3.6.1　迈克尔逊干涉仪的基本光路

从以上简介可以看到迈克尔逊干涉仪有两个优点：第一，两相干光束分离甚远，互不相扰，便于在一支光路中布置其他光学部件以进行特殊实验；第二，M_2' 不是实际物体，M_1 和 M_2' 的空气层可以任意调节，甚至完全重合。

2) 等倾干涉的产生

当 M_1 和 M_2' 平行时（也就是 M_1 与 M_2 垂直时），扩展光源 S 发出入射角为 θ 的光线经 M_1 和 M_2' 反射形成的光束 Ⅰ 和光束 Ⅱ 相互平行，在无穷远处相交，如图 3.6.2 所示。若在 E 处置一凸透镜（或用眼睛观看），两束光汇聚在焦平面上而形成干涉图像。这两条光束的光程差为

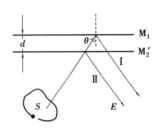

图 3.6.2　扩展光源等倾干涉

$$\Delta = 2d \cos \theta \qquad (3.6.1)$$

由式（3.6.1）知，当 M_1 和 M_2' 的距离 d 一定时，所有入射角相同的光束都具有相同的光程差，干涉情况完全相同。由扩展光源 S 发出的相同倾角的光线将汇聚于焦平面且以光轴为中心的圆周上，从而形成等倾干涉条纹。由于光源发出各种倾角的发散光，因而在焦平面上形成明暗相间的同心圆环。当光程差等于半波长的偶数倍时，形成明条纹；光程差等于半波长的奇数倍时，形成暗条纹。第 m 级明环的形成条件是

$$2d \cos \theta = m\lambda \qquad (3.6.2)$$

当 d 一定时，θ 越小，$\cos \theta$ 越大，级数 m 就越大，干涉条纹的级数就越高。干涉条纹的圆心处是平行于透镜光轴的光的汇聚点，$\theta = 0$，由式（3.6.2）得知，其干涉条纹具有最高的级数，由圆心向外逐次降低。

移动 M_1 的位置，使 d 逐渐增大，对第 m 级亮环而言，$\cos \theta$ 应逐渐减小，对应的 θ 变大，即该亮环的半径将逐渐变大，连续增大 d，观察者将看到干涉环一个接一个地由中心"涌"出来；反过来，使 d 逐渐减小，便会观察到干涉环一个接一个地向中心"陷"进去。对于圆心处的条纹来说，$\theta = 0$，由式（3.6.2）有

$$d = m\lambda/2 \qquad (3.6.3)$$

该式表明圆心每"陷"进或"涌"出一个干涉环，对应于 M_1 被移近或移远的距离为半个波长。若观察到 Δm 个干涉环的变化，则 M_1 与 M_2' 的距离 d 变化了 Δd，由式（3.6.3）有

$$\Delta d = \Delta m \frac{\lambda}{2} \quad \text{或} \quad \lambda = \frac{2\Delta d}{\Delta m} \qquad (3.6.4)$$

由此关系可知，只要测出 M_1 移动的距离 Δd，并数出"陷"进或"涌"出的干涉环的数目 Δm，便可算出单色光源的波长。

3）等厚干涉条纹的形成和薄膜厚度的测定

如果 M_1 与 M_2' 和反射面 A 距离大致相等但不精确垂直,而是存在一很小的夹角 θ 时,M_1 与 M_2' 便形成劈形空气膜,可用眼睛观察到定域在劈形膜附近的等厚干涉条纹,由扩展光源 S 发出的不同的两条光线 I 和 II,经 M_1 与 M_2 反射后在 M_1 附近相交,其光程差近似表示为:

$$\Delta = 2d \cos \theta = 2d\left(1 - 2 \sin^2 \frac{\theta}{2}\right) \approx 2d\left(1 - \frac{\theta^2}{2}\right) = 2d - d\theta^2 \qquad (3.6.5)$$

可见,当 M_1 与 M_2 的夹角一定时,在不同的厚度处,相干光的光程差也不相同。而在同一厚度的各点,干涉条件完全一样,从而形成等厚干涉条纹。

当 M_1 与 M_2 相交时,在交线 $\theta = 0$,所以 $\Delta = 0$,但光线 I 在 A 面反射时有半波损失,使两条相干光出现了半个波长的光程差,故在交线上出现了暗条纹,称为中央条纹。在交线两侧是两个劈尖干涉,当 θ 很小时,$d\theta^2$ 可以忽略,光程差 $\Delta = 2d$,使干涉条纹近似成为平行于中央条纹的直线形。离中央条纹较远处,$d\theta^2$ 影响增大,条纹发生弯曲,并突向中央条纹,离交线越远,条纹越弯曲,如图 3.6.3 所示。

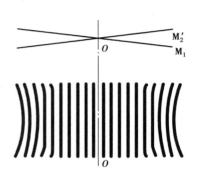

图 3.6.3 等厚干涉

4）点光源的干涉和单色光波长的测量

点光源干涉的等效光路图如图 3.6.4 所示。点光源 S 经过分光板 G_1 的镀膜面 A 产生镜像 S',S' 再分别经过镜面 M_1 和 M_2' 产生了两个虚像点 S_1' 和 S_2'。若镜面 M_1 和 M_2' 之间的距离是 d,则 S_1' 和 S_2' 的距离是 $2d$。显然 S_1' 和 S_2' 是两相干光源,只要观察屏 E 放在两点光源发出的光的重叠区域内,都能看到干涉现象,故这种干涉称为非定域干涉。而扩展光源的干涉只能在无穷远处或透镜的后焦平面上产生,属于定域干涉。

若虚点光源与观察屏之间的距离 $z \gg d$,则发出的两条干涉光束在观察屏 P 处的光程差近似表示为:

$$\Delta = 2d \cos \theta$$

与扩展光源的内容相同,观察干涉环中心处 Δm 个干涉环的变化,以及对应 M_1 与 M_2' 的距离 d 变化量 Δd,由式(3.6.4)可以测量单色光的波长 λ 为:

$$\lambda = \frac{2\Delta d}{\Delta m} \qquad (3.6.6)$$

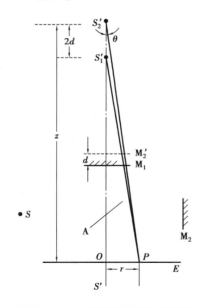

图 3.6.4 点光源干涉等效光路图

5）空气气体折射率的测量

气体折射率的准确测量不是一件容易的事情,主要原因是大多数气体的折射率都非常接近于 1,而迈克尔逊干涉仪的灵敏度高这一特征使气体折射率的测量能较为轻松地实现。利用点光源产生的非定域干涉圆环或扩展光源的等倾干涉圆环均可实现气体折射率的测量。

设计一个可充放气的气室,长度为 l,置于 M_1 光路中,当气室气压为 p 时调出干涉圆环,此时气体折射率为 n,逐步将气体抽出,气压降低,折射率也减小,光程差发生变化,可观察到圆环缩进现象,当气压减小到零时,观察到 m 个圆环缩进,则有如下关系式成立:

$$n-1 = \frac{m\lambda}{2l} \tag{3.6.7}$$

利用式(3.6.7)可以测量 n,但实际有诸多困难。首先,m 可能数值较大,测量计数费时费力还容易数错;其次,将气室抽到绝对真空也不可行。实际上,空气的折射率与气压有密切的关联,在一定的温度范围内 $n-1$ 与 p 成正比。由式(3.6.7)可见,$n-1$ 又与 m 成正比,因此 p 与 m 也成正比关系,所以有:

$$\frac{m}{p} = \frac{m_1}{p_1} = \frac{m_2}{p_2} \tag{3.6.8}$$

其中,p_1 和 p_2 与 m_1 和 m_2 是任意的两个不同气压值及从对应的气压减小到零时变化的圆环数。由此得到:

$$m = \frac{m_2 - m_1}{p_2 - p_1} p \tag{3.6.9}$$

将式(3.6.9)代入式(3.6.7),则气体的折射率 n 为:

$$n = 1 + \frac{\lambda}{2l} \cdot \frac{m_2 - m_1}{p_2 - p_1} p \tag{3.6.10}$$

因此只要计下气室气压从任意的 p_2 变化到 p_1 时,涌出或缩进的干涉圆环数 $m_2 - m_1$,代入式(3.6.10)就可以算出气压为 p 时的空气折射率 n。

【实验仪器】

迈克尔逊干涉仪(生产单位:浙江光学仪器厂)、He-Ne 激光器、扩束镜、小孔屏、空气气室、气压计、游标卡尺、温度计等。

迈克尔干涉仪的具体介绍详见第 2 章常用光学实验仪器第 2.4 节。

注意:干涉仪上的螺丝和拉簧有一定的调节范围,不能旋掉。

【实验内容】

1)干涉仪的准备工作

检查干涉仪 M_1 与 M_2 镜架背面的螺丝是否处于居中的位置,干涉仪底座的 3 个支撑螺丝是否等高。

2)He-Ne 激光器的调节

调节小孔屏的高度,使小孔与分光板的中间高度等高;调节 He-Ne 激光器的高度和俯仰,使发出的激光与实验平台平行且与小孔屏的高度等高。具体调节方法:小孔屏紧贴激光器,若激光不能穿过小孔,则调激光的高度;小孔屏远离激光器,若激光不能穿过小孔,则调激光的俯仰;反复多次调节,直至小孔屏在近处和远处激光均能通过小孔。

3)干涉仪的调节

使 He-Ne 激光器的光垂直 M_2 镜入射并打到分光板的中间,然后在激光器和分光板之间插入小孔屏,则小孔屏上可以看到两排若干个像点,同时在 E 处的毛玻璃上也可以看到光源的两排若干个像点。用 M_1 与 M_2 镜架背面的螺丝,细心调整镜面方位,使小孔屏上两排点中最亮的两个像点(分别经 M_1 与 M_2 反射的光束所成,可用纸片分别切断 M_1 与 M_2 的光路而加以判断)重合并从小孔中穿回,此时在 E 处的毛玻璃上两排最亮的两个像点也重合,再在光源后加上扩束镜(短焦距透镜),使扩束的大部分光投射到 M_2 镜上,就可以在毛玻璃屏上看到干涉条纹,然后用微调拉簧螺丝调整干涉条纹形状以满足实验需要。

4) 测定 He-Ne 激光的波长

朝一个方向转动粗调手轮,然后转动微调手轮,排除回程差之后,开始记下起始位置,转动微调手轮以改变 d 的大小,同时对干涉条纹的变化计数,测定每"陷"入(或"涌"出)30 个圆环时 M_1 移动的距离 Δd,连续测定 6 次。利用式(3.6.6)计算激光的波长。为了减小回程差,测量过程微调手轮应向同一方向转动。

He-Ne 激光波长公认值为 $\lambda = 632.8$ nm。薄膜折射率由实验室给出,空气薄膜折射率在本实验中取值 $n_0 = 1.000\ 3$。

5) 观察干涉现象

用 He-Ne 激光器作光源,通过毛玻璃屏观察弧形条纹变成圆形条纹的过程,根据条纹形状的变化判断 M_1 与 M_2 之间的相对位置及调节部位,移动 M_1 并从干涉条纹的变化情况判断 d 是增大还是减少。

6) 空气折射率的测量

(1) 旋转粗调手轮将 M_1 位置调整到读数大约 100 mm 位置,使 M_1 光路中间能插入气室组件,按照实验内容 1)—3)步调节光路,在 M_1 光路中插入气室组件。

(2) 用扩束镜对激光扩束并投射到分束板上,在毛玻璃干涉屏可观察到清晰的干涉圆环。

(3) 通过气压计给气室加压,观察干涉圆环的变化,加到一定气压后,再通过气压计缓慢放气,观察圆环向中心收缩的现象。反复练习,熟练控制放气速度,以能准确地计下圆环缩进的数目。

(4) 给气室加压到约为 300 mmHg,记录气压 p_1,然后缓慢放气,观察圆环缩进并计数,计数到大约缩进 $\Delta m = 15$ 个环,立即锁紧阀门,停止放气,读出此时气压 p_2。

(5) 温度计测量室温,游标卡尺测量气室长度 l,利用式(3.6.10)计算室温下空气的折射率。

【思考题】

(1) 根据迈克尔逊干涉仪的光路,说明各光学元件的作用。

(2) 结合实验调节中观察到的现象,总结迈克尔逊干涉仪调节的要点。

(3) 在等倾干涉中,为什么 M_1 和 M_2' 之间的间距 d 变小时,干涉条纹比较稀疏?

实验 3.7　迈克尔逊干涉仪(二)

光的干涉是重要的光学现象之一,是光的波动性的重要实验依据。两列频率相同、振动方向相同和位相差恒定的相干光在空间相交区域将会发生相互加强或减弱现象,即光的干涉现象。光的波长虽然很短($4 \times 10^{-7} \sim 8 \times 10^{-7}$ m),但干涉条纹的间距和条纹数却很容易用光学仪器测得。根据干涉条纹数目和间距的变化与光程差、波长等的关系式，可以推出微小长度变化(光波波长数量级)和微小角度变化等，因此干涉现象在照相技术、测量技术、平面角检测技术、材料应力及形变研究等领域有着广泛的应用。

相干光源的获取除用激光外，在实验室中一般是将同一光源采用分波阵面或分振幅两种方法获得，并使其在空间经不同路径会合后产生干涉。

【实验目的】

(1)观察钠黄光的干涉条纹可见度的变化，测定钠双黄线的波长差。

(2)观察和测定钠光灯的相干长度。

(3)应用迈克尔逊干涉仪观察白光干涉花样，测定透明薄膜的厚度。

【实验原理】

1) 钠光 D 双线的波长差

如实验 3.6 所述的原理，当迈克尔逊干涉仪的 M_1 与 M_2' 互相平行时，得到明暗相间的圆形干涉条纹。如果光源是绝对单色的，则当 M_1 镜缓慢移动时，虽然视场中心条纹不断"涌"出或"陷入"，但条纹的对比度不变，条纹的对比度 V 是指条纹的清晰程度，通常定义为：

$$V = \frac{I_{\max} - I_{\min}}{I_{\max} + I_{\min}} \tag{3.7.1}$$

式中 $I_{\max}$ 和 $I_{\min}$ 分别为亮纹的光强和暗纹的光强。在理想情况下，当 $I_{\min} = 0$ 时，$V = 1$。而在通常情况下 $I_{\min} \neq 0$，因而 $V < 1$；当 $V \geq 0.75$ 时，对比度就算是好的；当 $V \geq 0.5$ 时，对比度就算令人满意的；当 $V = 0.1$ 时，条纹尚可分辨，但在这样条件下工作，已经是相当困难了。条纹对比度受很多因素影响。这些因素是：光源的非单色性(若使用气体激光器，不存在这一因素)；相干光束的光程不等；漫射光的存在；各光束的偏振状态有差异。此外还有一些外界因素，如振动、大尺寸干涉仪情况下的气流以及干涉仪结构的刚性不足等的存在都可能影响条纹的对比度，严重的甚至导致干涉花样消失。

如果光源中包含有波长相近的两种光波 λ_1 和 λ_2，则可遇到这样的情况：两列光波的光程差恰好为 λ_1 的整数倍，而同时又为 λ_2 的整数倍，亦即

$$\Delta = k_1 \lambda_1 = k_2 \lambda_2$$

这时能得到的总干涉花样的对比度最好。若两列光波的光程差恰好为 λ_1 的整数倍，而同时又为 λ_2 的半整数倍，亦即

$$\Delta = k_1 \lambda_1 = \left(k_2 + \frac{1}{2}\right) \lambda_2$$

这时，λ_1 光波成亮环的地方，恰好是光波 λ_2 成暗环的地方。如果这两列光波强度相等，则由定义，在这些地方条纹的对比度为零。从某一对比度为零到相邻的下一次对比度为零，即如果第一次对比度为零时，λ_1 为亮环，那么下一次对比度为零时 λ_1 为暗条纹，也就是光程差的变化 ΔL 对 λ_1 是半个波长的奇数倍，同时对 λ_2 也是半个波长的奇数倍，又因这两个奇数是相邻的，故得

$$\Delta L = (2k+1)\frac{\lambda_1}{2} = (2k+3)\frac{\lambda_2}{2}$$

式中 k 为整数,由此得

$$\frac{\lambda_1-\lambda_2}{\lambda_2} = \frac{1}{k} \approx \frac{\lambda_1}{\Delta L}$$

于是两者的波长差 $\Delta\lambda$:

$$\Delta\lambda = \lambda_1 - \lambda_2 = \frac{\lambda_1\lambda_2}{\Delta L} \approx \frac{\overline{\lambda}^2}{\Delta L} \tag{3.7.2}$$

对于视场中心来说,设 M_1 镜在相继两次对比度为零时移动 ΔL 应等于 $2\Delta d$,所以:

$$\Delta\lambda = \frac{\overline{\lambda}^2}{2\Delta d} \tag{3.7.3}$$

只要知道两波长的平均值 $\overline{\lambda}$ 和 M_1 镜移动的距离 Δd,就可以求出两者的波长差 $\Delta\lambda$,根据这一原理,可以用实验测量钠光 D 双线的波长差。钠黄光辐射包含两种波长的谱线,其中 $\lambda_1 = 589.0$ nm,$\lambda_2 = 589.6$ nm,当条纹对比度为零时,Δd 移动 0.289 mm 及其整数倍后,条纹将周期性的消失,并且随着光程差的增加,条纹的最大对比度将逐渐降低,光程差为零时对比度最大;光程差超过光源的相干长度时对比度为零。

2) 光的时间相干性

时间相干性是光源相干长度的另一种描述,为简单起见,以入射角 $i=0$ 为例讨论,这时两干涉光束的光程差 $\Delta = 2d$,当 d 增加到某一数值 d' 后,原有的干涉条纹将变成一片模糊,$2d'$ 就叫做相干长度,用 Δm 表示;相干长度除以光速 C,是光走过这段长度所需的时间,称为相干时间,用 t_m 表示。不同的光源有不同的相干长度和不同的相干时间。

光源存在一定的相干长度或相干时间,可作如下解释:实际光源发射的单色光波不是绝对单色光,而是有一个波长范围,假定光波的中心波长为 λ_0,即光波实际上是由波长为 $\lambda_0 - \frac{\Delta\lambda}{2}$ 到 $\lambda_0 + \frac{\Delta\lambda}{2}$ 之间所有的波组成。干涉时,每个波长对应一套干涉条纹,随着 d 的增加,$\lambda_0 - \frac{\Delta\lambda}{2}$ 和 $\lambda_0 + \frac{\Delta\lambda}{2}$ 两套干涉条纹逐渐错开,直到错开一个条纹,干涉花样完全消失。因为:

$$\Delta_m = k\left(\lambda_0 + \frac{\Delta\lambda}{2}\right) \tag{3.7.4}$$

$$\Delta_m = (k+1)\left(\lambda_0 - \frac{\Delta\lambda}{2}\right) \tag{3.7.5}$$

联立式(3.7.4)和式(3.7.5),

因为 $\quad\quad\quad\quad \frac{\Delta\lambda}{2} << \lambda_0$,所以 $k \approx \frac{\lambda_0}{\Delta\lambda}$ $\tag{3.7.6}$

把式(3.7.6)代入式(3.7.4)得:

$$\Delta_m \approx \frac{\lambda_0^2}{\Delta\lambda} \tag{3.7.7}$$

可见,光源的单色性越好,$\Delta\lambda$ 越小,相干长度就越长,所以相应的相干时间为:

$$t_m \approx \frac{\lambda_0^2}{c_0\Delta\lambda} \tag{3.7.8}$$

He-Ne 激光光源单色性很好,对 632.8 nm 的谱线,$\Delta\lambda$ 只有 $10^{-3} \sim 10^{-6}$ Å,故相干长度从几

米到几千米的范围;而普通的钠光灯、汞灯 $\Delta\lambda$ 约为零点几埃,相干长度只有 $1\sim2$ cm;白炽灯发射的光,$\Delta\lambda\approx\lambda$,相干长度为波长的数量级,只能看到级数很少的彩色条纹。

3)白光干涉和薄膜厚度的测量

由于干涉条纹的明暗对比度取决于光程差与光源波长的关系,当用白光作光源时,各种波长的光产生的干涉条纹相互重叠;只有中央(零级)条纹两侧看到几条彩色条纹,极大和极小很明显;较远处,只能看到较弱的黑白相间的条纹。即只有当 M_1 和 M_2' 之间的距离接近零时才能看到白光的彩色干涉条纹。

利用迈克尔逊干涉仪光路分为两束这一特点,可在一支光路上加入被研究的物质。例如,加入气体盒测定气体的折射率,加入透明薄板研究其光学均匀性等。本实验中将测定透明薄膜的厚度。

用扩展白光作光源,当把透明薄膜置于一支光路上时,由于光程差的变化,中央条纹将移出视场中央,设薄膜厚度为 t,折射率为 n,空气折射率为 n_0,则光程变化 $\Delta'=2t(n-n_0)$。调节 M_1 的位置使中央条纹重新出现在原来位置,即视场中央,此时因 M_1 移动 d' 而引起的光程变化为 $2d'n_0$,刚好与插入薄膜所引起的光程变化相等,即

$$2d'n_0=2t(n-n_0) \tag{3.7.9}$$

或写成

$$t=\frac{d'n_0}{n-n_0} \tag{3.7.10}$$

若透明薄膜折射率 n 已知,测得 M_1 的移动距离 d',则可算得薄膜的厚度 t。

【实验仪器】

迈克尔逊干涉仪(生产单位:浙江光学仪器厂)、钠光灯或 He-Ne 激光器、扩束镜、被测薄膜、白炽灯、小孔屏、毛玻璃等。

迈克尔干涉仪的具体介绍详见第 2 章常用光学实验仪器第 2.4 节。

注意:干涉仪上的螺丝和拉簧有一定的调节范围,不能旋掉。

【实验内容】

1)测量钠光 D 双线的波长差

(1)调节钠光灯的高度和位置,使钠光灯的发光面与 M_2 镜等高、平行且置于 M_2 镜的中垂线上。

(2)旋转粗调手轮将 M_1 调整到读数大约 35 mm 的位置,以使干涉光的光程差落在钠光灯的相干长度范围内。

(3)在钠光灯和分光板之间加上小孔屏(高度与分光板的中间等高),观察时把毛玻璃屏取掉,眼睛保持和小孔屏等高直接观察,可看到两排黄光光斑,每排都有几个光点,这是由于 G_1 上与反射面相对的另一侧面上的平玻璃面上也有部分反射的缘故。调节 M_1、M_2 背面的 3 只螺丝,使两排中两个最亮的光斑大致重合,则 M_2' 与 M_1 大致平行。

(4)取掉小孔屏换成毛玻璃以形成均匀的扩展光源,用聚焦到无穷远的眼睛直接观察,即能在屏上看到弧形条纹,再调节 M_2 镜座下的微调螺丝,可使 M_2' 与 M_1 趋向严格平行,而弧形条纹逐渐转化为圆条纹。

（5）缓慢移动 M_1 镜，使视场中心的对比度最小，记下 M_1 镜的位置 d_1，沿原来方向移动 M_1 镜，直至对比度又最小，记下 M_1 镜的位置 d_2，即得 $\Delta d = |d_2 - d_1|$。

（6）沿原来方向移动 M_1 镜，连续记下对比度为 0 时 M_1 镜的位置 d_i，用逐差法求 Δd 的平均值 $\overline{\Delta d}$，代入式（3.7.2）计算钠灯 D 双线的波长差 $\Delta\lambda$。

2）白光干涉观察和白光相干长度的测量

（1）使 He-Ne 激光束大致垂直于 M_2，在 E 处放一块毛玻璃屏，即可看到两排激光光斑，每排都有几个光点。调节 M_1、M_2 背面的 3 只螺丝，使两排中两个最亮的光斑大致重合，则 M_2' 与 M_1 大致平行。

（2）另一种调节方法（钠光灯亮度低不适用）：使细激光束穿过小孔光阑后，再照射到干涉仪的半反射镜上。调节 M_1、M_2 使反射回来的一排光斑中最亮点返回小孔光阑，即可使 M_2' 与 M_1 大致平行。

（3）用扩束镜（短焦距透镜）扩展激光束，即能在屏上看到弧形条纹，再调节 M_2 镜座下的微调螺丝，可使 M_2' 与 M_1 趋向严格平行，而弧形条纹逐渐转化为圆条纹。在弧形条纹变为圆条纹的调整过程中，应仔细考察条纹的变化情况，根据条纹形状来判断 M_2、M_1 间的相对倾斜，从而确定调节哪几个螺丝，是放松还是拧紧等。

（4）改变 M_2' 与 M_1 之间的距离，根据条纹的形状、宽度的变化情况，判断 d 是变大还是变小，记录条纹的变化情况。解释条纹的粗细、密度和 d 的关系。

（5）把毛玻璃放在扩束镜和分光板之间，使球面波经过漫反射成为扩展光源（面光源），必要时可加两块毛玻璃。观察屏处的毛玻璃屏取掉，用聚焦到无穷远的眼睛直接观察可以看到圆条纹。

（6）调节 M_2 的微调螺丝，使眼睛上下左右移动时，各圆条纹的大小不变，而仅仅是圆心随眼睛的移动而移动（没有"涌"出和"陷"入的现象），这时看到的就是定域干涉条纹现象中的等倾干涉条纹了。

（7）转动 M_1 镜传动系统使 M_1 前后移动，观察条纹变化的规律（和非定域干涉要求相同）。

（8）移动 M_1 镜使 M_1 镜与 M_2' 大致重合，调 M_2 的微调螺丝，使 M_2' 与 M_1 有一很小的夹角，视场中出现直线干涉条纹，干涉条纹的间距与夹角成反比，夹角太大，条纹变得很密，甚至观察不到干涉条纹，这时我们看到的就是定域干涉现象中的等厚条纹了。取条纹的间距为 1 mm 左右，移动 M_1 镜，观看干涉条纹从弯曲变直再变弯曲的过程。

以上内容的调节也可以参照实验内容 1）用钠光灯来进行。

（9）在干涉条纹弯曲变直的位置上换上白炽灯光源，缓慢地移动 M_1 镜，在某一位置可以看到彩色的直线花纹，花纹的中心就是 M_2'、M_1 的交线，此时 M_1 镜的位置准确地和 M_2' 镜重合，由于白光干涉条纹只有数条，所以必须耐心细致才能观察到，如果 M_1 镜移动得太快，就会一晃而过。

（10）测量白光相干长度，可用等厚干涉条纹来测量，缓慢移动 M_1 镜在即将出现彩色的直线条纹时，记录 M_1 镜的位置 X_1，然后沿原来的移动方向，改变 M_1 镜的位置在彩色直线条纹消失时，记录 M_1 镜的位置 X_2，求出白光的相干长度 Δ_m。按上述方法重复三次，取平均值。

（11）用式（3.7.7）计算 $\Delta\lambda$，用式（3.7.8）计算 t_m。Δ_m 的测量只取 1～2 位有效数字。

3) 透明薄膜厚度的测量

测定透明薄膜的厚度用扩展白光光源 (日光灯) 来照明, 首先应调整 M_1 与 M_2 至半反射面 A 的距离使其基本相等, 因为白光相干长度很短。只有在 $d \approx 0$ 的范围内才能看到干涉条纹。

借助钠光或者激光的干涉条纹, 转动粗调手轮, 让干涉环不断"陷"入, 调节过程中需要不断地调节拉簧螺丝把环心拉入视场, 当视场中只有 $1 \sim 2$ 个圆环时, M_2' 和 M_1 的距离 d 已经很小, 换上白炽灯, 继续朝环往里"陷"的方向转动微调手轮, 直至彩色条纹的中央条纹出现在视场中部, 记下反射镜 M_1 的位置。将待测薄膜置于 M_1 之前, 则中央条纹移出视场, 调节微动手轮, 使中央条纹重新出现在视场中部, 再次记下 M_1 的位置读数。两次 M_1 的位置读数差值为 d', 代入式 (3.7.10) 计算薄膜的厚度。(薄膜的折射率 $n = 1.458\ 6$)

注意:由于仪器有回程差, 而薄膜置于 M_1, 因此整个测量过程必须沿 M_1 镜位置减小的方向进行。

数据表格:要求学生自拟。

【思考题】

(1) 在牛顿环实验中用白光光源也能观察到彩色条纹, 若用牛顿环实验的那套仪器测定白光的相干长度有什么困难?

(2) 扩展光源的干涉也可以在加透镜后的焦平面上观察, 试比较眼睛直接观察和加透镜后观察的不同之处。

实验 3.8　双棱镜干涉

光的干涉是重要的光学现象之一。在对光的本性的认识过程中, 它为光的波动性提供了有力的实验证据。早在 17 世纪人们就提出了解释光的本性的两种学说——微粒说和波动说。由于提出微粒说的牛顿的权威, 致使惠更斯等人提出波动说被搁置达一个世纪之久。1801 年, 托马斯·杨在他的论文中提出了光的干涉原理, 后来又做了著名的杨氏双缝干涉实验, 给微粒说造成了严重困难, 但当时并没有产生重大影响。继之 1818 年菲涅耳在建立较严密的光干涉理论的同时, 设计了双面镜、双棱镜实验, 以及洛埃用更简单的装置 (洛埃镜) 成功地获得用波阵面分割法产生的光的干涉, 为波动光学奠定了坚实的基础。

产生光的干涉现象需要用相干光源, 即用频率相同、振动方向相同和位相差恒定的光源。为此, 可将由同一光源发出的光分成两束光, 在空间经过不同路径, 会合在一起而产生干涉。分光束的方法有分波阵面和分振幅两种, 双棱镜干涉属于前者。

【实验目的】

(1) 观察、描述双棱镜干涉现象及其特点;
(2) 学会正确使用有关仪器测定单色光的波长。

【实验原理】

如图 3.8.1 所示, 菲涅耳双棱镜可以看成由两块底边相接、折射棱角小于 1° 的直角棱镜组成。从线光源 S 发出的光经双棱镜折射后,形成两束犹如从虚光源 S_1、S_2 发出的频率相同、振动方向相同并且在相遇点有恒定相位差的相干光束,它们在空间传播时,有一部分彼此重叠而形成干涉场。在屏 M 上可以观察到等间距的明暗交替的直线状干涉条纹。

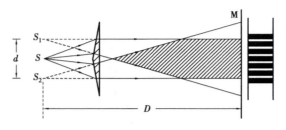

图 3.8.1　菲涅耳双棱镜干涉条纹的产生

双棱镜干涉条纹的计算方法与杨氏双缝干涉的相同。如图 3.8.2 所示,设 S_1 和 S_2 到屏上任一点 P_K 的光程差为 δ,P_K 与 P_0 的距离为 X_K,则当 $d<<D$ 和 $X_K<<D$ 时,可得

$$\delta = \frac{X_K}{D}d \tag{3.8.1}$$

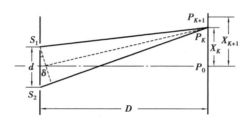

图 3.8.2　干涉条纹的计算

若光程差 δ 为波长的整数倍,即 $\delta = \pm K\lambda$ ($K = 0,1,2,\cdots$) 时,得到明条纹。此时,由式(3.8.1)可知:

$$X_K = \pm \frac{K\lambda}{d}D \tag{3.8.2}$$

这样,由式(3.8.2)计算相邻两明条纹的间距 ΔX 为:

$$\Delta X = X_{K+1} - X_K = \frac{D}{d}\lambda \tag{3.8.3}$$

于是

$$\lambda = \frac{d}{D}\Delta X \tag{3.8.4}$$

对暗条纹也可得到同样的结果。式(3.8.4)即为本实验测量光波波长 λ 的公式。

【实验仪器】

光具座、菲涅耳双棱镜、狭缝、钠光灯、白屏、滑块、测微目镜和凸透镜等。

【实验内容】

(1)将光源放在光具座导轨一端附近,接通电源,打开光源开关,取下导轨上的各种光具。

（2）将可调狭缝装在光源后面的附近位置，狭缝长度沿竖直方向，狭缝平面垂直于导轨轴线，狭缝安装高度应与聚光透镜的高度相当，狭缝宽度适当（约为头发丝直径的二倍）。

（3）装上双棱镜，使其底座与狭缝底座相距 18～20 cm（这个距离还须参考成像透镜上标出的焦距值，如焦距不足 16 cm，则该距离应偏小为宜；如焦距较大、则该距离可以偏大一些）。调节双棱镜，使之与光轴对称垂直，与狭缝等高。

（4）将测微目镜装在底座上，注意使目镜轴线与光具座轴线平行，目镜高度与前面的各光具等高。观察一下目镜内的叉丝是否清晰，如不清晰或看不见叉丝，则适当转动目镜头，直至可看清叉丝为止。

（5）将目镜移至距双棱镜 20 cm 左右的地方，观察目镜内是否有干涉条纹。此时可能看到以下 3 种情况之一：目镜视场内无干涉条纹，且亮度均匀；目镜视场内无干涉条纹，但亮度不均匀，有一条竖直方向的较亮光带；有干涉条纹。对于第一种情况，需对双棱镜或狭缝位置进行左右横移调节，直至在目镜中可见到现象二或现象三。对于第二种情况，则需微调狭缝长度的方向，当该方向与双棱镜的棱脊平行时，光带中即出现干涉条纹。对于第三种情况，如干涉条纹分布不对称，明显偏在视场的一边，则可对双棱镜或狭缝位置进行左右横移微调使干涉条纹分布对称；如果干涉条纹不够清晰，则可微调狭缝长度的方向并辅助微调狭缝的宽度使之清晰。

（6）将测微目镜平缓地向后移动，边移动边观察目镜视场内干涉条纹是否随移动而移向一边，如有此现象，则需微调双棱镜的横向位置，使条纹保持在目镜视场中部，直至目镜后移到导轨的末端时，其视场内还能看到清晰可辨的干涉条纹为止。

（7）将测微目镜放在双棱镜后合适的位置，此时观察到的干涉条纹可见度较高且目镜中的干涉条纹较多。重复测量相邻两条纹的间距 ΔX 三次。

（8）虚光源平面与叉丝板距离 D 的测量。

D 的最简单测法是以狭缝平面代替虚光源平面，用狭缝平面与叉丝板的距离代替 D。这种近似方法存在狭缝与虚光源并不共面的系统误差。但经过理论计算可以证明，在一般采用的典型光路布置下，狭缝平面与虚光源平面相差无几，只要 D 自身足够大（要求 D 约为 110 cm），所含系统误差是可忽略的。然而 D 的近似测量仍比较麻烦，这是因为叉丝板平面在测微目镜内部，该平面与目镜底座上的标线不共面，同样狭缝与其底座上的标线也不共面，所以应注意在读数后加以修正。实验室将提供叉丝板与目镜底座中心标线的差距，以及狭缝与其底座中心标线的差距，注意记录以修正。

（9）用共轭法测量虚光源 S_1 和 S_2 的间距 d：不改变狭缝与双棱镜的相对位置，在双棱镜与测微目镜之间加上凸透镜，如图 3.8.3 所示，移动凸透镜（注意共轴等高），在测微目镜中两次出现虚光源的像。用测微目镜分别测出两虚光源较大像之间距离 d' 和较小像之间距离 d''，则两虚光源之间的实际距离：

$$d = \sqrt{d'd''} \tag{3.8.5}$$

适当改变测微目镜 M 的位置，加入凸透镜，分别测出 d' 和 d''，用式（3.8.5）计算得虚光源之间的距离 d。

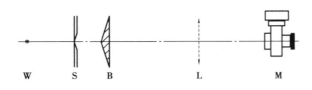

图 3.8.3　实验装置

【思考题】

(1)本实验中为什么要求双棱镜的折射角很小呢?

(2)当波长改变时,双棱镜的干涉条纹有无变化? 试描述白光照射时的干涉图样。

(3)若单缝很宽,能否看到干涉条纹? 为什么?

(4)试根据凸透镜成像规律推导出公式(3.8.5)。

(5)安装如图 3.8.3 所示光路的各元件时,应注意哪几点才能使实验顺利地进行? 试画出本实验完整的光路图。

实验 3.9　单缝衍射及在现代检测中的应用

光的衍射现象是光的波动性的一个重要表现。衍射现象分两大类:夫琅禾费衍射和菲涅耳衍射。本实验仅研究夫琅禾费衍射(即平行光衍射)。研究光的衍射不仅有助于加深对光的波动特性的理解,也有助于进一步学习现代光学实验技术(如光电测量、光谱分析、晶体结构分析、全息照相、光学信息处理等)。

衍射现象导致了光强在空间的重新分布,利用光电元件测量光强的相对变化,也是近代测量技术中的一个常用方法。本实验采用了电荷耦合器件(Charge-Coupled Device, CCD),CCD 是 1970 年问世的新型光电器件,具有尺寸小、质量轻、功耗小、噪声低、线性好、灵敏度高、动态范围大、性能稳定和自扫描能力强等优点,在物体外型测量、表面检测、工程检测、电视摄像等各个领域得到广泛应用。采用这种测量方法还具有如下优点:

(1)不必在望远镜、读数显微镜、测微目镜的视场中采用目视的方法测量。只需通过 CCD 传感器,便可在计算机显示器或示波器显示屏上直接观察物理现象并进行数据测量、记录、处理。

(2)能更直观地观测光强的相对分布情况,通过定标,可以定量测量光强的分布情况。

(3)对衍射峰值、谷值、光强随空间位置变化率等的确定和测量不再是凭借人们的主观上的判断,而是对光强分布转化后的数字信号进行计算机处理从而得出精确的判断,因而测量结果更精确、更客观。

(4)测量所得的数据、图形可方便地比较、计算、存档、输出。

(5)这种方法可与力、热、声、光等多领域的技术手段相结合以满足科学研究和工程技术中更多的需要。

【实验目的】

（1）掌握夫琅禾费单缝衍射的光强分布规律。

（2）观察单缝衍射现象，学会使用测微目镜测缝的宽度。

（3）学会测量光强分布的方法，并利用 SI-I 智能单缝衍射仪测量单缝衍射的光强分布。

（4）利用 SI-I 智能单缝衍射仪实现细丝直径的智能检测。

【实验原理】

本实验采用单缝夫琅禾费衍射，如图 3.9.1 所示，平行光垂直照射在宽度为 b 的狭缝上，当 b 很小时，就可以在接收屏看到狭缝的衍射花样，中央是亮而宽的明条纹，在它两侧是较弱的明暗相间的条纹，中央明条纹宽度是两侧明条纹宽度的两倍。

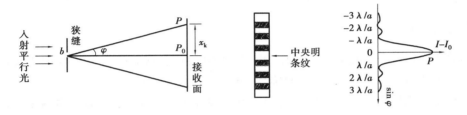

图 3.9.1　单缝衍射场的分布规律

根据惠更斯-菲涅耳原理，狭缝上每一点都可看成是发射子波的新波源，由于子波叠加的结果，在屏上可以得到一组平行于狭缝的明暗相间的衍射条纹，其光强分布规律为：

$$I = I_0 \sin^2 u / u^2，其中 u = (\pi b \sin \varphi) / \lambda \tag{3.9.1}$$

式中 φ 为衍射角，λ 为入射光波长，当 $\varphi = 0$ 时，衍射场中央 P_0 处的光强度 $I = I_0$ 为光强最大值，称 I_0 为衍射场中央主极大的强度。从式（3.9.1）出发可得衍射场的分布规律：

①当 $-\lambda < b \sin \varphi < \lambda$ 时为中央明纹。 $\tag{3.9.2}$

②当 $\sin \varphi = \pm 1.43\lambda/b，\pm 2.46\lambda/b，\pm 3.47\lambda/b \cdots$ 时为各次级亮纹位置， $\tag{3.9.3}$

上式近似为：$b \sin \varphi = \pm (k+1/2)\lambda，k = 1,2,3,\cdots$ $\tag{3.9.4}$

③当 $b \sin \varphi = \pm k\lambda，k = 1,2,3,\cdots$ 时为衍射场的暗纹位置。 $\tag{3.9.5}$

【实验仪器】

SI-I 智能单缝衍射仪（生产单位：重庆大学物理实验中心）1 台、光具座（生产单位：重庆大学物理实验中心）1 台、He-Ne 激光器（生产单位：北京大学物理系工厂）1 台、计算机 1 台、光强衰减器、衍射单缝、待测细丝、透镜、测微目镜等。

实验 3.9.1　利用单缝衍射测单缝宽度

如图 3.9.2 所示，钠光源 S 发出的光投射到光源狭缝 P_1 上，狭缝 P_1 相当于一个线光源，位于透镜 L_1 的焦面上，从狭缝 P_1 发出的单色光经透镜 L_1 后成平行光束，这一平行光束垂直照射在衍射狭缝 P_2 上，当衍射狭缝 P_2 的缝宽 b 很小时，就可以在透镜 L_2 的焦面处的 P_3 屏看到与狭缝 P_2 平行的衍射花样。

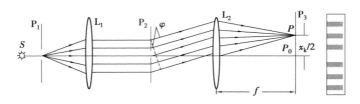

图 3.9.2 单缝衍射光路结构及原理图

设左右第 k 级暗条纹间距离为 x_k，L_2 至屏的距离为 f，当 φ 角很小时，$\sin \varphi \approx \tan \varphi$，而
$\tan \varphi = \dfrac{x_k/2}{f} = \dfrac{x_k}{2f}$，代入式(3.9.5)得 $b \sin \varphi = k\lambda = b \dfrac{x_k}{2f}$，于是

$$b = \frac{2\lambda f}{x_k/k} \tag{3.9.6}$$

由式(3.9.6)可测定单缝的宽度。

【实验内容】

(1)将 P_1 放在 L_1 的焦面处，接收屏 P_3 采用测微目镜，测微目镜放在 L_2 的焦面处。

(2)调节光具座上各元件，使它们等高共轴。

(3)调节衍射缝 P_2 的宽度，同时适当地调节狭缝光源 P_1 的宽度，使测微目镜中出现清晰的衍射条纹。

(4)调节测微目镜，使分划板上的叉丝和刻线清楚。

(5)转动测微目镜的螺旋，从左边第 4 条暗纹起到右边第 4 条暗纹止，依次读出各条暗纹的位置，然后，为测量精确，再从右边第 4 条暗纹起读到左边第 4 条暗纹止，依次读出各条暗纹的位置，两次求平均值。计算左右第 k 级暗条纹之间的距离 x_k 及 x_k/k 的值。

(6)从光具座上读出透镜 L_2 到测微目镜分划板间的距离 f。

(7)取下单缝 P_2(注意：取下与移动过程中不能改变缝的宽度，否则前功尽弃)，用读数显微镜测量缝宽 b 三次，取平均值作为狭缝宽度的标准值。

(8)将数据代入式(3.9.6)，计算单缝的宽度及不确定度，并与标准值进行比较，求百分误差。

实验 3.9.2 利用 SI-I 智能单缝衍射仪测量光强分布

很多实际问题(如干涉计量、激光散斑、光谱分析、光学信息处理等等)中都需要测量光强的分布，尤其是根据光强分布并利用计算机完成复杂丰富的功能更是现代检测中常用的技术。但是采用普通方法不便于测量，例如采用接收屏和游标卡尺，在测量条纹之间的间距时，手工定位会带来一定的误差，对条纹光强的极大值或条纹边缘位置的判断都存在误差，对光强强弱分布情况的判断也只有通过人眼粗略判断(而人眼对光强的响应恰恰是很不敏感的)。SI-I 智能单缝衍射仪的传感器采用 CCD 线阵器件，CCD 器件是将光强的相对大小转化为相应大小电信号的一个光电二极管探测阵列，它有线阵和面阵两大类，这里采用的是线阵，电信号经 SI-I 智能单缝衍射仪处理后传送到计算机，在计算机中可实时显示光强的分布并实现各种功能，如存储、打印、数据处理、坐标变换、测量、特征值搜索、对比处理、数据后处理、数据校正、图形缩放、频谱分析、原始数据记录等。下面利用 SI-I 智能单缝衍射仪测量单缝衍射的光强分布。

【实验内容】

（1）如图 3.9.3 所示布置光路,光源采用 He-Ne 激光器,光源发出的平行光在投射到狭缝之前要通过一个光强衰减器,光强衰减器可以调节光强到适当大小,在狭缝后面放置 SI-I 智能单缝衍射仪。

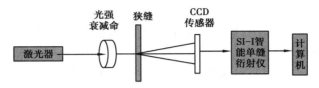

图 3.9.3　衍射光强分布的测量

（2）点燃激光器,调整激光管的俯仰和水平方位角,使激光管的俯视投影与光具座的中心轴线重合且激光束与光具座导轨面平行,并用小孔光阑检查激光束是否共轴等高。

（3）打开 SI-I 智能单缝衍射仪电源,打开计算机,运行仪器配套应用软件,确保串口设置正确后,选择连续采集即可实时采集 SI-I 光电转换器上的光强分布。

（4）调整狭缝的位置使光束垂直入射并使产生的衍射光斑分布在 SI-I 光电转换器的中心位置,调整 SI-I 光电转换器的位置（上下、左右或俯仰调节）及光强衰减器到适当位置,直到显示如图 3.9.4 所示的衍射光强分布曲线图,如果需要,参考 SI-I 智能单缝衍射仪系统软件手册,对曲线进行滤波处理或多次测量求平均值等处理,使得到的曲线平滑,减少噪声的影响。

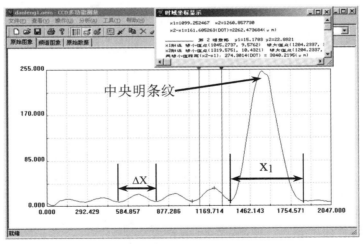

图 3.9.4　单缝衍射的光强分布曲线

（5）参考 SI-I 智能单缝衍射仪系统软件手册,测量单缝衍射主峰、次极大点光强值的相对大小,测量各峰值、谷值坐标,看看光强分布于单缝衍射理光强理论分布是否相合,分析实验结果与理论分布间误差的原因。

（6）改变狭缝宽度,观察衍射花样有什么变化。

实验 3.9.3　利用 SI-I 智能单缝衍射仪实现细丝直径的智能检测

在生产实践中,经常涉及各种微小尺寸的测量或在线测量,如钟表游丝、光导纤维、化学纤维、电阻丝、微孔等,如果设计出适应应用要求的光学机械系统,再在 SI-I 智能单缝衍射仪系统软件上增加相应的软件模块,就可以实现各种应用,甚至可以实现在线测量。

根据巴俾涅原理:两个互补屏在衍射场中某点单独产生的光场复振幅之和等于无衍射屏光波自由传播时在该点产生的光场复振幅,在平行光的照射下,细丝的衍射光强(除了零级)相对分布与相同尺寸的单缝衍射是一样的,因此在实现细丝的智能测量中,我们还是采用如图 3.9.3 所示的光路结构。

在单丝衍射测量中,我们首先需要把如图 3.9.4 所示的衍射光强分布调节出来,利用 SI-I 智能单缝衍射仪系统软件的特征值搜索功能很容易可以找到光强的中央主极大、两侧次极大以及光强最小的暗纹位置,由于第一级明条纹与中央明条纹之比是 0.047 2,得到的光强分布曲线中次级明条纹不是很明显,同时要求光强的最大值只能在 CCD 的饱和范围之内,调节范围比较小,因此测出的条纹间距偏差比较大,要得到好的效果也比较困难,所以我们通过增大光强让 CCD 部分像元达到饱和,从而使次极大突出,如图 3.9.5 所示,利用各次级明纹间距或暗纹间距求缝宽。

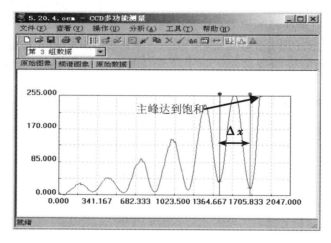

图 3.9.5　主峰饱和的单丝衍射光强分布图

由衍射光强分布规律式(3.9.1)—式(3.9.5),如果测量出的是相邻两暗纹间距,对相邻暗纹有:$\sin\varphi_{k+1} - \sin\varphi_k = \lambda/b$,一般 φ 角很小,因此

$$\sin\varphi_{k+1} - \sin\varphi_k \approx \frac{x_{k+1}}{L} - \frac{x_k}{L} = \frac{\Delta x}{L}$$

由上两式可得

$$b = \frac{\lambda L}{\Delta x} \tag{3.9.7}$$

其中 L 为细丝到屏的距离,Δx 为相邻暗纹的距离,φ_k 和 x_k 分别为第 k 级暗条纹的衍射角和位置坐标。由此可见,通过测量相邻暗纹间距 Δx,即可求出细丝 b。

【实验内容】

（1）如图 3.9.3 所示布置光路,要求同实验 3.9.2 的内容,但是采用待测细丝替换狭缝作为衍射元件。

（2）类似实验 3.9.2 中的第（3）、（4）步骤,调节光路和设置计算机软件得到如图 3.9.5 所示的主峰饱和的单丝衍射光强分布图。

（3）参照 SI-I 智能单缝衍射仪系统软件说明书,测量相邻暗纹的间距,记录数据;测量单丝到光电转换器之间的距离 L;为了减小误差,可以多次测量求平均值,把这些数据代入公式（3.9.7）,计算单丝的宽度 b,也可利用系统软件中的工具来进行计算。

（4）计算单丝宽度 b 测量结果的不确定度,用完整表达式表示结果,并与用读数显微镜测得的宽度值比较,计算百分误差。

【思考题】

（1）改变狭缝宽度衍射花样会有哪些变化? 若缝宽增加一倍或减小一半,衍射花样的光强和条纹宽度将会怎样改变? 试根据理论公式结合观察作出判断。

（2）如果测出的衍射光强曲线对中央主极大左右不对称,试分析一下是什么原因造成的? 你能作出这个衍射不对称光强分布的实验吗? 怎样调整装置才能纠正?

（3）怎样验证 SI-I 光电转换器的输出信号与照射其上的光强呈线性关系?

（4）在实验中,为什么不采用相邻明纹间距来进行测量?

实验 3.10　光栅衍射

衍射光栅是根据多缝衍射原理制成的一种光学元件,它由大量等宽、等间距的平行狭缝组成。和棱镜一样,光栅是一种分光元件。由于光栅衍射条纹狭窄细锐,分辨本领非常高,所以常用光栅作光谱仪的色散元件。光栅衍射原理是晶体 X 射线结构分析和近代频谱分析与光学信息处理的基础,以衍射光栅为色散元件组成的摄谱仪和单色仪也是物质光谱分析的基本仪器之一。

过去制作光栅都是在精密的刻线机上用金刚钻在玻璃的表面刻出许多等宽等间距的平行刻痕。精制的光栅,在 1 cm 内,刻痕可以多达一万条,所以刻划光栅是一件较难的技术。常用的光栅是精制的刻线母光栅的优良塑制品或复制品。自 20 世纪 60 年代以来,随着激光技术的发展,又制作出了全息光栅。光栅有透射式和反射式两种,本实验采用透射式光栅。

【实验目的】

（1）观察光栅的衍射现象,了解衍射光栅的主要特性。

（2）进一步熟悉分光计的调整和使用方法。

（3）学习利用衍射光栅测定光波波长及光栅常数、色散率的原理和方法。

【实验原理】

1）光栅方程

根据夫琅禾费衍射理论，当平行光照射到光栅平面产生衍射时，可以证明，在满足条件：

$$d(\sin\theta+\sin\varphi)=k\lambda \qquad k=0,\pm1,\pm2,\cdots \qquad (3.10.1)$$

时衍射光加强，得到明条纹。式(3.10.1)是光栅方程的普遍形式，其中 d 为光栅透光部分的宽度 a 和不透光部分的宽度 b 之和，又称为光栅常数。θ 为光的入射方向与光栅平面法线之间的夹角，φ 为衍射角，k 为光谱的级数。衍射光线和入射光线在光栅法线同侧时，衍射角 φ 取"+"；异侧时，φ 取"−"。当 θ 为零时，即平行光垂直照射到光栅平面产生衍射时，光栅方程式(3.10.1)简化为：

$$d\sin\varphi=k\lambda \qquad k=0,\pm1,\pm2,\cdots \qquad (3.10.2)$$

当光垂直光栅入射时，用会聚透镜把这些衍射后的平行光会聚起来，在透镜的焦平面上将出现亮线，称为谱线。在 $\varphi=0$ 的方向上可观察到中央极强，称为零级谱线，对于 k 的其他数值，符号"±"相当于两级谱线，对称分布于零级谱线的两侧，如图3.10.1所示。

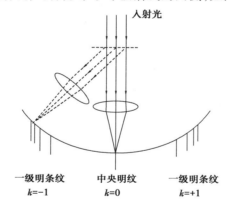

图 3.10.1　光栅衍射

如果光源中包括几种不同的波长，则同一级谱线对不同的波长有不同的衍射角，从而在不同的地方形成谱线，称为光谱。根据式(3.10.2)，只要谱线的波长或光栅常数有一个量为已知，就可以通过相关衍射角的测量得到另一个量。

2）衍射光栅的基本特性——分辨本领和色散率

（1）分辨本领 R 定义为两条刚可被分开的谱线的平均波长 λ 与两条谱线的波长差 $\Delta\lambda$ 之比，即

$$R=\frac{\lambda}{\Delta\lambda} \qquad (3.10.3)$$

根据瑞利条件，所谓刚可被分开谱线可规定为其中一条谱线的极强应落在另一条谱线的极弱上，如图3.10.2所示，由此可推得

$$R=\frac{kL}{d}=kN \qquad (3.10.4)$$

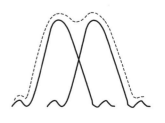

图 3.10.2　瑞利条件

式中，$1/d$ 为光栅常数的倒数，L 为光栅的有效长度，N 为光栅的总刻线数，k 为光谱的级数，一般 k 取1。所以光栅的分辨本

领主要取决于狭缝数目 N，为了达到高分辨率人们制造了刻线很多的光栅。

（2）角色散率 D 定义为同级的两条谱线角距离 $\Delta\varphi$ 与波长差 $\Delta\lambda$ 之比，即

$$D = \frac{\Delta\varphi}{\Delta\lambda} \tag{3.10.5}$$

对光栅方程式（3.10.2）两边求微分，整理可得到

$$D = \frac{k}{d\cos\varphi} \tag{3.10.6}$$

角色散是光栅、棱镜等分光元件的重要参数，它可理解为在一个小的波长间隔内两单色入射光之间所产生的角间距的量度。由式（3.10.6）可知，d 越小，角色散越大，即单位长度光栅的缝数越多，角色散越大。并且在不同的光谱级内，角色散也不同，k 越大，角色散越大。此外，在一级之内，各光谱线波长对应的衍射角变化不大，$\cos\varphi$ 很接近，$\Delta\varphi$ 与 $\Delta\lambda$ 成正比，光栅的 φ-λ 色散曲线近似直线，这也说明了光栅光谱的匀排特点。

【实验仪器】

分光计（生产单位：浙江光学仪器厂）、透射光栅、汞灯、三棱镜、直尺、平面镜（半透半反镜）等。

【实验内容】

（1）分光计调节。

分光计调节好的要求：望远镜聚焦于无穷远处，望远镜光轴垂直于分光计主轴；平行光管产生平行光，其光轴垂直于分光计的主轴。望远镜和平行光管的具体调节方法参阅第 2 章常用光学实验仪器第 2.3 节。

（2）光栅方位调节。

调节光栅和载物台螺钉使光栅面（刻痕所在面）及刻痕与分光计主轴平行，且垂直于平行光管光轴。

①按如图 3.10.3 所示把光栅放置在载物台上，首先目测调节螺钉 b 或 c 使光栅面（刻痕所在面）与分光计主轴平行，固定游标圆盘，转动望远镜将看到由光栅面反射的亮十字像，进一步调节载物台下的螺钉 c 和 b，直到反射回的亮十字像与叉丝上横丝重合，则光栅面与分光计主轴平行。

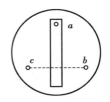

图 3.10.3　光栅在载物台上的位置

②移动光源或分光计，使平行光管光轴对准光源以保证有足够的光强，调节平行光管有关部分使狭缝像清晰、宽度和高度适中，此时转动望远镜使中央零级谱线与纵叉丝重合，固定望远镜转动游标盘使光栅面反射回的亮十字像与分划板上方的横十字叉丝重合，固定游标盘。

③此时转动望远镜就可以看到位于中央零级两侧的各条谱线。如果左右谱线高低不等，说明刻痕与分光计主轴不平行，需调节载物台下的调平螺钉 a；再复查第②步的十字重合和零级谱线重合，若有变动应调节 b 或 c 和转动游标盘。

④反复②和③的调节直至两步的现象均满足。

（3）测量一、二级谱线对应的衍射角。

从零级谱线左（右）侧起沿一个方向向右（左）移动望远镜，使望远镜纵向叉丝依次与左（右）第二级、第一级衍射光谱中某谱线相重合，记下对应位置的读数。继续移动望远镜，依次

记录右(左)侧各级谱线对应位置的读数。

(4)用直尺测光栅的有效长度 L。

(5)利用绿光的一级衍射角和波长值(546.1 nm)计算光栅常数;利用测得的光栅常数和黄光1、黄光2、紫光的一级衍射角计算这些谱线的波长;用式(3.10.4)计算光栅的分辨本领;计算紫光(435.8 nm)、绿光、和黄光3种波长的角色散率。

【思考题】

(1)衍射光栅的光谱是不是具有匀排特点?与棱镜光谱相比,光栅光谱有什么特点?

(2)如果光栅面与仪器主轴平行,刻痕与转轴不平行,那么整个光栅有什么异常?对测量有无影响?

(3)用式(3.10.2)测光栅常数的前提是什么?实验时是否满足?

(4)解释为什么 $\varphi=0$(即望远镜、光栅法线及狭缝在一直线上)时,观察到的是白色光?

实验3.11 单色仪的定标

单色仪是一种分光仪器,它通过色散元件的分光作用,把一束复色光分解成它的"单色"组成。单色仪根据采用色散元件的不同,可分为棱镜单色仪和光栅单色仪两大类。棱镜单色仪运用的光谱很广,从紫外、可见、近红外一直到远红外,对于不同的光谱区域,一般需换用不同的棱镜或光栅。例如,应用石英棱镜作为色散元件,则主要运用于紫外光谱区,并需用光电倍增管作为探测仪;若棱镜材料用 NaCl(氯化钠)、LiF(氟化锂)、KBr(溴化钾)等,则可运用于广阔的红外光谱区,用真空温差电偶等作为光探测器。本实验所用国产 WDG30 型光栅单色仪,配用1200 线/mm 闪耀光栅,闪耀波长500 nm,适用于380~760 nm 的可见光区,用人眼或光电池作为光探测器。如仪器配备紫外光栅、红外光栅、石英狭缝窗和避免光栅级次重叠的滤光片,工作波段范围可扩大到200~1 200 nm,即从紫外到红外区。

【实验目的】

(1)了解光栅单色仪的构造原理和使用方法。

(2)以高压汞灯的主要谱线为基准,对单色仪在可见光区进行定标。

(3)掌握用单色仪测定滤光片光谱透过率的方法。

【实验原理】

1)单色仪的结构及调节

图 3.11.1 所示为 WDG30 型光栅单色仪原理图。复色光源从入射缝投射到球面反射镜 M_1 上。入射缝位于 M_1 的聚焦面上,因此经此镜将平行光投射到光栅上,光栅将复色光衍射分光,分成不同波长的平行光束以不同的衍射角投射到球面镜 M_2 上。球面镜 M_2 将接收的平行光束聚焦在出射缝处,根据缝开启的宽度大小,允许波长间隔非常狭窄的一部分光束射出狭缝。当光栅按顺时针方向旋转时,可以在出射缝外得到一系列的按波长排列的光谱。

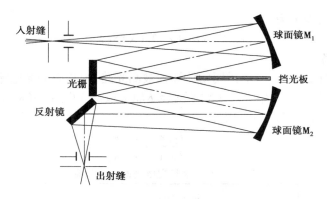

图 3.11.1　WDG30 型光栅单色仪原理图

使用仪器时,只要旋转手动鼓轮,就可使光栅旋转,而经过光栅分光后由出射缝射出的单色光波长值 λ,可以直接由计数器上读出。以计数器上读出的 λ 为纵坐标,对应单色光的波长 λ 为横坐标画出的曲线即为单色仪的定标曲线。有了定标曲线,就可以从计数器上的读数确定出射光的波长。

2)单色仪的定标

单色仪出厂时,一般都附有定标曲线的数据或图表供查阅,但是经过长期使用或重新装调后,其数据会发生改变,这就需要重新定标,以对原数据进行修正。

单色仪定标曲线的定标是借助已知线光谱的光源来进行的。为了获得较多的点,必须有一组光源。通常采用汞灯、氢灯、钠灯、氖灯以及用铜、锌、铁作电极的弧光光源等。

本实验选用汞灯作为已知线光谱的光源,在可见光区域(400 ~ 760 nm)进行定标。在可见光波段,汞灯主要谱线的相对强度和波长如图 3.11.2 及表 3.11.1 所示。

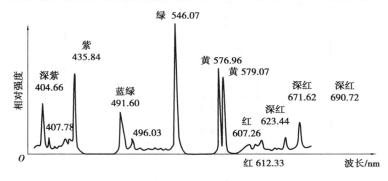

图 3.11.2　汞灯主要谱线的相对强度

3)单色仪测定滤光片的光谱透射率

当波长为 λ、光强为 $I_0(\lambda)$ 的单色光束垂直入射于透明物体上时,由于物体对不同波长的光的透射能力不同,所以透过物体后的光强 $I_T(\lambda)$ 也不同。通常定义物体的光谱透射率 $T(\lambda)$ 为:

$$T(\lambda) = \frac{I_T(\lambda)}{I_0(\lambda)} \qquad (3.11.1)$$

若以白炽灯为光源,出射的单色光由光电池接收,用灵敏电流计显示其读数,则出射的单色光所产生的光电流 $i_0(\lambda)$ 与入射光强 $I_0(\lambda)$、单色仪的光谱透射率 $T_0(\lambda)$ 和光电流的光谱

灵敏度 $S(\lambda)$ 成正比,表示为:

$$i_0(\lambda) = KI_0(\lambda)T_0(\lambda)S(\lambda) \tag{3.11.2}$$

式中 K 为比例系数。

若将一光谱透射率为 $T(\lambda)$ 的透明物体插入被测光路,则相应的光电流表示为:

$$i_T(\lambda) = KI_T(\lambda)T_0(\lambda)S(\lambda) = KI_0(\lambda)T(\lambda)T_0(\lambda)S(\lambda) \tag{3.11.3}$$

由式(3.11.2)、式(3.11.3)可得:

$$T(\lambda) = \frac{I_T(\lambda)}{I_0(\lambda)} = \frac{i_T(\lambda)}{i_0(\lambda)} \tag{3.11.4}$$

表 3.11.1　汞灯主要光谱线波长值

颜色	波长/nm	强度
紫色	404.66	强
	407.78	中
	410.81	弱
	433.92	弱
	434.75	中
	435.84	强
蓝绿色	491.60	强
	496.03	中
绿色	535.41	弱
	536.51	弱
	546.07	强
	567.59	弱
黄色	576.96	强
	579.07	强
	585.92	弱
	589.02	弱
橙色	607.26	弱
	612.33	弱
红色	623.44	中
深红色	671.62	中
	690.72	中
	708.19	弱

【实验仪器】

光栅单色仪、溴钨灯(12 V,50 W)、直流稳压电源、汞灯、低倍显微镜、会聚透片(两片)、毛玻璃、读数小灯、硅光电池、灵敏电流计、滤色片等。

【实验内容】

(1)调平单色仪:仪器放在平稳的工作台上,把水准仪放在单色仪上面,调节仪器底座下的 3 个调平螺钉,当水准器的水泡在中间位置时可以认为仪器已调平。

(2)观察入射狭缝和出射狭缝的结构,了解缝宽的调节和读数以及狭缝使用时的注意事项。因为两个缝的宽度直接影响出射光的强度和单色性。

(3)在入射缝前放置汞灯,用以照射入射狭缝。为了充分利用进入单色仪的光能,光源应放置在入射准直系统的光轴上。为此,将入射狭缝和出射狭缝开大,将光源移至前半米以外的位置,从出射狭缝处朝单色仪内观察,可看见光源的清晰像,调节光源位置,使光源的像正好位于的中央。

使入射缝宽减小到 0.03 mm,再在光源与入射缝之间加入聚光透镜,适当选择透镜的焦距和孔径,使光源既成像于入射缝上,又能够使其相对孔径与仪器的相对孔径(1:5.7)相等。这样,即可使出射谱线获得最大亮度,又减少了仪器内部的杂散光。调节聚光透镜的位置,并用一块毛玻璃置于出射狭缝处,使毛玻璃上呈现的谱线最明亮。至此,光源调节完毕。

(4)将低倍显微镜置于出射狭缝处,对出射狭缝的刀口进行调焦,使显微镜视场中观察到的汞谱线最清晰。为使谱线尽量细锐并有足够的亮度,应使入射缝尽可能小(0.03 mm),出射缝可适当大些(0.05 mm)。根据可见光区汞灯主要谱线的波长和相对强度辨认光谱线。

(5)使显微镜的十字叉丝对准出射狭缝的中心位置,缓慢地转动鼓轮(注意:必须向一个方向转动,切不可中途倒退),直到各谱线最亮中心依次对准显微镜的叉丝时,分别记下鼓轮读数(L)与其对应的波长(λ),测量 3 次,取其平均值。

(6)以谱线波长(λ)为横坐标,以鼓轮读数(L)为纵坐标画曲线,即得单色仪定标曲线。

(7)设计实验用单色仪测定滤光片的光谱透射率。

【思考题】

(1)单色仪内各光学元件都起什么作用?

(2)为什么要对单色仪进行定标?怎样进行定标?

(3)实验中应如何选择入射狭缝和出射狭缝的宽度?并讨论它们对出射光单色性的影响。

实验 3.12　声光衍射与液体中声速的测定

声波就其本性而言是一种机械压力波。当声波振动频率超过 20 000 Hz 时就称为超声波。

声波的传播需要介质,这与电磁波传播机理完全不同。离开了传播介质,声波就无法传播出去。当声波在气体、液体介质中传播时,气体与液体的切变弹性模量 $G=0$,这时声波只能以纵波的形式存在;当声波在固体中传播时,由于 $G \neq 0$,因此在固体中的声波既可能是声纵波,还可能是声横波、声表面波等。因此笼统地说声波是纵波是错误的。

　　声波是能量传播的一种形式,它既是信息的载体,也可以作为能量应用于清洗和加工,例如,利用超声波加工金属零件等。值得一提的是,超声波对人类是安全的,不会因为它的存在带来环境污染;超声表面波具有极强的抗干扰能力,因此信息领域里人们更是对其青睐有加。

　　布里渊于 1923 年首次提出声波对光作用会产生衍射效应。随着激光技术的发展,声光相互作用已经成为控制光的强度、传播方向等最实用的方法之一,其中声光衍射技术得到最为广泛的应用。

【实验目的】

　(1)理解声光相互作用的机理和超声光栅的原理。
　(2)观察声光衍射现象。
　(3)学会用超声光栅测定液体中的声速。

【实验原理】

　　声波在气体、液体介质中传播时,会引起介质密度呈疏密交替的变化并形成液体声场。当光通过这种声场时,就相当于通过一个透射光栅并发生衍射,这种衍射称为声光衍射。存在着声波场的介质则称为声光栅,当采用超声波时,通常就称为超声光栅。本实验研究的就是以液体为介质的超声光栅对光的衍射作用。

　　超声波在液体中传播的方式可以是行波也可以是驻波。行波形式的超声光栅,栅面在空间随时间移动。如图 3.12.1 所示为声行波在某一瞬间的情况。图 3.12.1(a)表示存在超声场时,液体内呈现疏密相间的周期性密度分布。图 3.12.1(b)为相应的折射率分布,n_o 表示不存在超声场时该液体的折射率。由图可见,密度和折射率两者都是周期性变化的,且具有相同的周期,相应的波长正是超声波的波长 λ_s。因为是行波,折射率的这种分布以声速 V_s 向前推进并可表示为

$$n(Z,t) = n_o + \Delta n(Z,t) \tag{3.12.1}$$
$$\Delta n(Z,t) = \Delta n \sin(K_s Z - \omega_s t)$$

　　式中,Z 为超声波传播方向上的坐标;ω_s 为超声波的角频率;λ_s 为超声波波长;$K_s = 2\pi/\lambda_s$。由式(3.12.1)可见折射率增量 $\Delta n(Z,t)$ 按正弦规律变化。

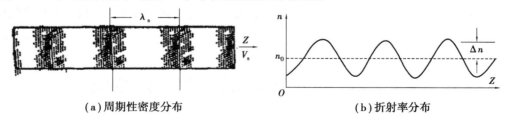

(a)周期性密度分布　　　　　　(b)折射率分布

图 3.12.1　液体介质中的声波

　　如果在超声波前进方向上适当位置垂直地设置一个反射面,则可获得超声驻波。对于超声驻波,可以认为超声光栅是固定于空间的。设前进波和反射波的方程分别为:

$$a_1(Z,t) = A \sin 2\pi\left(\frac{t}{T_s} - \frac{Z}{\lambda_s}\right)$$
$$a_2(Z,t) = A \sin 2\pi\left(\frac{t}{T_s} + \frac{Z}{\lambda_s}\right)$$

（3.12.2）

二者叠加，$a(Z,t) = a_1(Z,t) + a_2(Z,t)$，得

$$a(Z,t) = 2A \cos 2\pi\frac{Z}{\lambda_s} \sin 2\pi\frac{t}{T_s}$$

（3.12.3）

　　式（3.12.3）说明叠加的结果产生了一个新的声波；振幅为 $2A \cos(2\pi Z/\lambda_s)$，即在 Z 方向上各点振幅是不同的，呈周期变化，波长为 λ_s（即原来的声波波长），它不随时间变化；位相 $2\pi t/T_s$ 是时间的函数，但不随空间变化，这就是超声驻波的特征。

　　计算表明，相应的折射率变化可表示为：

$$\Delta n(Z,t) = 2\Delta n \sin K_s Z \cdot \cos \omega_s t$$

（3.12.4）

　　式中各符号意义如前，相应的图像表示在图 3.12.2 中。可以看出，在不同时刻 $\Delta n(Z,t)$ 的分布是不同的，也就是说对于空间任一点，折射率随时间变化，变化的周期是 T_s，并且对应 Z 轴上某些点的折射率可以达到极大值或极小值；对于同一时刻，Z 轴上的折射率也呈周期性分布，其相应的波长就是 λ_s。总之，驻波超声光栅的光栅常数就是超声波的波长。

　　当一束单色准直光垂直入射到超声光栅上（光的传播方向在光栅的栅面内）时，出射光即为衍射光，如图 3.12.3 所示。图中 m 为衍射级次数，θ_m 为第 m 级衍射光的衍射角，可以证明，与光学光栅一样，形成各级衍射的条件是

$$\sin \theta_m = \pm m\lambda/\lambda_s \quad (m = 0,1,2,\cdots)$$

（3.12.5）

　　式中，λ 为入射光波长；λ_s 为超声波波长。

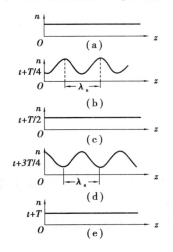
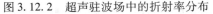

图 3.12.2　超声驻波场中的折射率分布

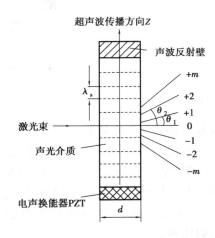

图 3.12.3　超声光栅对光束的衍射作用

　　像上述这种能产生多级衍射的声光衍射现象称为喇曼-奈斯（Raman-Nath）衍射，只有当超声波频率较低，入射角较小时才能产生这种衍射。另一种声光衍射称为布喇格衍射，它只产生零级及唯一的 +1 级或 -1 级衍射。这种情况只在超声波频率较高、声光作用长度较大，且光束以一定的角度倾斜入射时才能发生。布拉格衍射效率较高，常用于光偏转、光调制等技术中。本实验中只涉及喇曼-奈斯衍射。

由式(3.12.5),考虑到 θ_m 很小,有 $\sin\theta_m \approx X_m/2L$,其中 L 为液槽中心到屏之间的距离,X_m 为第 $\pm m$ 级衍射光斑间的距离,当光波长 λ 已知,则可测出超声波的波长 λ_s。假如还能测出超声波的频率 f_s,则超声波在该液体中的传播速度

$$V_s = \lambda_s \cdot f_s = \frac{2L\lambda f_s}{X_m/m} \tag{3.12.6}$$

以上方法是测量超声波传播速度的有效方法之一。

【实验仪器】

SLD–II 声光衍射仪(生产单位:重庆大学物理实验中心)、光具座(生产单位:重庆大学物理实验中心)、He-Ne 激光器(生产单位:北京大学物理系工厂)、游标卡尺、米尺、酒精温度计、分光计、汞灯等。

本实验中采用压电材料的逆压电效应产生超声波并在液槽中产生超声驻波场,形成超声光栅。压电材料在这里起电声换能的作用,在交变电场作用下产生超声振动。当交变电压的频率达到换能器的固有频率时,由于共振的结果,此时换能器的输出振幅达到极大值。常见的具有显著压电效应的材料有石英、铌酸锂等晶体和锆钛酸铅陶瓷(PZT)等。本实验中采用的是后者。

实验装置安排如图 3.12.4 所示。

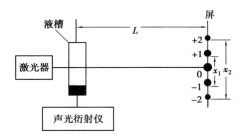

图 3.12.4　一种简单的声光衍射光路

【实验内容】

1)光具座上的声光衍射实验

(1)在光具座上按图 3.12.4 所示安排光路。

(2)在液槽中装入适量透明液体(水、酒精或其他待测液体),尽量使液槽器壁的气泡少,放入超声换能器。打开激光器,使激光束垂直入射在液槽上。

(3)连接电路,开机给换能器加上激励电压。调节声光衍射仪的频率调节旋钮,直到观察屏上出现衍射图样。

(4)反复仔细地调节液槽的俯仰、方位、液槽中声换能器的位置以及仪器频率调节旋钮,直到观察屏上出现的衍射光斑最多且光强度最大为止。

(5)用米尺测量液槽中心到屏之间的距离 L 并求平均值。

(6)用游标尺测量第 $\pm m$ 级光斑间的距离 X_m(为避免找光斑中心而出现的失误,应当测量两个同级光斑同侧边缘的距离)。

(7)用温度计测液体的温度。

（8）测出超声振荡的频率 f_s，由式（3.12.6）计算该温度下的声速 V_s 并求平均值。

（9）改变液槽中液体的温度，测量不同温度下的声速，注意温度对声速的影响。

2）分光计上的声光衍射实验

（1）调节好分光计的要求：望远镜聚焦于无穷远处，望远镜光轴垂直于分光计主轴；平行光管产生平行光，其光轴垂直于分光计的主轴。望远镜和平行光管的具体调节方法参阅第 2 章常用光学实验仪器第 2.3 节。

（2）按图 3.10.3 所示把液槽放置在载物台上，升降载物台使液槽中换能器的高度与平行光管的高度相同，再目测调节螺钉 b 或 c 使液槽面（入射面）与分光计主轴平行，固定游标圆盘，转动望远镜将看到由液槽面反射的亮十字像，进一步调节载物台下的螺钉 c 和 b，直到反射回的亮十字像与叉丝上横丝重合，则液槽面与分光计主轴平行。

（3）打开汞灯，使平行光管光轴对准光源以保证有足够的光强，调节平行光管有关部分使狭缝像清晰、宽度和高度适中，此时转动望远镜使中央零级谱线与纵叉丝重合，固定望远镜转动游标盘使液槽面反射回的亮十字像与分划板上方的横十字叉丝重合，固定游标盘。

（4）在望远镜就中可以观察到位于中央零级两侧的各条谱线，若不对称，微调载物台下螺钉 a，反复仔细地调节液槽中声换能器的位置以及仪器频率调节旋钮，直到望远镜中出现的衍射条纹最多而且光强度最大。

（5）从零级谱线左（右）侧起沿一个方向向右（左）移动望远镜，使望远镜纵向叉丝依次从左（右）第三级、第二级、第一级衍射光谱中绿光谱线相重合，记下对应位置的读数。继续移动望远镜，依次记录右（左）侧各级谱线对应位置的读数。

（6）计算各级衍射光的衍射角 θ_m，记录超声波的频率，由式（3.12.5）、式（3.12.6）得出超声波的声速 V_s。

3）推荐内容

（1）按图 3.12.5 所示安排光路并使各元件共轴等高，将狭缝调节到合适宽度并调节透镜的位置，使屏上出现清晰的狭缝像。

（2）重复上述实验内容（2）、（3）、（4），使观察屏上出现的各级衍射条纹最多且清晰。

（3）测量 L，各级衍射条纹的距离 X_m 以及 f_s，求该液体中超声波的速度。

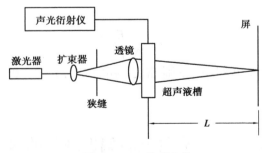

图 3.12.5　推荐光路

【注意事项】

（1）为避免激光烧伤眼睛，不得用眼睛直视未经扩束的激光细束（衍射细光束也不例外），为此不得取下观察屏。

（2）声换能器是仪器振荡电路的一部分,未接上声换能器时仪器不能工作。

（3）声换能器在使用中应注意以下两点:声换能器未插入液体介质中不要开机;不要用手触摸压电晶片。

【思考题】

（1）温度改变,液体折射率将改变,超声光栅的参数也将改变,温度会对液体中的声速造成什么样的影响?

（2）设想一下,当在液槽两个相互垂直的方向上,例如,YX 方向安置超声换能器,能得到一个什么样的超声光栅?

【附】

声速

声波的传播需要介质,这与电磁波传播机理完全不同。离开了传播介质,声波就无法传播出去。当声波在气体、液体介质中传播时,由于气体与液体的切变弹性模量 $G=0$,这时声波只能以纵波的形式存在;当声波在固体中传播时,由于 $G\neq0$,因此在固体中的声波既可能是声纵波,还可能是声横波、声表面波等。声波在不同介质中的传播速度由传声介质的某些物理性质来决定,例如:

1）空气中的声速

$$V_s = \sqrt{\frac{\gamma p}{\rho}}$$

式中,γ 为空气定压比热容与定容比热容的比值,p 为空气的压强,ρ 为空气密度。

2）液体中的声速

$$V_s = \sqrt{\frac{B}{\rho}}$$

式中,B 为液体的体积弹性模量,ρ 为液体密度。常温时纯水 B 为 2.1×10^9 N/m^2,ρ 为 998 kg/m^3,声速为 1 450 m/s。常温时酒精的声速为 1 275 m/s,煤油的声速为 1 330 m/s。

3）固体中的声速（纵声波）

$$V_s = \sqrt{\frac{E}{\rho}}$$

式中 E 为固体的杨氏弹性模量,ρ 为固体密度。铜的 E 为 1.22×10^{11} N/m^2,ρ 为 8 900 kg/m^3,声速为 3 700 m/s。

实验 3.13　光的旋转偏振现象的研究

线偏振光通过某些物质时,其振动面将旋转一定的角度,这种现象称为旋光现象,能产生旋光现象的物质称为旋光物质。旋光仪是测定旋光物质旋光度的仪器,通过对旋光度的测定可确定物质的浓度、纯度、密度、含量等,可供一般的成分分析之用,广泛应用于石油、化工、制药、香料、制糖及食品、酿造等工业。

【实验目的】

（1）研究光的旋转偏振现象。

（2）了解旋光仪的原理、结构及调整方法。

（3）应用旋光仪测定蔗糖溶液的旋光率和浓度。

【实验原理】

1）偏振面的旋转现象

根据马吕斯定律，以一束单色光照射偏振化方向互相垂直的起偏器和检偏器时，不会有光从检偏器中射出，在检偏器后面看到的是黑暗的视场，这就是"消光位置"。但若在互相垂直的起偏器、检偏器之间放一块水晶体时，那么在检偏器后面又将看到明亮的视场，适当旋转检偏器（或起偏器）又能使明亮视场消失，重新得到消光位置。这说明水晶体有使光的振动面旋转的特性。线偏振光通过某些物质后，振动面（或偏振面）会转过一定角度，这种现象称为旋光现象。具有这种特性的旋光物质有：具有一定空间点阵结构的晶体，如石英；一些含有不对称碳原子的物质溶液，如蔗糖、石油、酒石酸溶液等。旋光物质又分为左旋和右旋两类：迎着光源观察时，使光的振动面向左旋转的物质，称为左旋光物质；反之，称为右旋光物质。

2）物质的旋光率

（1）对于固态物质，振动面旋转的角度 φ 与物质厚度 d 成正比，即

$$\varphi = \alpha_\lambda d \tag{3.13.1}$$

式中，α_λ 表示旋光物质（晶体）对波长为 λ 的单色线偏振光的旋光本领，也称为旋光率。

（2）旋光物质是溶液时，当溶液的温度 t 和入射单色光的波长 λ 一定时，振动面旋转角 φ 与溶液的浓度 C 和液柱长 l 成正比，即

$$\varphi = \alpha_\lambda C l \tag{3.13.2}$$

式中，α_λ 是物质溶液的旋光率，表示经过浓度为 1 g/cm³、长为 10 cm 的液柱后偏振光振动面的旋转角。l 的单位是 dm，C 的单位是 g/cm³。如果溶液的浓度 C 为已知，而液柱长 l 为一定值，就可利用旋光仪（又称偏振计、量糖计）测定光振动面旋转的角度 φ，从而可测量溶液的旋光率 α_λ；反之，如已知某溶液的旋光率 α_λ，例如，在纯蔗糖在 20 ℃时对钠光（$\lambda = 589.3$ nm）的旋光率约为 66.50° cm³g⁻¹dm⁻¹，则可通过测定旋转的角度 φ 得到溶液的浓度 C。

（3）旋光率 α 标志着溶质的特性，它与波长和温度都有关，并且当溶剂改变时，它也随之发生很复杂的变化。在一定的温度下，旋光率与入射光波长 λ 的平方成反比，即随波长的减少而迅速增大，这现象称为旋光色散。考虑到这一情况，通常给出的某物质的 α 值，是钠光（$\lambda = 589.3$ nm）在 20 ℃时给出的。

3）旋光仪的结构和工作原理

旋光仪的结构如图 3.13.1 所示。从钠光灯射出的光线通过透镜后成平行光束，经过起偏器后成为线偏振光，在半波片（又称半荫偏振器）处产生三分视场。通过检偏器及物、目镜组可以观察到如图 3.13.2 所示的 4 种情况。

因为人眼难以准确地判断视场是否最暗，故多采用半荫法比较相邻两光束的强度是否相等来确定旋光度。若在起偏器后再加一石英晶片，此石英片和起偏器的一部分在视场分为两部分或三部分，同时在石英片旁安装上一定厚度的玻璃片，补偿由石英片产生的光强变化。

取石英片的光轴平行于自身表面并与起偏轴成一角度 θ(仅几度)。则起偏器产生线偏振光的一部分光再经过石英片,其偏振面相对于入射光的偏振面转过 2θ,所以进入测试管的光是振动面之间的夹角为 2θ 的两束线偏振光。

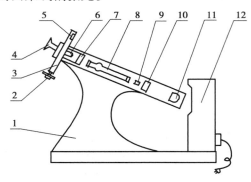

1—底座;2—度盘调节手轮;3—刻度盘;4—目镜;5—度盘游标;6—物镜;7—检偏片;
8—测试管;9—石英片;10—起偏片;11—会聚透镜;12—钠光灯光源

图 3.13.1 旋光仪的结构示意图

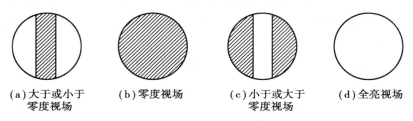

(a)大于或小于　　(b)零度视场　　(c)小于或大于　　(d)全亮视场
零度视场　　　　　　　　　　　零度视场

图 3.13.2 零度视场的分辨

在图 3.13.3 中,如果以 OP 和 OA 分别表示起偏器和检偏器的偏振化方向,OP' 表示透过石英片后偏振光的振动方向,β 表示 OP 与 OA 的夹角,β' 表示 OP' 与 OA 的夹角;再以 A_P 和 A_P' 分别表示通过起偏器和起偏器加石英片的偏振光在检偏器轴方向的分量;则由图 3.13.3 可知,当转动检偏器时,A_P 和 A_P' 的大小将发生变化,反映在从目镜中见到的视场将出现亮暗的交替变化,图中列出不同的情形:

(1)$\beta'>\beta$、$A_P>A_P'$ 通过检偏器观察时,与石英片对应的部分为暗区,与起偏器对应的部分为亮区,视场被分为清晰的两(或三)部分,当 $\beta'=\pi/2$ 时,亮暗反差最大,如图 3.13.3(a)所示。

(2)$\beta'=\beta$、$A_P=A_P'$ 通过检偏器观察时,视场中的两(或三)部分界限消失,亮度相等(暗视场),如图 3.13.3(b)所示。

(3)$\beta'<\beta$、$A_P<A_P'$ 通过检偏器观察时,视场又被分为清晰的两(或三)部分,与石英片对应的部分为亮区,与起偏器对应的部分为暗区,当 $\beta=\pi/2$ 时,亮暗反差最大,如图 3.13.3(c)所示。

(4)$\beta'=\beta$、$A_P=A_P'$ 通过检偏器观察时,视场中的两(或三)部分界限消失,亮度相等(亮视场),如图 3.13.3(d)所示。

由于在亮度不太强时,人眼辨别亮度微小差别的能力较大,所以常取如图 3.13.3(b)所示的视场作为零度视场,并将此时检偏器的偏振轴所指的位置取作刻度盘的零点。

将装有一定浓度的某种溶液的测试管放入旋光仪后,透过起偏器和石英片的两束线偏振光旋转了相同的角度 φ,并保持两振动面的夹角 2θ 不变。转动度盘调节手轮,使再次出现亮度一致的零度视场,这时检偏片转过的角度就是溶液的旋光度(从度盘游标处装有放大镜的视窗中读出的角度)。观察到的振动面顺时针旋转时称右旋物质,反之为左旋物质。

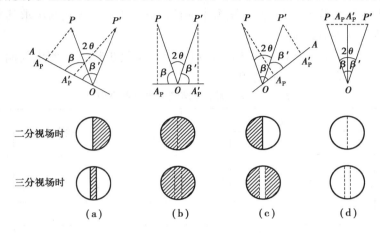

图 3.13.3　二分视场和三分视场

读数装置由刻度盘和游标盘组成,其中刻度盘与检偏器连为一体,并在度盘调节手轮的驱动下可转动。刻度盘分为 720 个小格,每小格为 0.5°,小于 0.5°由游标读数,游标上有 25 个格,每小格为 0.02°。为了避免刻度盘的偏心差,在游标盘上相隔 180°对称地装有两个游标,测量时两个游标都读数。具体读数方法如图 3.13.4 所示,当游标的某格与刻度盘某线最重合时,小数点后的读数为游标盘的重合格数乘以 0.02°再加上 0.5°,即左面读数为 5.62°,右面读数为 5.64°。该旋光仪测量范围为 0~180°,钠光灯波长 589.3 nm。

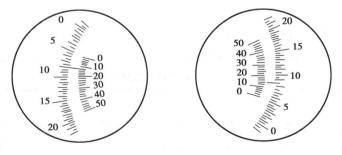

图 3.13.4　旋光仪读数示意图

【实验仪器】

旋光仪、试管、糖溶液等。

【实验内容】

(1)接通电源,开启开关,预热 5 min,待钠光灯发光正常可开始工作。

(2)转动手轮,在中间明或暗的三分视场时,调节目镜使中间明纹或暗纹边缘清晰。再转动手轮,观察视场亮度变化情况,从中辨别全暗位置即零度视场。

（3）仪器中放入空试管或充满蒸馏水的试管后,调节手轮找到零度视场,从左右两读数视窗分别读数,数据填入表 3.13.1 中。转动手轮离开零度视场后再转回来读数,共测两次取其平均值,则仪器的真正零点在其平均值 $\overline{\varphi}_0$ 处。

（4）将装有已知浓度糖溶液的试管放入旋光仪,注意让气泡留在试管中间的凸起部分。转动手轮找到零度视场位置,记下左右视窗中的读数 $\varphi_{左}$ 和 $\varphi_{右}$,各测两次求其平均值 $\overline{\varphi}$,则糖溶液的偏光旋转角度为 $\Delta\varphi = \overline{\varphi} - \overline{\varphi}_0$。

（5）将装有未知浓度的糖溶液的试管放入旋光仪,重复步骤（4）,测出其偏光旋转角度。

（6）测试完毕,关闭开关,切断电源。

表 3.13.1　测量糖溶液旋光度数据表

浓度/(g·cm⁻³)	实测 φ/(°)				$\overline{\varphi}$/(°)	管长/m	$\Delta\varphi$/(°)
	左	右	左	右			
空管							
C_1							
C_2							
C_3							
$C_未$							

【思考题】

（1）什么是旋光现象? 什么是旋光率? 旋光率与哪些因素有关?

（2）为什么半荫法测定旋光度比单用两块偏振片时更准确、方便?

【附】

（1）公式（3.13.2）中浓度 C 的单位是 g/cm³,实验室中配制糖溶液的浓度 C' 是百分浓度,二者的关系是 $C = C'd$,其中 d 是糖溶液的密度,三者的关系大致见表 3.13.2。

表 3.13.2　浓度 C 和百分浓度 C' 的关系

C'/%	2	9	14	20	25	30	45
d/(g·cm⁻³)	1.005	1.033	1.052	1.090	1.118	1.133	1.196
C/(10^{-2} g·cm⁻³)	2.01	9.30	14.73	21.80	27.95	33.99	53.82

（2）实验中忽略了温度和溶液浓度对旋光率的影响,实际上旋光率 α 与温度和浓度均有关。几种溶液在 20 ℃时对钠黄光的旋光率 $\alpha_{20℃}$ 见表 3.13.3。

表 3.13.3　几种溶液在 20 ℃时对钠黄光溶液的旋光率 $\alpha_{20℃}$

物质	溶剂	旋光率 α/[(°)·cm³·dm⁻¹·g⁻¹]	溶液浓度 C/(10^{-2} g·cm⁻³)
蔗糖	水	$66.473 + 0.0127C - 0.000\,377C^2$	0～50
葡萄糖	水	$52.503 + 0.0188C + 0.000\,517C^2$	0～35
转化糖	水	$-19.447 - 0.0607C + 0.000\,221C^2$	0～65

物质	溶剂	旋光率 $\alpha/[(°)\cdot cm^3\cdot dm^{-1}\cdot g^{-1}]$	溶液浓度 $C/(10^{-2}g\cdot cm^{-3})$
酒石酸	水	$14.83-0.146C$	$0\sim50$
松节油	水	-37	—
樟脑	酒精	$66.473+0.012\,670C-0.000\,377\,C^2$	$10\sim50$

当温度 t 偏离 20 ℃,在 14 ~ 30 ℃时,蔗糖水旋光率 α_t 随温度变化的关系为:

$$\alpha_t = \alpha_{20\,℃}[1-0.000\,37(t-20)] \tag{3.13.3}$$

大体上,在 20 ℃时附近,温度每升高或降低 1 ℃,糖水溶液的旋光率减少或增加约 0.024 ℃·cm³/(dm)。

实验 3.14　光电效应法测普朗克常量

1887 年,赫兹发现紫外线照射在火花缝隙的电极上有助于放电。1888 年以后,哈耳瓦克斯、斯托列托夫、勒那德等人对光电效应做了长时间的研究,并总结了光电效应的现象。但这些现象都无法用当时的经典理论加以解释。1905 年,爱因斯坦根据普朗克的黑体辐射量子假说大胆提出了"光子"概念,成功地解释了光电效应,建立了著名的爱因斯坦方程,使人们对光的本质认识有了一个新的飞跃,推动了量子理论的发展。此后,密立根立即对光电效应开展全面详细的实验研究,证实了爱因斯坦方程的正确性,并精确测出了普朗克常数。爱因斯坦和密立根都因光电效应等方面的杰出贡献,分别于 1921 年和 1923 年获得了诺贝尔物理学奖。

普朗克常数联系着微观世界普遍存在的波粒二象性和能量交换量子化的规律,在近代物理学中有着重要的地位。进行光电效应实验测量普朗克常量,有助于学生理解光的量子性和更好的认识 h 这个普适常数。

【实验目的】

(1)了解光电效应的基本规律,加深对光的量子性的理解。
(2)验证爱因斯坦方程,测量普朗克常数。
(3)测定光电管的光电特性曲线,验证饱和光电流和入射光强度成正比。

【实验原理】

当一定频率的光照射在金属表面,就会有电子从其表面逸出,这种现象称为光电效应现象。爱因斯坦认为,从一点发出的光不是按麦克斯韦电磁学说指出的那样以连续分布的形式把能量传播到空间,而是频率为 ν 的光以 $h\nu$ 为能量单位(光量子)的形式一份一份地向外辐射。根据这一理论,在光电效应中,当金属中的自由电子从入射光中吸收一个光子的 $h\nu$ 能量后,如在途中不因碰撞而损失能量,则一部分用于逸出功 W_s,剩下就是电子逸出金属表面后具有的最大动能,即

$$mv_{max}^2/2 = h\nu - W_s \qquad (3.14.1)$$

这就是著名的爱因斯坦方程。式中,h 为普朗克常数,公认值为 $6.626\,075\,5 \times 10^{-34} J \cdot s$。

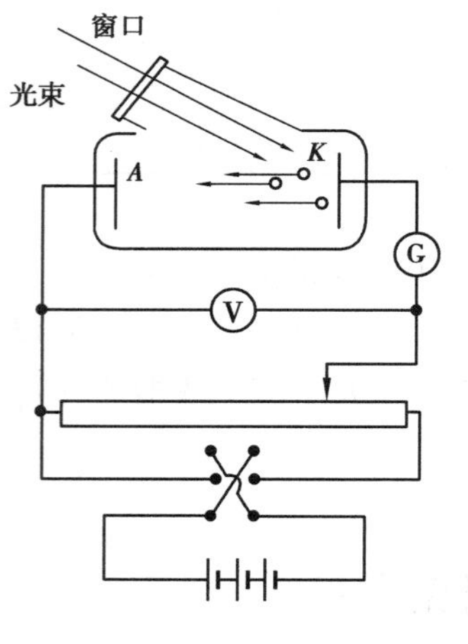

式(3.14.1)成功地解释了以下光电效应的规律:

(1)光子能量 $h\nu < W_s$ 时,不能产生光电效应。

(2)只有当入射光的频率大于阈频率 $\nu_0 = W_s/h$ 时,才能产生光电效应。入射光的频率越高,逸出来的光电子的初动能必然越大。

(3)光强的大小意味着光子流密度的大小,即光强只影响光电子形成光电流的大小。

本实验采用减速场法。如图 3.14.1 所示,频率为 ν,强度为 P 的光照射到光电管的阴极 K 上,从 K 发射的光电子向阳极 A 运动,在外回路形成光电流。在阴极与阳极之间加有反向电压 u_{KA},就在电极 K、A 间建立起阻止电子向阳极运动的拒斥电场。随着电压 u_{KA} 的增加,到达阳极的光电子将逐渐减小,直到动能最大的光电子也被阻止,外回路的光电流

图 3.14.1 光电效应实验原理图

为零。此时的电压值 u_{KA} 称为截止电压 U_s,即

$$eU_s = mv_{max}^2/2$$

代入式(3.14.1)得

$$eU_s = h\nu - W_s \qquad (3.14.2)$$

由于金属材料的逸出功 W_s 是金属的固有属性,它与入射光的频率无关,即对同一种光电阴极来说,截止频率 U_s 与入射光的频率 ν 呈线性关系,直线的斜率 k 为 h/e。由此可见,只要对不同频率的光测量出截止频率 U_s,作出 U_s-ν 曲线,并求出此曲线的斜率即可求出普朗克常数 h 的值。其中电子电量 $e = 1.60 \times 10^{-19} C$。

图 3.14.2 所示的光电流随电压变化的曲线是理论值。

实际测量中还有一些不利因素会影响测量结果,稍不注意就会带来很大的误差。

(1)暗电流。它是光电管在没有光照射时,由热电子发射和管壳漏电等原因造成的。暗电流与外加电压基本上呈线性关系。

(2)阳极发射电流。光电管的阳极是由逸出电位较高的铂、钨等材料制成的,在使用时由于沉积了阴极材料,因而遇见可见光照射也会发射光电子,对阴极发射的拒斥电场,对阳极发射就会形成反向饱和电流。仪器虽避免光束直射阳极,但从阴极散射的光是不可避免的。

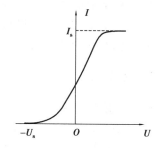

图 3.14.2 光电管理想伏安特性

(3)光电管的阴极采用逸出电位低的碱金属材料制成,这种材料在高真空中也有易被氧化的趋势,这样阴极表面的逸出电位不尽相同。随着反向电压的增加,光电流不是陡然截止,而是在较快的降低后平缓地趋近零点,故需极高灵敏度的电流计才能检测。

由于以上各种原因,光电管的 I-U 特性曲线如图 3.14.3 所示。实测曲线上每一点的电流值,实际上包括上述两种电流和由阴极光电效应所产生的正向电流 3 部分,所以伏安曲线并不与 U 轴相切。

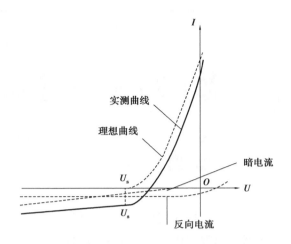

图 3.14.3　光电管的 $I-U$ 特性曲线

由于暗电流与阴极正向电流相比,其值很小,因此可忽略其对截止电压的影响。阳极发射电流虽然在实验中较显著,但它服从一定的规律。据此,确定截止电压值,可采用以下两种方法。

(1) 交点法(零电流法)。

光电管阳极用逸出功较大的材料制作,制作过程中尽量防止阴极材料蒸发,实验前应对光电管阳极通电,减少其上溅射的阴极材料,实验中避免入射光直接照射到阳极上,这样可大大地减少它的反向电流,其伏安特性曲线与图 3.14.2 十分接近,因此实测曲线与 U 轴交点的电位差值近似等于截止电压 U_s,此即交点法(零电流法)。

(2) 拐点法。

光电管阳极发射光电流虽然较大,但在结构设计上,若使阳极电流能较快地饱和,则伏安特性曲线在阴极电流进入饱和段后有着明显的拐点。如图 3.14.3 所示,此拐点的电位差即为截止电压 U_s。

本实验仪器采用了新型结构的光电管。由于其特殊结构使光不能直接照射到阳极,由阴极反射照到阳极的光也很少,加上采用新型的阴、阳极材料及制造工艺,使得阳极反向电流大大降低,暗电流水平也很低,故推荐用零电流法测截止电压。

【实验仪器】

ZKY-GD-3 光电效应实验仪(生产单位:成都世纪中科仪器有限公司)由汞灯光源、滤色片、光阑、光电管、测试仪(含光电管电源和微电流放大器)构成,仪器结构如图 3.14.4 所示,其前面板示意图如图 3.14.5 所示。

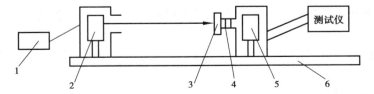

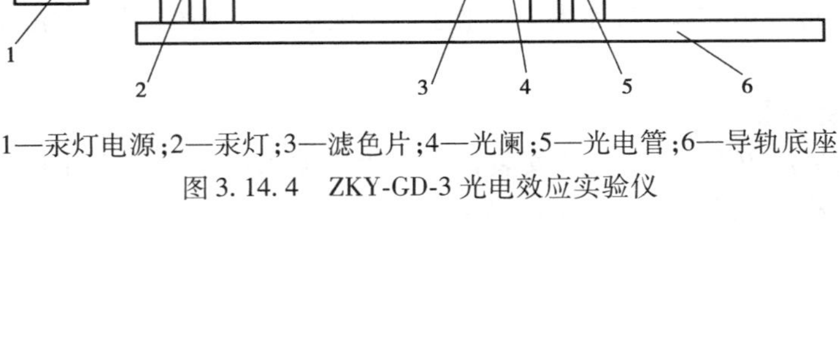

1—汞灯电源;2—汞灯;3—滤色片;4—光阑;5—光电管;6—导轨底座

图 3.14.4　ZKY-GD-3 光电效应实验仪

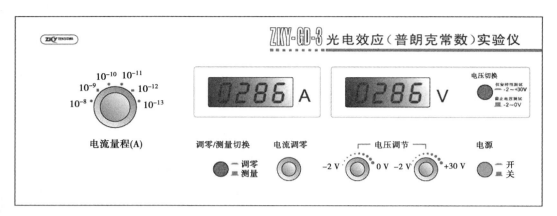

图 3.14.5 仪器前面板示意图

光电管:阳极为镍圈,光谱范围为 340 ~ 700 nm,阴极为银-氧-钾(Ag-O-K),光谱响应范围为 320 ~ 700 nm,暗电流为 $I \leqslant 2 \times 10^{-13}$ A(-2 V $\leqslant U_{AK} \leqslant 0$ V)。

汞灯光源:在 302 ~ 872 nm 的谱线范围内有 365.0 nm、404.7 nm、435.8 nm、546.1 nm、577.0 nm、579.07 nm 等谱线可供实验使用。

滤色片组:有 5 种滤色片,中心波长分别为 365.0 nm、404.7 nm、435.8 nm、546.0 nm、578.0 nm。

微电流测量放大器:电流测量范围在 10^{-8} ~ 10^{-13} A,分 6 挡,三位半数显,稳定度 $\leqslant 0.2\%$。

光电管工作电源:电压调节范围分 -2 ~ $+2$ V 和 -2 ~ $+30$ V 两挡,三位半数显,稳定度 $\leqslant 0.1\%$。

光阑:$\phi 2$、$\phi 4$、$\phi 8$ 共 3 种 。

【实验内容】

1)实验前的准备工作

(1)把光电管暗箱遮光盖及汞灯出光端盖罩上。

(2)将测试仪及汞灯电源接通,预热 20 min。

(3)在导轨上调节光电管与汞灯的距离(约为 40 cm)并保持不变,汞灯出光口对准光电管暗箱光输入口。

(4)用专用导线将光电管电压输入端与测试仪背板上的电压输出端连接起来(注意:红—红,蓝—蓝)。

(5)将测试仪面板上的"电流量程"选择旋钮置于合适挡位(10^{-13} A)。仪器在充分预热后,进行测试前需要调零。调零时,将"调零/测量"切换开关切换到"调零"挡位,旋转"电流调零"旋钮使电流指示为"000"。调节好后,将"调零/测量"切换开关切换到"测试"挡位,就可以进行实验了。

注意:在进行每一组实验前,如果电流换挡,必须按照上面的调零方法进行调零,否则会影响实验精度。

2)测量普朗克常量

(1)将 $\phi 4$ 光阑及 365 nm 滤色片安装在光电管箱输入口上,将"电压选择"按钮置于 -2 ~ $+2$ V 挡,"电流量程"选择旋钮置于 10^{-13} A 挡位。

（2）用高频光缆将光电管箱的电流输出端 K 与测试仪背板的微电流输入端连接起来。

（3）将 $\phi4$ 光阑及 365 nm 滤色片安装在光电管箱输入口上（注意：此过程中汞灯出光口盖不能拿下，以免强光打坏光电管）。

（4）由低到高调节电压，用交点法（零电流法）测量该光波长照射下的截止电压 U_s。

（5）依次换上 404.7 nm、435.8 nm、546.0 nm、578.0 nm 的滤色片，重复以上步骤（3）、（4）。

（6）根据以上数据制作 U_s-ν 图，求其斜率，测量出普朗克常量。

3）光电管伏安特性测量

（1）将"电压选择"按钮置于-2～+30 V 挡，"电流量程"选择旋钮置于 10^{-11} A 挡位。

（2）按照前面方法重新进行电流调零。

（3）将 $\phi2$ 光阑及 436 nm 的滤色片安装在光电管箱输入口上。

（4）由低到高调节电压，记录电流从零到饱和电流变化的电流值及对应的电压值。

（5）根据以上数据制作光电管的 I-U 特性曲线。

4）验证饱和光电流与入射光强度成正比

（1）取 $U_{AK}=30$ V，将"电流量程"选择旋钮置于 10^{-10} A 挡位，将测量仪电流输入电缆断开，重新进行电流调零，再接上电缆线。

（2）在采用同一种滤色片，同一入射距离的条件下，测量光阑分别为 $\phi2$、$\phi4$、$\phi8$ 时的电流（注意：入射到光电管上的光强与光阑面积成正比，用此法验证光电管饱和光电流与入射光强成正比）。

（3）重复步骤（1），在采用同一滤色片，同一光阑的条件下，测量光电管与汞灯距离不同（如 300 mm，400 mm）时对应的电流值。此法同样可以验证光电管饱和光电流与入射光强成正比（注意：d 为光源与光电管的距离，而照射在光电管的光强正比于 $1/d^2$）。

【注意事项】

在仪器的使用过程中，汞灯不宜直接照射光电管，也不宜长时间连续照射加有光阑和滤光片的光电管，这样将减少光电管的使用寿命。实验完成后，请将光电管用光电管暗盒盖将遮住光电管暗盒入射光口存放。

【思考题】

（1）光电流是否随光源的强度变化而变化？截止电压是否因光强不同而改变？

（2）理论上 U_s-ν 直线的截距是阴极材料的逸出电位 $\varphi(W_s/e)$，实际上阴极与阳极之间存在接触电位差，因而实测曲线的截距不等于 φ。试解释接触电位差是怎么产生的，它对本实验与无影响。

（3）讨论光电效应对建立量子概念和认识光的波粒二象性的重要意义。

【附】

光电管

根据是否有光电子从材料表面逸出，可以将光电效应区分为外光电效应和内光电效应。光电效应是光电器件的理论基础，相应地将光电器件分为外光电效应器件和内光电效应器件两类。本实验的光电效应指的是外光电效应,光电管是利用外光电效应制作的典型器件。

光电管可分为真空光电管和充气光电管两大类。它们都是装有光阴极和阳极的真空玻璃管。阴极装在玻璃管内壁上,其上涂有光电发射材料。阳极通常用金属丝弯曲成矩形或圆形,置于玻璃管的中央。充气光电管内充有氩、氖等少量惰性气体。光电管的性能主要由伏安特性、光照特性、光谱特性等来描述。

1)光电管的伏安特性

在一定的光通量照射下,光电管两端所加的电压与所产生的光电流之间的关系称为光电管的伏安特性。当极间电压高于 50 V 时,从阴极出来的所有光电子都到达了阳极,光电流开始趋于饱和。真空光电管一般工作于饱和部分,其内阻高达几百兆欧。充气光电管的极间电压超过 50 V 时,光电流会随着电压的提高而成正比例的增加,因此充气光电管的极间电压可适当提高,但超过极限值时阴极会很快被破坏。

2)光电管的光照特性

光电管的光照特性通常指光电管的阳极和阴极之间所加电压一定时,光通量与光电流之间的关系。光照特性曲线的斜率(光电流与入射光光通量之比)称为光电管的灵敏度。

3)光电管的光谱特性

在保持光通量和阴极电压不变的条件下,阳极电流与光波长之间的关系称为光电管的光谱特性。光电管的光谱特性取决于光电阴极材料的光谱特性。一般对于不同的光电阴极材料,其红限频率不相同。另外,对于同一光电管,随着入射光频率的不同,阴极发射的光电子数目也不相同,也就是说,同一光电管对于不同频率的照射光具有不同的灵敏度。

实验 3.15　光学法测微小形变

微小伸长量的测量是生产、科研中非常常见的测量对象。关于这方面的研究也非常广泛和深入。基于不同的测量环境、测量要求、测量工具发展出了种类众多的微小伸长量的测量方法,覆盖了衍射、干涉、反射、成像、传感、变压、光纤、散斑、电桥等典型的物理现象和测量技术,也包括现代测量技术。

静态法(拉伸法和弯曲法)测量杨氏模量均需要测量微小形变。本实验介绍了两种光学法测量微小伸长量:一种是利用单缝衍射进行测量;另一种是利用洛埃镜干涉进行测量。

【实验目的】

(1)掌握测量杨氏弹性模量的定义和测量方法。

(2)研究单缝衍射的原理、特点和应用。

(3)研究洛埃镜干涉的原理、特点和应用。

(4)掌握单缝衍射光路和洛埃镜干涉光路的搭建、调试与测量。

【实验原理】

杨氏模量是描述固体材料抵抗形变能力的物理量。当一条长度为 L、直径为 t,截面积为 A 的金属丝在力 F 作用下伸长 ΔL 时,F/A 称为应力,其物理意义是金属丝单位截面积所受到的力;$\Delta L/L$ 称为应变,其物理意义是金属丝单位长度所对应的伸长量。根据胡克定律,在弹性形变范围内应力与应变之比叫弹性模量,即

$$E = \frac{F/A}{\Delta L/L} \tag{3.15.1}$$

根据杨氏模量的定义式,力 F 与长度 L 可通过加砝码或自动加力装置、卷尺等测得,横截面 A 通过千分尺测直径 t 也比较容易测定,而 ΔL 是一个微小的伸长量,对应材料长度 L 是十分微小的,故无法用平常的方法较为精确的测量。以下分别介绍单缝衍射和洛埃镜干涉测量微小形变量 ΔL。

1) 单缝衍射法

由实验 3.9 可知,平行光垂直照射在宽度为 b 的狭缝上,当 b 很小时,就可以在接收屏上看到狭缝的衍射花样,根据式(3.9.6)由衍射条纹的宽度可以测量缝的宽度 b,即

$$b = \frac{2\lambda D}{x_k / k} \tag{3.15.2}$$

式中,x_k 为左右第 K 级暗条纹间距离,D 为透镜(钠光灯为光源)或者单缝(激光为光源)至屏的距离,λ 为光源的波长。

实验时缝的一端固定,另一端和金属丝固连并随金属丝一起升降。当金属丝发生形变时,缝的宽度就随之发生改变。若在没有施力前对应的缝宽为 b_1,施力 F 之后的缝宽是 b_2,则在力 F 作用下金属丝的伸长量 ΔL 为

$$\Delta L = b_2 - b_1 \tag{3.15.3}$$

2) 洛埃镜干涉法

洛埃提出一种简单的获得干涉现象的装置,如图 3.15.1 所示。点光源 S 与反射镜面 M 平行,来自点光源 S 的光向反射镜 M 掠入射(入射角接近 $90°$),再从反射镜反射射向观察屏 AA'。点光源 S 发出的一部分光波直接射向屏 AA',另一部分反射光与直接从 S 射来的光是从同波前分出的,满足相干条件,因此在两部分光的重叠区域 PP' 产生明暗相间的干涉条纹。从观察者看来,两束相干光分别来自 S 和 S',S' 是光源 S 在反射镜中

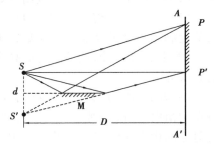

图 3.15.1　洛埃镜干涉测量微小形变

的虚像,干涉条纹可看成实点光源 S 和虚点光源 S' 在重叠区域产生的。洛埃镜干涉实验不仅显现出光的干涉现象,更重要的是它还揭示了光在介质表面反射时的位相变化。

从图 3.15.1 中看出,两相干光波在屏上的重叠区是在 P 和 P' 之间。将屏向平面镜方向移动,使之与镜最右端紧密接触;从几何路程上看,光源 S 直射到镜最右端的光程与 S' 射到镜最右端的光程相等,但由于在掠入射条件下,光在镜面上反射时产生半波损失,因此此处是暗条纹(干涉极小)。这样,屏上本来是亮条纹的地方变成了暗条纹。

洛埃镜干涉与双棱镜干涉的条纹均是明暗相间的等宽等间距的平行条纹。洛埃镜干涉相邻明纹中心或相邻暗纹中心的距离称为条纹间距 Δx,则根据实验 3.8 双棱镜干涉可得

$$\Delta x = \frac{D\lambda}{d} \tag{3.15.4}$$

其中 D 为点光源和观察屏之间的距离。由此可算出干涉源 SS' 之间距离 d 为

$$d = \frac{D\lambda}{\Delta x} \tag{3.15.5}$$

实验中点光源的位置固定,洛埃镜和金属丝固连并随金属丝一起升降。金属丝发生形变时,干涉源 SS' 之间的距离就会随着发生改变。若在没有施力前对应的干涉源 SS' 之间距离为 d_1,施力 F 之后的距离是 d_2,则在力 F 作用下金属丝的伸长量 ΔL 为

$$\Delta L = \frac{(d_2 - d_1)}{2} \tag{3.15.6}$$

将由式(3.15.3)或式(3.15.6)得到的伸长量 ΔL 代入式(3.15.1),可以得到杨氏模量的测量公式

$$E = \frac{4FL}{\pi t^2 \Delta L} \tag{3.15.7}$$

【实验仪器】

杨氏模量实验仪支架(含加力装置)、杨氏模量仪主机(含测力显示器等)、单缝刀口(2片)、下刀口夹持座、Z 形多功能夹持器、半导体激光器($\lambda = 650$ nm)、磁性底座(3 个)、转换支撑杆、万向连接器、Z 轴精密位移平台、洛埃镜、扩束镜、接收屏、卷尺、游标卡尺、千分尺、测微目镜等。

【实验内容】

1)单缝衍射法

(1)对金属丝预加力,使金属丝处于拉直状态。

(2)组装单缝:将单缝的下刀片与金属丝固连,单缝的上刀片与下刀片保持平行,并且组装的缝满足与金属丝垂直且宽度在 0.5 mm 以下。

(3)打开激光器,调整激光的高度、俯仰和水平方位角,使激光与实验平台平行且垂直入射到狭缝上。

(4)增加钢丝拉力,观察钢丝在不同拉力情况下的衍射光斑是否均有±2 级以上对称竖直分布的衍射光斑,否则重新调节上刀片的位置以改变缝宽,直至保证在不同拉力情况下的缝宽对应的衍射光斑均有±2 级的衍射斑。

(5)测量 8 个不同的拉力情况下的±1 级和±2 级的衍射暗斑的距离 x_k。

(6)卷尺测量金属丝的上下固定端之间的长度 L 和接收屏到单缝的距离 D、千分尺测其直径 t。

(7)计算不同拉力情况下的缝宽 b,逐差法处理得到金属丝的伸长量 ΔL。

(8)计算金属丝的杨氏弹性模量,并与标准值比较,分析误差来源。

单缝衍射法测量表格见表 3.15.1。

2)洛埃镜干涉法

(1)对金属丝预加力,使金属丝处于拉直状态。

(2)将洛埃镜和金属丝固连,保证镜面随金属丝一起升降且与金属丝垂直。

(3)打开激光器,调整激光的高度、俯仰和水平方位角,使激光与实验平台平行且掠入射到洛埃镜镜面上。

(4)在激光后加入扩束镜,使激光通过扩束镜后,部分投射到洛埃镜上,部分直接投射到接收屏上,对镜面的俯仰进行微调使两部分光在接收屏上叠加,并可以看到屏上的干涉条纹。

(5)增加钢丝拉力,观察钢丝在不同拉力情况下的干涉条纹是否均可以测量,否则重新调

节（3）和（4），直至保证在不同拉力情况下的干涉条纹均可以测量。

（6）测量 8 个不同的拉力情况下的 k 条干涉条纹的距离 $k\Delta x$。

（7）卷尺测量金属丝的上下固定端之间的长度 L 和接收屏到点光源 S（扩束镜像方焦点）的距离 D、千分尺测其直径 t。

（8）计算不同拉力情况下的干涉源的间距 d，逐差法处理得到金属丝的伸长量 ΔL。

（9）计算金属丝的杨氏弹性模量，并与标准值比较，分析误差来源。

洛埃镜干涉法测量表格见表 3.15.2。

注意：排除施力过程中的回程差。

表 3.15.1　单缝衍射法测量表格

t/mm								
L/mm				D/mm				
λ/nm				650.4				
i	1	2	3	4	5	6	7	8
m/kg	3.00	4.00	5.00	6.00	7.00	8.00	9.00	10.00
暗条纹的位置 /mm	+1							
	−1							
	+2							
	−2							
X_k/k 平均值/mm								
缝宽 b/mm								

说明：L—钢丝长度；t—钢丝直径；λ—激光波长；D—单缝和接收屏的距离；x_k—正负 k 级暗条纹的间距。

表 3.15.2　洛埃镜干涉法测量表格

t/mm									
L/mm					D/mm				
λ/nm					650.4				
i			1	2	3	4	5	6	7	8
m/kg			3.00	4.00	5.00	6.00	7.00	8.00	9.00	10.00
k 个暗条纹的位置 /mm　$k=$	次数	1	上							
			下							
		2	上							
			下							
$k\Delta x$ 平均值/mm										
虚点间距 d/mm										

说明：L—钢丝长度；t—钢丝直径；λ—激光波长；D—点光源和接收屏的距离（扩束镜和接收屏的距离需要修正）；$k\Delta x$— k 个暗条纹的间距。

【思考题】

(1)分析单缝状态的变化(如倾斜、空间上的错位)对衍射图样的影响。

(2)分析洛埃镜光路参数与测量灵敏度、测量范围的关系。

实验 3.16　阿贝成像原理和空间滤波

1874 年,德国人阿贝在研究如何提高显微镜的分辨本领问题时,提出了一个关于相干成像的新理论。他的理论从波动光学的角度解释了显微镜的成像机理,明确了限制显微镜分辨本领的根本原因,被认为是空间滤波和信息处理技术的基础。

【实验目的】

(1)通过把透镜成像与干涉、衍射联系起来,初步了解透镜的傅里叶变换性质。理解阿贝成像原理的物理思想和空间频率的概念。

(2)加深对傅里叶光学中的空间频谱和空间滤波等概念的理解。

(3)熟悉阿贝成像原理,进一步了解透镜孔径对分辨率的影响。

【实验原理】

1)阿贝成像原理

和几何光学成像观点不同的是,阿贝成像原理是从频谱转换的角度解释透镜成像。物可以看作一系列不同空间频谱的集合,相干成像分两步完成。第一步是物上的光发生夫琅禾费衍射,在透镜的后焦平面上形成一系列的衍射斑。第二步是干涉,即将各个衍射斑作为新的光源,其发出的各个球面次波在像平面上进行相干叠加,像是干涉的结果,即干涉场。这就是阿贝成像原理。图 3.16.1 形象地描述了成像过程。

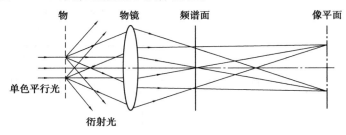

图 3.16.1　阿贝成像原理

按傅里叶光学的观点,一个实际的光场分布 $f(x,y)$ 总可以用一系列基元函数 $e^{j2\pi(\xi x+\eta y)}$ 的线性叠加来表示:

$$f(x,y) = \iint\limits_{\infty} F(\xi,\eta) e^{j2\pi(\xi x+\eta y)} d\xi d\eta \qquad (3.16.1)$$

式(3.16.1)为傅里叶的逆变换,表明光场 $f(x,y)$ 可视为平面波分量 $e^{j2\pi(\xi x+\eta y)}$ 的线性叠加,而每一个分量都在由$(\lambda\xi, \lambda\eta\sqrt{1-\lambda^2(\xi^2+\eta^2)})$所决定的方向传播并被$F(\xi,\eta)$加权,通常$F(\xi,\eta)$被称为$f(x,y)$的平面波谱(简称频谱)。如果$f(x,y)$是一个周期函数,那么频谱为离散的,$f(x,y)$也被认为是离散的平面波的叠加。若设$f(x,y)$为一维光栅,那么:

$$f(x,y) = \sum_{n=-\infty}^{\infty} F_n e^{j2\pi n\nu_0 x} \tag{3.16.2}$$

式中,ν_0为光栅空间频率,而相应的离散平面波的空间频率为$\nu=0, \pm\nu_0, \pm2\nu_0, \cdots$

阿贝成像的这两个步骤本质上就是两次傅里叶变换。如果物的复振幅分布是$f(x,y)$,那么在频谱面即透镜的后焦平面(ξ',η')上的光场分布就是物$f(x,y)$的傅里叶变换$F(\xi,\eta)$,并且对应的空间频率为:

$$\xi = \frac{\xi'}{\lambda f} \qquad \eta = \frac{\eta'}{\lambda f} \tag{3.16.3}$$

式中,λ为光的波长,f为物镜焦距。透镜的作用就是把物的空间分布变为其后焦平面上的空间频率分布。而第二个步骤则是又一次傅里叶变换将$F(\xi,\eta)$还原到空间分布(成像)。

如果以一个光栅作为物。平行光照在光栅上,经衍射分解成为不同方向传播的多束平行光(每一束平行光对应于一定的空间频率)。经过透镜分别聚焦在后焦面上形成点阵。每一个光点对应着光栅的一个傅里叶分量。其中,中心光点(即光轴上的点)为"直流"分量,它使像平面有一个均匀的照度;紧挨中心光点的一对光点为基频分量,它们使像平面上产生一个空间频率为原来物光栅空间频率ν_0的余弦光栅像;再下一对光点为倍频分量,它们在像平面上产生一个二倍于基频ν_0的余弦光栅像等依次类推。代表不同空间频率的光束又重新在像平面上叠加而成像。如果这两次傅氏变换完全是理想的,信息在变换过程中没有损失,则像和物完全相似。但由于透镜的孔径是有限的,总有一部分衍射角度较大的高次成分(高频信息)不能进入透镜而被丢弃了。所以物所包含的超过一定空间频率的成分就不能包含在像上。高频信息主要反映物的细节。如果高频信息没有到达像平面,则无论显微镜有多大的放大倍数,也不能在像平面上分辨这些细节。这是显微镜分辨率受到限制的根本原因。特别当物面的结构非常精细(例如很密的光栅),或物镜的孔径非常小时,有可能只有 0 级衍射(直流成分)能通过,则在像平面上只有光斑而完全不能形成图像。

回顾阿贝成像原理,其基本精神是把成像分为两步:第一步衍射"分频"作用,第二步干涉"合成"作用。目前迅速发展的光信息处理技术正是应用在光场频谱一分一合的过程之中。

2) 空间滤波

根据阿贝成像原理,我们可以看到显微镜中的物镜的孔径实际上起了高频滤波(即低通滤波器)的作用。这就启示我们,如果在焦平面上人为地插上一些滤波器(吸收板或移相器)以改变频谱平面上的光振幅和位相,就可以根据需要改变像平面上的图样。这就是空间滤波。最简单的滤波器就是一些特殊形状的光阑,如图 3.16.2 所示。将这种光阑放在频谱面上,使一部分频率分量能通过,而挡住其他的频率分量,从而使像平面上的图像中的一部分频率分量得到相对加强。下面介绍几种常用的滤波方法。

(1)高通滤波器。

高通滤波器的作用是滤去低频成分,让高频成分通过。高频信息反映了图像的突变部分。如果所处理的图像由透明和不透明部分组成,则经过高通滤波的处理,图像的轮廓(及相应于物的透光和不透光的交界处)应显得特别明显。

（2）低通滤波器。

低通滤波器的作用是滤去高频成分，保留低频成分。由于低频成分集中在频谱面的光轴附近，高频成分则落在远离光轴的地方。故低通滤波器就是一个圆形光孔。图像的精细结构及突变部分主要由高频成分起作用，故经低通滤波后图像的精细结构消失，黑白突变处变模糊。

（3）方向滤波器。

滤波器可以是一个狭缝，如果将狭缝放在沿水平方向，则只有水平方向的衍射的物面信息能通过，在像平面上就突出了垂直方向的线条。方向滤波器有时也可制成扇形。

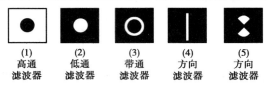

（1）   （2）   （3）   （4）   （5）
高通   低通   带通   方向   方向
滤波器   滤波器   滤波器   滤波器   滤波器

图 3.16.2　各种滤波器

【实验仪器】

光具座、He-Ne 激光器、白光光源、薄透镜、扩束镜、狭缝、一维光栅和正交光栅等"物"模板、各种滤波器、铜丝网、方格纸屏、游标卡尺、毛玻璃及白屏等。

【实验内容】

1）光路的调节

先使 He-Ne 激光束平行于导轨，再通过由凸透镜 L_1 和 L_2 组成的倒装望远镜（图 3.16.3），形成截面较大的平行于光具座导轨的准直光束（要用带毫米方格纸或坐标轴的光屏在导轨上仔细移动检查），然后加入一个大约 50 条/mm 的光栅（物）和透镜 L（6～10 cm），调好共轴，移动 L，直到 4 m 以外的像屏上获清晰像。移开物模板，用一块毛玻璃在透镜 L 的后焦面附近沿导轨移动，寻找激光的最小光点与像屏上反映的毛玻璃透射最大散斑的相关位置，以确定后焦面（频谱面）并测出透镜的焦距 f。调节完毕，移开毛玻璃。

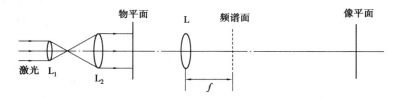

图 3.16.3　阿贝成像原理的实验光路图

2）阿贝成像原理的实验验证

（1）在物平面放置一维光栅，观察像平面上的竖直栅格像，接着分别用游标卡尺测量频谱面上对称的 1、2、3 级衍射斑至中心轴的距离 ξ'，据式（3.16.3）计算空间频率 ξ（1/mm）和光栅常数。在频谱面上放置合适的滤波器（图 3.16.2），分别按表 3.16.1 的要求进行观察记录。

表 3.16.1　阿贝成像原理的实验结果记录

顺序	通过的频谱成分	成像情况及解释
1	0 级	
2	0、±1 级	
3	除±1 级外	
4	除 0 级外	
5	全部	

（2）把成像系统的物换成铜丝网，观察并记录频谱和像，再分别用小孔和不同取向的可调狭缝光栏，让频谱的一个或一排（横排、竖排及 45°斜向）光点通过，记录像的特征，测量像面栅格间距变化，作简单解释。

3）空间滤波

把一个带正交网格的透明字模板置于成像光路的物平面，试分析此物信号的空间频率特征（字迹是非周期函数的低频信号，具有连续频谱；网格对应周期函数，在频谱面上它的频谱是分立的点），将一可变圆孔光阑放在成像系统的频谱面，逐步缩小光阑，直到除光轴上一个光点以外其他分立光点均被阻挡，此时像平面上不再有网格，但字迹仍然保留下来。此实验为滤除像的网格成分的方法。

4）θ 调制技术

θ 调制是用不同取向的光栅对物平面的各部位进行调制（编码），通过特殊滤波器控制像平面相当部位的灰度（用单色光照明）或色彩（用白光照明）的方法。如图 3.16.4 所示，花、叶和天分别由 3 种不同取向的光栅组成，相邻取向的夹角均为 120°。在图 3.16.3 所示光路中，如果用较强的白炽灯光源（光路中不需要扩束镜），每一种单色光成分通过图案的各组成部分，都将在透镜 L 的后焦面上产生与各部分对应的频谱，合成的结果，除中央零级是白色光斑外，其他级均为具有连续色分布的光斑。你可以在频谱面上置一纸屏，先辨认各行频谱分别属于物图案中的哪一部分，再按配色的需要选定衍射的取向角，即在纸屏的相应部位用针扎一些小孔，就能在毛玻璃屏上得到预期的彩色图像（如红花、绿叶和蓝天）。

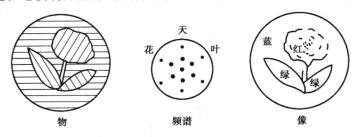

图 3.16.4　θ 调制实验的物、频谱和像

【思考题】

（1）如何从阿贝成像原理来理解显微镜的分辨本领？提高物镜的放大倍数能够提高显微镜的分辨本领吗？

（2）阿贝成像原理与光学空间滤波有什么关系？

（3）在验证阿贝成像原理的实验中，如果让频谱面上一个非中心光点的分立光点通过，你能说出像平面上将呈现什么样的像？

实验 3.17　照相技术

照相（又称摄影），能够真实、准确、迅速地将各种实物、图像、文字资料记录和保存下来，因此它是人们在生活、工作、学习和科研中不可缺少的一种基本实验技术。它常被用来记录实物形象、实验过程、实验结果或某些瞬变过程的图像，是人们获取、处理、传递、记录与保存信息的重要手段。如在示波器瞬间摄影、金相分析、光谱分析、X 光分析、全息摄影、航空测量以及空间技术等方面有着广泛的应用。同时，摄影也是反映现实生活、记录社会和自然现象的一种形象化手段。摄影以其形象真实、直观和可视的特点，成为人们在社会联系、交流思想和传播信息中的一种共同语言。作为高等院校的学生——未来的高级人才，掌握好摄影这门技术，无疑是很重要的。

【实验目的】

（1）了解照相机的基本构造，操作及使用方法。

（2）学习照相技术的全过程。

（3）掌握拍摄、冲洗、印相放大的操作方法。

【实验原理】

1）照相概述

照相技术包含拍摄和暗室处理两大过程。拍摄是用照相机把选中的景物拍摄记录在胶片上；暗室处理时将曝过光的胶片在暗室里进行显、定影处理，得到一张与景物明暗反转的底片（负片），再以底片为物对相纸印相或放大曝光，最后相纸经显影、定影处理，就得到一张与原景物明暗相同的相片（正片）。

拍摄时的成像光路如图 3.17.1 所示，物 S 发出的光经照相机镜头 L 成像在感光胶片 S′上，经曝光形成一幅潜在的图像（称为潜影）。

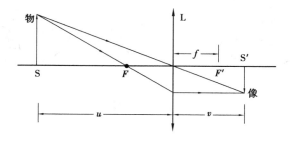

图 3.17.1　相机拍摄的成像光路

2）照相机的基本构造（图 3.17.2）

（1）镜头：由光学镜片、镜筒、光圈等组成，它是照相机的重要组成部分，其作用是：把被摄景物成像于感光胶片上;光圈控制光通量及景深。

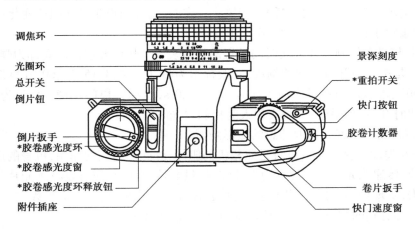

图 3.17.2 　 DF-1000 型照相机基本构造示意图

镜头的基本性能指标是焦距 f 和孔径,一般标在镜头的前端或边缘。例如,"1∶2.8 $f=$ 50 mm"表示该镜头焦距为 50 mm;相对孔径(镜头的孔径 d 与其焦距 f 之比)$d/f=1/2.8$。

焦距是指从透镜后节点到焦点垂直平面间的距离(也就是从照相机镜头最后一块透镜到相机内感光片处的这一段距离)。它表达镜头的聚光能力。根据焦距的不同,表 3.17.1 概括了常用镜头的种类。

光圈是指镜头中间一组能开大和缩小的金属薄片组成的挡光装置(图 3.17.3)。光圈有两个作用:一是控制光通量,二是调节景深。通常通过改变光圈的大小来控制光通量的大小。若镜头相对孔径为 d/f,其倒数 f/d 称为光圈 F。显然,F 越大,通光孔径越小,单位时间内的光通量也越小。镜头的 F 数标在镜筒上常为 2、2.8、4、5.6、8、11、16、22、32 等。

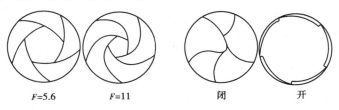

$F=5.6$ 　 　 $F=11$ 　 　 　 闭 　 　 开

图 3.17.3 　 光圈

表 3.17.1 　 不同镜头的焦距及视场角

镜头名称	焦距 f 范围/mm	视场角/(°)
鱼眼镜头	<18	约 180
广角镜头	18~30	约 63
标准镜头	35~50	约 45
中焦镜头	60~105	22.5
长焦镜头	>105	约 7

相机拍摄的一幅清晰的画面所涉及的最近的物和最远的物之间的空间范围（在相机光轴方向上）称为清晰景深空间,简称景深。当镜头一定时,景深随设定的光圈值变化:光圈大（光圈值越小）则景深小;光圈小（光圈值越大）则景深大。

（2）快门:相机上控制胶片曝光时间长短的机械装置。快门开启的时间称为曝光时间,快门上所示刻度是指快门开启时间的倒数,一般标示为 B、1、2、4、8、15、30、60、125、200 等。例如,标记值"60",表示该挡所对应的曝光时间为 1/60 s,也称为快门速度。B 门为慢门,它是在按动快门钮时开启,抬手就关闭,实现人为控制曝光时间。

（3）取景器:用来观察和选取理想的摄影画面。

（4）机身和卷片、记数装置:机身是照相机的躯体,外壳起暗箱的作用,机身的后壁是放置感光片的部位,传递感光片的部件称为卷片装置,只要转动轴钮,便可以将感光片一张一张地按顺序卷过去,实现分幅拍摄。同时还有记数装置,供人们随时观察已拍张数。

照相机上还有别的控制器,如自拍控制钮、闪光连动装置等。

3）感光材料

感光材料包括感光片（胶卷）和相纸（用于印相和放大）。它们之所以能对光敏感（感光）,是因为感光乳胶中含有感光物质卤化银（$AgBr$）。曝光时,在光子的作用下,卤化银中的银离子被还原成金属银。由于光越强还原出的银原子数越多,因此曝光后银原子数在底片上将按光照强弱形成一定的分布。但是在曝光时尚不能产生大量的银原子,故在感光材料上仅形成了看不见的潜像,只有经过适当的化学方法处理,即显影和定影后,才能在感光材料上观察到与景物明暗相反（指底片）或相同（指相纸）的影像。

4）常用显影液和定影液

常用显影液和定影液见表 3.17.2。

表 3.17.2　常用显影液和定影液

常用显影液					常用定影液		
配料名称	D-19 显影液	D-72 显影液	D-76 显影液	作用	配料名称	F-5 定影液	作用
温水（50 ℃）/mL	800	750	750		温水（50 ℃）/mL	600	
米吐尔/g	2	3.1	2	显影剂	硫代硫酸钠/g	240	溶去未感光的溴化银
无水亚硫酸钠/g	90	45	100	保护剂	无水亚硫酸钠/g	15	保护剂
对苯二酚/g	8	12	5	显影剂	冰醋酸/g	13.5	停显剂、中和显影液
无水碳酸钠/g	48	67.5	/	促进剂	硼酸/g	7.5	坚膜剂
溴化钾/g	5	2	/	抑制剂	硫酸铝钾矾/g	15	防止发生白色沉淀
硼砂/g	/	/	2	促进剂	加冷水至/mL	1 000	1 000
加冷水至/mL	1 000	1 000	1 000				

说明:D-19 属高反差强力显影剂,一般用于全息照相;D-72 属中性显影剂,底片、相纸均可用;D-76 属微粒显影剂,显出影像较软,一般用于底片。

【实验仪器】

海鸥 DF-1000 型照相机、放大机、温度计、定时钟以及暗室里的全套用具等。

【实验内容】

1) 摄影

摄影的操作程序为:装片、选择光圈、选择快门速度、调焦、上弦(卷片)、轻按快门。

(1) 安装胶卷。按规定方法打开后盖,装入胶卷,检查胶卷是否安放妥当,有无偏斜、脱片等现象,确保无误后,盖上后盖,卷片至指定位置,所照张数由卷片计数窗口显示。

(2) 调节光圈、快门。根据景物和光照条件,适当地选择光圈和快门速度,注意卷片上弦动作要准确到位,否则掀不动快门按钮或快门无法释放。

注意:光圈的大小是连续变化的,速度的改变是分级而非连续的,因此光圈可拨在两数之间(如 11 与 16 之间),而速度只能拨在各规定值上(如只能拨到 1/60 S 或 1/125 S 上),而不能拨在两挡之间。

(3) 取景与调焦。选择适当的拍摄角度、高度、方向,确定景物在照片中的布局。进行调焦,使景物在底片上结成清晰影像。

(4) 拍摄。完成以上步骤后,在对突出主题最有利的瞬间轻按快门使胶片曝光(感光)。

注意:在进行以上操作后,我们并不能看到有清晰影像的底片(因为现在只是潜影),还必须经过暗室工作程序后才能得到成品的底片。

暗室处理分为:(印相、放大)显影、停影、定影、清水洗、晾干(烘干上光)。

潜像显影过程(冲卷)——把经过感光后的感光片用显影液(还原剂)加以处理,使已被感光的感光物质($AgBr$)中的卤化银白色晶粒还原成黑色的银原子(显影液越浓、显影时间越长,还原出的银原子越多,底片越黑)。

停影(水洗)——底片从显影液中取出后,表面附着的显影液仍然起作用,同时也为了避免显影液混入定影液中使定影液失效,所以必须进行停影(停影一般是用清水把底片上附着的显影液冲洗干净)。

定影——经过显影的底片还不能直接使用,因为其中未被感光的银盐存在,如果底片见白光将会继续曝光,这样原来显出的影像将遭到破坏,所以必须将这些未被感光的银盐去掉,使已感光并且经过显影得到的影像固定下来,这样的过程称为定影。

2) 冲洗胶卷

在全黑的条件下取出胶卷,放入清水中使乳胶浸水发涨,再放入显影液显影,并不停地翻动(注意:不能刮伤胶片的药膜面),使其充分均匀地显影(在 20 ℃条件下,显影时间为 5 ~ 15 min),经过 2/3 显影时间后,方可打开安全红灯,观察底片,若反差不够再继续显影,直到底片反差正常为止,然后将其放在清水中洗掉显影液(停影)后,再进行定影。定影时要使其充分均匀地与定影液接触,直到底片黑白层次清楚、胶片透明为止(在 20 ℃条件下,定影时间为 10 ~ 15 min)。

定影后的胶卷放在清水中充分漂洗,大约浸漂 30 min 后,晾干(或冷风吹干)。

3) 印相或放大

(1) 印相。根据底片的密度与反差,选取适当的印相纸。印相的全过程:曝光、显影、停影、定影、水洗、晾干(或烘干上光)。印相时应注意的问题有:

①整个操作在弱红光下进行。

②使底片的药膜面朝上,相纸的正面朝下(两者相对而放),放在曝光箱的毛玻璃上。

③选择适当的曝光时间(通过"纸条实验法"来测试)。

(2)放大照片。

①放大原理。放大机和照相机在结构上很相似,所以放大原理和照相原理也基本相似。拍照是外界景物通过镜头结像在相机内部的感光胶片上;放大是底片影像通过镜头结像在放大机外部的放大纸上。

②放大机的使用。放大时,首先把底片放在底片夹中(底片药膜面朝下),然后把底片夹放在集光镜和镜头的中间,上下移动机身调整选择合适的放大尺寸,并进行调焦,直至影像清晰,关闭电源(或用红色挡光片遮住白光),把相纸放在尺板上(正面朝上),方可曝光(即重新打开电源或打开挡光片,对相纸进行曝光)。使用放大机放大时要注意以下几点:

a.调焦时开大镜头光圈,使光线明亮,便于观察影像清晰度,焦距调整后再缩小光圈,以收缩二级左右为宜。

b.放大机内的底片夹、聚光镜、镜头要保持清洁,机身要稳固,防止震动,以免影响放大照片的质量。

c.放大时,曝光必须准确,以保证照片影调明朗、层次丰富。

d.放大时为了取得准确的曝光时间,应先用试纸进行试样,最后选择合乎要求的曝光时间,才可照此标准正式进行放大。

e.将已曝光的放大纸进行显影(约 2 min)、停影、定影(6~10 min)、水洗浸泡(10~20 min)、晾干(或烘干、上光)后,便得到所需的放大照片。

选择 1~2 张较好的照片,贴在实验报告纸上,报告要求写简要的原理步骤(程序),依顺序填好实验数据记录表 3.17.3—表 3.17.5,对照片质量作必要的分析讨论或写出实验心得体会。

【实验数据记录】

(1)拍摄

表 3.17.3　实验数据记录表 1

胶卷型号	景物名称	光照条件	快门	光圈	拍摄效果	备注

(2)冲洗胶卷

表 3.17.4　实验数据记录表 2

冲洗方式(罐显或是盘显)　　　　　　　　　　　　　　　　　　　　水温:

操作程序	水浸泡	显影	停显	定影	水洗	底片质量分析
时　　间						

（3）印放照片

表 3.17.5　实验数据记录表 3

内容	底片反差	相纸（号）	曝光时间 /s	显影时间 /min	停显 /min	定影 /min	相片质量分析

【思考题】

（1）照相时光圈和快门怎样搭配较好？记录在 3.17.6 中。

表 3.17.6　光圈与快门的搭配

天气	光圈	快门

（2）冲洗后的底片，如果过黑（太厚）或黑度不足（太薄）可能是什么原因？

（3）印好一张照片与哪些因素有关？

（4）在印相或放大照片时，底片的药面和相纸的正面应怎样放置？

实验 3.18　光的偏振现象的研究

光的偏振性质证实了光波是横波，即光的振动方向垂直于它的传播方向。对光波偏振性质的研究不仅加深了人们对光的传播规律和光与物质相互作用规律的认识，而且在光学计量、光弹性技术、薄膜技术等领域有着重要的应用。

【实验目的】

（1）观察光的偏振现象，加深对光偏振基本规律的认识。

（2）了解产生和检验偏振光的基本方法。

（3）验证马吕斯定律。

【实验原理】

1）偏振光的基本概念

光波是一种电磁波，它的电矢量 E 和磁矢量 H 相互垂直，并垂直于光的传播方向 C。通常人们用电矢量 E 代表光的振动方向，并将电矢量 E 和光的传播方向 C 所构成的平面称为光的振动面。在传播过程中，电矢量的振动方向始终在某一确定方向的光称为平面偏振光或线偏振光，如图 3.18.1（a）所示。振动面的取向和光波电矢量的大小随时间作有规律的变化，光波电矢量末端在垂直于传播方向的平面上的轨迹呈椭圆或圆时，称为椭圆偏振光或圆偏振光。通常光源发出的光波有与光波传播方向相垂直的一切可能的振动方向，没有一个方向的振动比其他方向更占优势。这种光源发射的光对外不显现偏振的性质,称为自然光,如图3.18.1(b)所示。某个方向的振动比其他方向更占优势,而和它正交方向上最弱,这种光称为部分偏振光,如图3.18.1(c)所示。将自然光变成偏振光的器件称为起偏器,用来检验偏振光的器件称为检偏器。实际上,起偏器和检偏器是互为通用的。下面介绍几种常用的起偏和检偏方法。

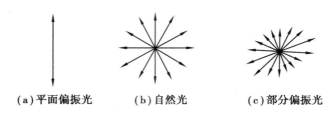

(a)平面偏振光   **(b)自然光**   **(c)部分偏振光**

图 3.18.1 偏振光

2)利用偏振片起偏、检验、平面偏振光和马吕斯定律

物质对不同方向的光振动具有选择吸收的性质,称为二向色性,如天然的电气石晶体、硫酸碘奎宁晶体等。它们能吸收某方向的光振动而仅让与此方向垂直的光振动通过。如将硫酸碘奎宁晶粒涂于透明薄片上并使晶粒定向排列,就可制成偏振片。当自然光射到偏振片上时,振动方向与偏振化方向垂直的光被吸收,振动方向与偏振化方向平行的光透过偏振片,从而获得偏振光。自然光透过偏振片后,只剩下沿透光方向的光振动,透射光成为平面偏振光,如图3.18.2所示。

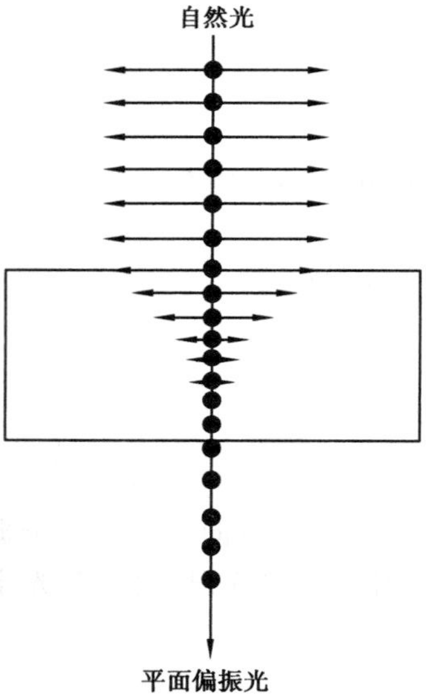

若在偏振片 P_1 后面再放一偏振片 P_2,P_2 就可以用作检验经 P_1 后的光是否为偏振光,即 P_2 起了检偏器的作用。当起偏器 P_1 和检偏器 P_2 的偏振化方向间有一夹角 θ,则通过检偏器 P_2 的偏振光强度满足马吕斯定律:

$$I = I_0 \cos^2 \theta \qquad (3.18.1)$$

当 $\theta = 0$ 时,$I = I_0$,光强最大;当 $\theta = 90°$ 时,$I = 0$,出现消光现象;当 θ 为其他值时,透射光强介于 0 和 I_0 之间。

图 3.18.2 二向色性起偏

(1)双折射起偏。

某些单轴晶体(如方解石和石英等)具有双折射现象。当一束自然光射到这些晶体上时,在界面射入晶体内部的折射光常为传播方向不同的两束折射光线,这两束折射光是光矢量振动方向不同的线偏振光。其中一束折射光始终在入射面内其振动垂直于其主平面,称为寻常光(或 o 光);另一束折射光一般不在入射面内且不遵守折射定律,其振动在主平面内,称为非常光(或 e 光),如图3.18.3所示。

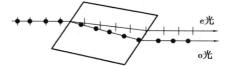

图 3.18.3 双折射起偏原理图

研究发现,这类晶体存在这样一个方向,沿该方向传播的光不发生双折射,该方向称为光轴。

（2）反射和折射时光的偏振。

自然光在两种透明媒质的界面上反射和折射时,反射光和折射光就能成为部分偏振光或平面偏振光,而且反射光中垂直入射面的振动较强,折射光中平行入射面的振动较强（部分偏振光是指光波电矢量只在某一确定的方向上占相对优势）。实验发现,当改变入射角 i 时,反射光的偏振程度也随之改变,当 i 等于特定角 $i_0 = \varphi_b$ 时,反射光只有垂直于入射面的振动,变成了完全偏振光,如图 3.18.4 所示。此时入射角 i_0 满足 $\tan i_0 = \dfrac{n_2}{n_1}$（$n_1$ 和 n_2 为两种媒质的折射率）,这个规律称为布儒斯特定律,i_0 称为起偏角或布儒斯特角。可以证明,当入射角为起偏角时,反射光和折射光传播方向是互相垂直的。图 3.18.5 是利用玻璃堆产生平面偏振光。

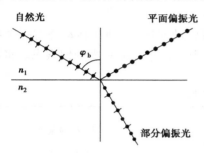

图 3.18.4　用反射和折射起偏　　　　图 3.18.5　用玻璃堆产生平面偏振光

3）圆偏振光、椭圆偏振光和 1/4 波片

当平面偏振光垂直入射到厚度为 d,表面平行于自身光轴的单轴晶片时,o 光和 e 光沿同一方向前进,但传播速度不同,因而会产生位相差,在方解石（负晶体）中,e 光速度比 o 光快,而在石英（正晶体）中,o 光速度比 e 光快。因此通过晶片后两束光的光程差 δ 和位相差 Δ 分别为：

$$\delta = (n_o - n_e)d \qquad \Delta = \frac{2\pi}{\lambda} \cdot (n_o - n_e)d \qquad (3.18.2)$$

式中,λ 为光在真空中的波长,n_o 和 n_e 分别为晶片对 o 光和 e 光的折射率。

由 $\Delta = \dfrac{2\pi}{\lambda} \cdot (n_o - n_e)d$ 可知经晶片射出后,o 光和 e 光合成的振动随位相差的不同,就有不同的偏振方式。在偏振技术中,常将这种能使互相垂直的光振动产生一定位相差的晶体片叫做波片。因此晶片厚度不同,对应不同的相位差和光程差,当光程差满足：

$$\delta = (2k+1)\frac{\lambda}{2} \ (k = 0, 1, 2, \cdots) \text{时}, \ \text{为 1/2 波片} \qquad (3.18.3)$$

当光程差满足：

$$\delta = (2k+1)\frac{\lambda}{4} \ (k = 0, 1, 2 \cdots) \text{时}, \ \text{为 1/4 波片} \qquad (3.18.4)$$

平面偏振光通过 $\lambda/4$ 片后,一般变为椭圆偏振光；但当 $\theta = 0$ 或 90° 时（θ 为平面偏振光的电矢量与晶片光轴的夹角）,出射的仍为平面偏振光；而当 $\theta = 45°$ 时,出射的为圆偏振光。所以可以用 $\lambda/4$ 波片获得椭圆偏振光和圆偏振光。

【实验仪器】

偏振片(两个)、1/4 波片、1/2 波片、光具座、角度盘、玻璃堆、反射镜、白色光屏、半导体激光器、数字检流计和电源等。

【实验内容】

1)入射光偏振光的检验

(1)调节激光器的高度、俯仰和水平调节螺钉,使发出的激光与光具座平行且位于中间。

(2)将激光直接射到偏振片上,以其传播方向为轴转动偏振片一周,用眼睛直接观察白屏上光强度的变化,判断入射光偏振态。

(3)在第一个偏振片的后面放上第二个偏振片,再转动偏振片一周(转动任意一个都可以),用眼睛直接观察白屏上光强度变化情况,判断入射到第二个偏振片光的偏振态。将两次观察结果记入表 3.18.1 中进行比较,并得出结论。

表 3.18.1　观察光波变化表

偏振片	P 转一周,透射光强是否变化?	P 转动一周,出现几次消光?	入射光偏振态
放一个			
放两个			

2)验证马吕斯定律

(1)如图 3.18.6 所示的实验装置,用数字检流计代替光屏接收偏振片透射出来的光。检流计在透射光照射下,电路中产生的饱和光电流与透射光强成正比,故通过对光电流的测量可反映透射光强度的变化。

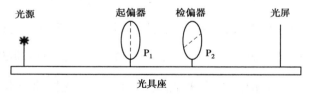

图 3.18.6　实验装置图

(2)转动起偏器 P_1 使检流计的示数最大,固定 P_1。再将检偏器 P_2 放入,转到 P_2 至检流计的示数最小值,此时 P_1 和 P_2 透光方向垂直 $\theta=90°$。实验时,P_1 和 P_2 要尽量靠近,检流计套筒要贴近 P_2,以减小杂散光线对实验结果的影响。

(3)开始转动检偏器 P_2,每转 15°测量一次光电流的数值,直至转到 $\theta=0°$(此时光电流为最大值),将测量结果记入表 3.18.2 中。

表 3.18.2　测量数据表格

$I_{max} =$ _____　　　　$I_{min} =$ _____

θ	0°	15°	30°	45°	60°	75°	90°
I							
$\cos^2 \theta$							
$I-I_{min}$							

(4) 以 $I-I_{min}$ 为纵坐标，$\cos^2 \theta$ 为横坐标作图。如果图线为通过坐标原点的直线，则表明马吕斯定律已被验证。

3）圆偏振光和椭圆偏振光的产生与检验

(1) 如图 3.18.6 所示的实验装置，转动起偏器 P_1 使检流计的示数最大，固定 P_1，然后转动检偏器 P_2，用眼睛直接观察白屏上光强变化直至光斑最暗（这时 P_1 和 P_2 透光方向垂直）。

(2) 保持 P_1 和 P_2 不动，在 P_1 和 P_2 间插入 1/4 波片。转动波片，再使光斑最暗（用眼睛直接观察白屏）。以此时波片光轴位置为起点（0°），转动 1/4 波片，使其光轴与起始位置的夹角依次为 0°、15°、30°、45°、60°、75°、90°时，分别将 P_2 转动一周，根据你看到的光斑明暗变化情况，记入表 3.18.3 中，并对 P_2 的入射光偏振态分别作出判断。

表 3.18.3　用 1/4 波片观察光强变化表

1/4 波片转角	P_2 转一周，透射光强是否变化？	P_2 转一周，出现几次消光？	入射光偏振态
0°			
15°			
30°			
45°			
60°			
75°			
90°			

4）测量两种媒质所对应的布儒斯特角

(1) 玻璃堆置于度盘上，使玻璃堆垂直光轴，此时入射光透过玻璃堆的法线射向数字检流计。在激光和度盘之间放入偏振片、在反射光路上放入白屏。旋转度盘使入射光以 50°~60° 射入玻璃堆，反射光射到白屏上并使白屏与反射光垂直。旋转偏振片，使光处于较暗的位置。

(2) 转动度盘，观察白屏上反射光亮度的变化，如果亮度渐渐变弱，再旋转偏振片使亮度更弱。反复调整直至亮度最弱，接近全暗。这时再转偏振片，如果反射光的亮度由黑变亮，说明此时反射光已是线偏振光。记下度盘读数 θ_1。

(3) 转动度盘，使入射光与玻璃堆的法线同轴并射到数字检流计上，使数显表头读数最大。记下度盘的读数 θ_2。

（4）布儒斯特角 $i_0 = |\theta_1 - \theta_2|$，由布儒斯特角计算玻璃的折射率 n。

5）设计实验

判断线偏振光通过 1/2 波片透射光的偏振态，总结 1/2 波片的作用。

6）设计实验

确定反射光和透射光的偏振态。

【思考题】

（1）光的偏振现象说明了什么？一般用哪个矢量表示光的振动方向？

（2）偏振器的特性是什么？何谓起偏器和检偏器？

（3）产生线偏振光的方法有哪些？将线偏振光变成圆偏振光或椭圆偏振光要用何种器件？在什么状态下产生？实验中如何判断线偏振光、圆偏振光和椭圆偏振光？

实验 3.19　多光束干涉实验

法布里-珀罗（F-P）干涉仪是一种利用多光束干涉原理设计的干涉仪，能够获得十分细锐的干涉条纹，因此，一直是长度计量和研究光谱超精细结构的有效工具；多光束干涉原理还在激光器和光学薄膜理论中有着重要的应用，是制作光学仪器中干涉滤光片和激光共振腔的基本构型。F-P 干涉仪由两块平行的平面玻璃板或石英板组成，在其相对的内表面上镀有平整度很好的高反射率膜层。为消除两平板相背平面上反射光的干扰，平行板的外表面有一个很小的楔角。

【实验目的】

（1）观察多光束干涉现象，掌握多光束干涉的原理。

（2）观察激光器的跳模现象，了解其影响因素。

（3）了解激光的频谱结构，掌握扫描干涉仪的使用方法以及测定其性能指标的实验技能。

（4）测量并计算平行平面干涉仪的腔长、自由光谱区以及精细常数。

（5）用平行平面扫描干涉仪对 He-Ne 激光器进行模式分析。

【实验原理】

1）多光束干涉

F-P 干涉仪是一种基于分振幅干涉原理实现不等强度多光束干涉，产生细锐条纹的典型仪器。干涉仪主要由两块平行放置的平面板组成。在两个板相向的平面上镀有薄银膜或其他反射率较高的薄膜。如果两个平行的镀膜面之间的间隔固定不变，则该仪器称为 F-P 标准具。如果两个平行的薄膜面之间的间隔可以改变，则该仪器称为 F-P 干涉仪。

图 3.19.1 表示的是一束入射角为 i_1（折射角为 i_2）的光束的多次反射和透射。形成振幅依次递减的相干光。这些透射光束都是相互

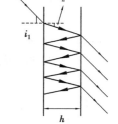

图 3.19.1　多光束干涉

平行的,如果一起通过透镜,则在焦平面上形成干涉条纹。每相邻的两束光在到达透镜的焦平面上的同一点,彼此的光程差都相等,为:

$$\delta = 2nh \cos i_2$$

由此引起的位相差为:

$$\varphi = \frac{2\pi\delta}{\lambda} = \frac{4\pi nh \cos i_2}{\lambda}$$

由计算可以得出透射的光强为:

$$I_t = \frac{I_0}{1 + \frac{4R \sin^2\left(\dfrac{\Phi}{2}\right)}{(1-R)^2}} \tag{3.19.1}$$

式中,I_0 为入射光强,R 为镜子的反射率。

同一入射角的入射光经 F-P 干涉仪的透镜会聚后,都位于透镜的焦平面的同一个圆周上,以不同入射角入射的光,就形成同心圆形的等倾干涉条纹。镀膜面的反射率越大,干涉条纹越清晰细锐,这是 F-P 干涉仪与迈克尔逊干涉仪相比最大的优点。F-P 干涉仪的两相邻透射光的光程差的表达式和迈克尔逊干涉仪完全相同,这决定了这两种圆条纹的间距、径向分布等很相似。只不过 F-P 干涉仪是振幅急剧递减的多光束干涉,而迈克尔逊干涉仪是等振幅的双光束干涉,这一差别使得 F-P 干涉仪的条纹极其细锐。

F-P 干涉仪和标准具所产生的干涉条纹具有清晰细锐的特点,使其成为研究光谱线超精细结构的有力工具。激光谐振腔就是应用 F-P 干涉仪和标准具的原理。

2) 激光的频率特性

激光器的光学谐振腔内可存在一系列具有分立谐振频率的本征模式,但只有频率位于工作物质增益带宽范围内,并满足阈值条件的本征模才会振荡形成激光。

通常把激光光波场的空间分布,分解为沿传播方向(腔轴方向)的分布 $E(z)$ 和垂直于传播方向在横截面内的分布 $E(x,y)$,即谐振腔模式可分为纵模和横模,用符号 TEM_{mn} 标志不同模式的模式分布。对激光束的模式进行频率分析,可以分辨出它的精细结构。

横模是指光在光束横截面上的光场分布,我们用符号 TEM_{mn} 来表示,m、n 为整数,代表光斑在两个方向上的节点数。最基本的横模结构是一个按高斯分布的圆形光斑,我们称之为基横模,表示为 TEM_{00}。

纵模是指光在传播方向上的分布,主要是频率特性(实际上,不同的纵模除有不同的频率外,也可能会有不同的强度、相位和偏振态)。我们从光的多光束干涉理论(F-P 干涉仪)知道,在激光谐振腔这样一种光学结构中,光的谐振频率是不能连续存在的,它只能是一连串分立的频率。在腔中振荡的光波是驻波,对应的波长应满足腔长等于半波长的整数倍这一条件,即

$$L = n\frac{\lambda}{2} \tag{3.19.2}$$

式中,L 代表腔长,λ 代表波长,n 为一整数。

设气体折射率认为是 1,某一纵模波长为 λ_1,相邻另一纵模的波长为 λ_2,则有:

$$L = n\frac{\lambda_1}{2}$$

$$L = (n+1)\frac{\lambda_2}{2}$$

由 $c = \lambda\nu$，可得：

$$\Delta\nu = \nu_2 - \nu_1 = c/2L \qquad\qquad (3.19.3)$$

式中，ν 为频率，c 为光速。$\Delta\nu$ 就是各纵模之间的频率间隔，称为纵模间隔。

可见，腔长越短，相邻纵模的频率间隔越大，在一定的增益带宽情况下，则有可能形成单纵模振荡。

通常情况下，激光器包含有若干纵模和横模。激光的横模源于光腔的衍射，横模阶次越高，光腔对它的衍射损耗越大，因而高阶横模的阈值高，相对来说不易产生激光振荡。

3）平行平面腔扫描干涉仪

将 F-P 干涉仪的一块反射镜 M_1 固定不动，另一块反射镜 M_2 固定在压电陶瓷环上就形成了平行平面腔扫描干涉仪，如图 3.19.2 所示。

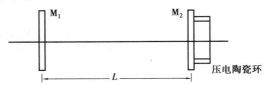

图 3.19.2　F-P 腔的示意图

压电陶瓷环的长度变化量和所加电压成正比。当用一定幅度的锯齿波电压调制压电陶瓷环时，扫描干涉仪的腔长将在 L 附近发生微小变化（约波长量级）。

当有某一波长为 λ 的光束近轴入射到干涉仪，可以证明，光线在干涉仪内经两次反射后恰好闭合，与起始光线的光程差为：

$$\Delta = 2nL \qquad\qquad (3.19.4)$$

式中，n 为两块反射镜间介质的折射率，当满足 $2nL = m\lambda$（m 为正整数）时，干涉仪对入射光有最大透过率。因此，改变腔长 L 即可实现光谱扫描。具体地说，用压电陶瓷环驱动 M_2，使该镜片在轴线方向作微小的周期性振动，从而使激光模式发生变化并依次通过干涉仪；激光由光电接收器转换成电信号，该信号经放大接到专用示波器的 Y 输入端，同时将改变腔长的锯齿波电压接到示波器的 X 输入端。这时，示波器的横向坐标就是干涉仪的频率，从而荧光屏上显示的即为出透过干涉仪的激光模式频谱，如图 3.19.3 所示。

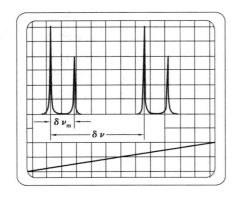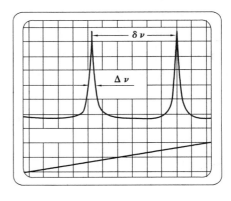

图 3.19.3　示波器显示的激光模谱

扫描干涉仪有以下性能指标：

（1）自由光谱区 $\Delta\nu_F$。

由 $2L=m\lambda$（介质是空气，$n=1$）可知，当腔长变化 $\dfrac{\lambda}{2}$ 时，波长 $\lambda(q)$ 的模可再次透过干涉仪。通常把腔长改变 $\dfrac{\lambda}{2}$ 所对应的频率变化量 $\Delta\nu_F=\dfrac{c}{2L}\left(\Delta\lambda=\dfrac{\lambda^2}{2L}\right)$ 称为干涉仪的自由光谱区。

如果 $\Delta\nu_F$ 小于激光工作物质的增益线宽，不同级的模式频谱就有可能重叠，这是应该避免的。

（2）仪器带宽 $\delta\nu$。

仪器带宽 $\delta\nu$ 是指干涉仪透射峰的频率宽度，也就是干涉仪能分辨的最小频差。通常，反射镜的反射率 R 越高，调整精度越高，腔内损耗越小，则窄带越窄。

（3）精细常数 F

精细常数 F 是用来表征扫描干涉仪分辨本领的参数。它的定义是：自由光谱区 $\Delta\nu_F$ 与最小分辨率极限宽度 Δu 之比，即在自由光谱区内能分辨的最多的谱线数目。根据精细常数的定义：

$$F=\frac{\Delta\nu_F}{\Delta u}$$

精细常数的理论公式为：

$$F=\frac{\pi R}{1-R} \tag{3.19.5}$$

【实验仪器】

He-Ne 激光器、小孔屏、F-P 干涉仪附件、光探头、示波器、导轨、滑块等。

【实验内容】

（1）测量平行平面腔扫描干涉仪的特征参数。

（2）将 He-Ne 激光器、小孔屏、F-P 干涉仪附件、光探头按照如图 3.19.4 所示安装在导轨上，并且调整各元器件至同轴等高，并连接好电缆。仔细调整 F-P 干涉仪附件上的 4 个调节旋钮，使得从示波器上观察接收到的波形中的尖峰细锐，如 3.19.5 图所示。

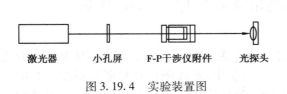

图 3.19.4　实验装置图

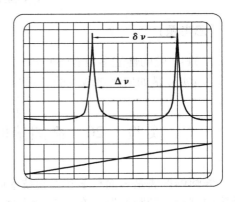

图 3.19.5　纵模输出

（3）由于该平行平面干涉仪的腔长是可变的，并且在很多测量中都需要知道腔长是多少，所以需要计算出该平行平面扫描干涉仪工作时的腔长。

通过示波器可以测量出 $\delta\nu$，它正比自由光谱区 $\Delta\nu_F$，$\Delta\nu_F = c/2L$，所以通过改变腔长 ΔL，两次测量 $\delta\nu$ 和 $\delta\nu'$，由公式：$\dfrac{\delta\nu}{\delta\nu'} = \dfrac{\left(\dfrac{c}{2L}\right)}{\left[\dfrac{c}{2(L+\Delta L)}\right]}$，就可以计算出初始状态下的腔长 L 来，也可以知道改变后的腔长 $L+\Delta L$，从而可以计算出该干涉仪在某工作状态下的自由光谱区 $\Delta\nu_F = c/2L$。

（4）图 3.19.5 中的 $\Delta\nu$ 正比于干涉仪带宽为 Δu。$\delta\nu$ 正比自由光谱区 $\Delta\nu_F$，通过示波器可以测量出 $\Delta\nu$，$\delta\nu$ 进而能计算出精细常数 F，即 $F = \dfrac{\Delta\nu_F}{\Delta u} = \dfrac{\delta\nu}{\Delta\nu}$，也可以通过理论公式计算出精细常数 F，即 $F = \dfrac{\pi R}{1-R}$。

（5）He-Ne 激光器的模式分析。

$\delta\nu$ 正比于干涉仪的自由光谱区 $\Delta\nu_F$，$\Delta\nu u$ 正比于激光器相邻纵模的频率间隔 $\Delta\nu_q$，如图 3.19.6 所示，由实验能测出 $\delta\nu$、$\Delta\nu u$，$\Delta\nu_F$ 由前面已经计算出。代入公式 $\dfrac{\Delta\nu_F}{\Delta\nu_q} = \dfrac{\delta\nu}{\Delta\nu u}$ 即可估算出激光器的相邻纵模间隔 $\Delta\nu_q$。

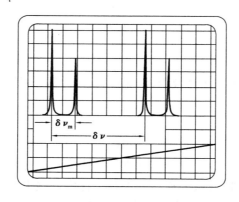

图 3.19.6　激光器的模式分析

【思考题】

（1）F-P 腔的性能参数有哪些？

（2）实验是如何测量激光的模式？

实验 3.20　椭圆偏振法测量薄膜的厚度和折射率

椭圆偏振法是表面科学和镀膜技术研究的一个重要工具，广泛地应用于固体基片上介质薄膜的测量。椭圆偏振法在已有测定薄膜厚度的方法中，是能测量到最薄和精度最高的一类。它的测量范围从 0.1 nm 到几个微米，比干涉法测量精度高一个数量级以上，并且能同时测量薄膜厚度和折射率。

【实验目的】

(1)了解和掌握运用椭圆偏振法测量薄膜的厚度和折射率的原理和方法。
(2)学习和掌握椭偏仪的基本原理和使用方法。

【实验原理】

1)椭圆偏振法测量薄膜的厚度和折射率的原理

当一束椭圆偏振光以一定的入射角射到一个薄膜系统的表面时,光要在介质膜的交界面发生多次反射和折射,反射光的振幅和位相的变化与薄膜的厚度和折射率有关。反过来只要观测反射偏振光状态的变化(包括振幅和位相),就可以确定出膜层的厚度和折射率。

假设折射率为 n_1,厚度为 d_1 的透明薄膜均匀覆盖在表面平整折射率为 n_2 的基底(硅片)上。一束椭圆偏振光从折射率为 n_1 的空气中以 ϕ_0 入射到薄膜的上表面。如图 3.20.1 所示,ϕ_1 和 ϕ_2 分别为空气薄膜界面和薄膜硅基底界面的折射角,入射光在两个界面来回反射和折射,总反射光由多光束合成。光的电矢量 E 分为两个分量,把光波在入射面上的分量称为 P 波,垂直入射面的称 S 波。由菲涅耳反射公式,可以给出 P 波和 S 波的振幅反射系数(r_P,r_S),即

$$r_{01P} = \frac{n_1 \cos \phi_0 - n_0 \cos \phi_1}{n_1 \cos \phi_0 + n_0 \cos \phi_1}$$

$$r_{12P} = \frac{n_2 \cos \phi_1 - n_1 \cos \phi_2}{n_2 \cos \phi_1 + n_1 \cos \phi_2}$$

$$r_{01S} = \frac{n_0 \cos \phi_0 - n_1 \cos \phi_1}{n_0 \cos \phi_0 + n_1 \cos \phi_1}$$

$$r_{12S} = \frac{n_1 \cos \phi_1 - n_2 \cos \phi_2}{n_1 \cos \phi_1 + n_2 \cos \phi_2}$$

(3.20.1)

根据 Snell 折射定律,ϕ_0、ϕ_1 和 ϕ_2 应满足下列关系:

$$n_0 \sin \phi_0 = n_1 \sin \phi_1 = n_2 \sin \phi_2 \tag{3.20.2}$$

任意两相邻反射光间的位相差 2β:

$$\beta = 2\pi \left(\frac{d_1}{\lambda}\right) n_1 \cos \phi_1 = 2\pi \left(\frac{d_1}{\lambda}\right) \sqrt{n_1^2 - n_0^2 \sin^2 \phi_0} \tag{3.20.3}$$

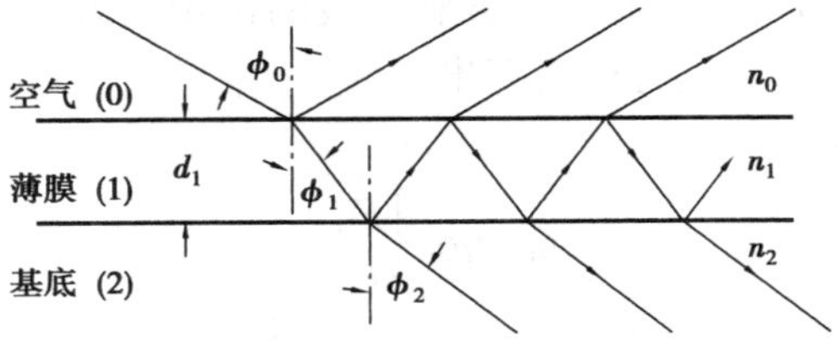

图 3.20.1　样品模型

由于薄膜上下表面对光多次反射和折射,最终观察到的是多次反射光相干叠加的结果。引入 P 波、S 波的总振幅反射系数,根据多光束干涉理论,可以求得总振幅反射系数:

$$R_P = \frac{E_{rP}}{E_{iP}} = \frac{r_{01P} + r_{12P}e^{-j2\beta}}{1 + r_{01P}r_{12P}e^{-j2\beta}}, R_S = \frac{E_{rS}}{E_{iS}} = \frac{r_{01S} + r_{12S}e^{-j2\beta}}{1 + r_{01S}r_{12S}e^{-j2\beta}} \tag{3.20.4}$$

式中，E_{rP} 为反射光电矢量的 P 分量；E_{iP} 为入射光电矢量的 P 分量；E_{rS} 为反射光电矢量的 S 分量；E_{iS} 为入射光电矢量的 S 分量。

透明薄膜的总反射系数比为：

$$\frac{R_P}{R_S} = \frac{r_{01P} + r_{12P}e^{-j2\beta}}{1 + r_{01P}r_{12P}e^{-j2\beta}} \frac{1 + _{01S} + r_{12S}e^{-j2\beta}}{r_{01S} + r_{12S}e^{-j2\beta}} \tag{3.20.5}$$

即总反射系数比是参数 n_0、n_1、n_2、ϕ_0、d_1、λ 的函数，可以表示为：

$$\frac{R_P}{R_S} = \rho(n_0, n_1, n_2, \phi_0, d_1, \lambda) \tag{3.20.6}$$

如果 n_0、n_2、ϕ_0、λ 是已知的，总反射系数比仅是薄膜厚度 d_1 和折射率 n_1 两个参量的函数。

更进一步，把入射光和反射光用复数形式表示，θ_P 和 θ_S 分别表示 P 波和 S 波的位相，则总反射系数比为：

$$\frac{R_P}{R_S} = \frac{\frac{|E_{rP}|}{|E_{rS}|}}{\frac{|E_{iP}|}{|E_{iS}|}} \exp\left\{ j\left[(\theta_{rP} - \theta_{rS}) - (\theta_{iP} - \theta_{iS}) \right] \right\}$$

$$= \tan\Psi \exp(j\Delta) \tag{3.20.7}$$

式中，$\tan\Psi$ 表征反射光对入射光相对振幅的变化，称为振幅衰减比或相对振幅衰减。Δ 表征经过整个薄膜系统后，P 波和 S 波的位相移动之差。Ψ 和 Δ 具有角度的量纲，称为椭偏角。显然 $\tan\Psi \geq 0$，可约定 Ψ 在第一象限取值。另外，增加或减少任意个周期并不影响总反射系数比，因此约定 $0 \leq \Delta \leq 2\pi$。

式（3.20.5）、式（3.20.6）、式（3.20.7）表示薄膜厚度 d_1 和折射率 n_1 与光偏振状态的变化（Ψ，Δ）之间的关系。薄膜厚度和折射率的测量归结为反射系数比的测量。椭偏法测量薄膜厚度和折射率的基本原理就是由实验测得 Ψ 和 Δ，再由以上关系定出薄膜厚度 d_1 和折射率 n_1。Ψ，Δ 两个参数定义式包含多个物理量，测量比较复杂。为了使问题简化，通常把实验条件作某些限制：

（1）使入射光为等幅椭圆偏振光，P 波和 S 波振幅相等。这样，Ψ 只与反射光的振幅比有关，可从检偏器方位角算出。

（2）使反射光为线偏振光，即反射光 P 波和 S 波的位相差为零。这样 Δ 只与入射光的 P 波，S 波的位相差有关，可从起偏器方位角算出。

满足以上限制条件下：

$$\tan\Psi = \frac{|E_{rP}|}{|E_{rS}|} \tag{3.20.8}$$

$$\Delta = k\pi - (\theta_{iP} - \theta_{iS}) + 2n\pi \tag{3.20.9}$$

式（3.20.9）中的 k 取 0，1；n 取 0，1 均是为了保证 Δ 在 $[0, 2\pi]$ 范围内引入。实验中测得椭偏角 Ψ 和 Δ，由式（3.20.1）、式（3.20.2）、式（3.20.3）、式（3.20.5）和式（3.20.7）就可以计算出薄膜的厚度 d_1 和折射率 n_1，但是计算量比较大，需要借助计算机做大量的椭偏角与被测量的数表或曲线来完成。

测量中主要是调节和仪器的转角有关的 P 角和 A 角来实现经过检偏器的消光状态。其中 P 角为起偏器 P 产生的线偏振光的振动方向与 P 轴的夹角(有的定义为与 S 轴的夹角,这两种定义无本质的差异,是等效的);A 角是检偏器 A 的偏振方向与 P 轴的夹角。下面简略分析一下 P 与 Δ,A 与 Ψ 的关系。

假设经起偏器 P 形成的线偏振光的光矢量为 E_0,再经 1/4 波片在其快慢轴方向分解为 $E_{快}$ 和 $E_{慢}$,1/4 波片的快轴与 P 轴的夹角为 45°,因此:

$$E_{快} = E_0 \cos\left(P - \frac{\pi}{4}\right) e^{j\frac{\pi}{2}} \tag{3.20.10}$$

$$E_{慢} = E_0 \sin\left(P - \frac{\pi}{4}\right) \tag{3.20.11}$$

$E_{快}$ 和 $E_{慢}$ 在 P、S 轴上的投影合成的 E_{iP} 和 E_{iS}:

$$E_{iP} = \frac{\sqrt{2}}{2} E_{快} - \frac{\sqrt{2}}{2} E_{慢} = \frac{\sqrt{2}}{2} E_0 \exp\left[j\left(\frac{\pi}{4} + P\right)\right] \tag{3.20.12}$$

$$E_{iS} = \frac{\sqrt{2}}{2} E_{快} + \frac{\sqrt{2}}{2} E_{慢} = \frac{\sqrt{2}}{2} E_0 \exp\left[j\left(\frac{3\pi}{4} - P\right)\right] \tag{3.20.13}$$

由式(3.20.12)和式(3.20.13)可知 E_{iP} 和 E_{iS} 振幅相等,从而获得等幅椭圆偏振光;入射光的 P 波与 S 波的位相差为:

$$(\theta_{iP} - \theta_{iS}) = 2P - \frac{\pi}{2} \tag{3.20.14}$$

改变起偏器的方位角 P 角达到消光状态,此时 P 与 Δ 的关系为:

$$\Delta = k\pi - \left(2P - \frac{\pi}{2}\right) + 2n\pi \tag{3.20.15}$$

值得注意的是,起偏器方位角 P 增加或减少 π 都是等效的,因而其读数应在 0°～180°之间,若出现 P 大于这个范围应进行修正。

反射线偏振光可有两种状态:P、S 波同相;P、S 波反相。因此起偏器 P 有两个方位角与之对应。

(1)若起偏器方位角为 P_1 时,反射光的 P、S 波反相,有$(\theta_{rP} - \theta_{rS}) = \pi$,则:

$$\Delta = -\frac{3\pi}{2} - 2P_1 + 2n\pi \tag{3.20.16}$$

当 $P_1 < 3\pi/4$ 时,n 取 0;$P_1 > 3\pi/4$ 时,n 取 1。以 P 轴为 x 轴,S 轴为 y 轴建立坐标系。当反射光的 P、S 波反相,反射光线偏振的偏振方向必在第二、四象限。要使反射光消光,检偏器方位角 A_1 与反射光的偏振方向垂直,必在第一象限,有 $\Psi_1 = A_1$。

(2)若起偏器方位角为 P_2 时,反射光的 P、S 波同相,有$(\theta_{iP} - \theta_{iS}) = 0$,则:

$$\Delta = -\frac{\pi}{2} - 2P_1 + 2n\pi \tag{3.20.17}$$

当 $P_2 < \pi/4$ 时,n 取 0;$P_2 > \pi/4$ 时,n 取 1。以 P 轴为 x 轴,S 轴为 y 轴建立坐标系。当反射光的 P、S 波同相,要使反射光消光,检偏器方位角 A_2 必在第二象限,有 $\Psi_2 = \pi - A_2$。

由以上分析完全确立了 Ψ、Δ 与 P 和 A 的关系,只要测出 P 和 A,由数表可以查出 n_1 和 d_1。

当 1/4 波片的快轴与 P 轴的夹角为 $-45°$ 时,同上,也能推导出两组数据。

2)EX 椭偏仪的工作原理

EX 系列椭偏仪的基本光学结构为:起偏器–补偿器(1/4 波片)–样品–检偏器。

图 3.20.2 中激光器 L 发出单色光波,经起偏器 P 后成为线偏振光,偏振方向与 P 的透光轴一致;经 1/4 波片 C 后成为椭圆偏振光;经样品倾斜反射后光波的偏振态发生变化,一般还是椭圆偏振光;经过检偏器 A 后再次成为线偏振光,偏振光的方向与 A 的透光轴一致;最后光波进入光电探测器,经光电探测器转化后的电信号进入计算机中进行处理。

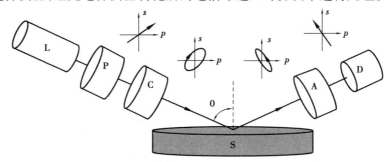

P(起偏器)–C(补偿器)–S(样品)–A(检偏器)

图 3.20.2　EX 系列椭偏仪测量系统光路图

为了对样品进行定量测量,EX 系列椭偏仪采用消光法获得椭偏角(Ψ,Δ),基本原理为:

(1)测量消光角:波片 C 的方位角固定,不断调整起偏器 P 和检偏器 A 的方位角,使得经样品反射后的偏振光成为线偏振光,其偏振方向与检偏器 A 的透光轴垂直,此时探测器 D 上得到的光强达到最小,即消光。在一个周期内($0° \sim 180°$),存在两对消光角(P_{01},A_{01})和(P_{02},A_{02});设 $P_{01} \leqslant P_{02}$,则 $P_{02}-P_{01}=90°$,$A_{01}+A_{02}=180°$。实际测量中采用在两对消光角下得到的椭偏角 Ψ 和 Δ 值的平均,可以有效地消除系统误差。

(2)利用消光角与椭偏角(Ψ,Δ)之间的数学关系,就可以计算得到椭偏角。

EX 系列椭偏仪的补偿角(1/4 波片 C 的方位角)采用的是 $-45°$。

【实验仪器】

EX 系列椭偏仪(量拓公司)、样品(SiO_2—Si)、镊子、计算机和软件等。

【实验内容】

(1)打开椭偏仪预热 10 min。

(2)将起偏器和检偏器设置在合适的入射角度下,一般选择在基底的布儒斯特角附近。(Si 基底上的样品设置为 70°,普通光学玻璃基底的样品设置为 60°)

注意:改变入射角时,请用手稳定托住起偏臂,然后旋转定位销至拔出位置,往外拔出定位销,再转动起偏臂到目标孔位,从角度指示窗口中看到角度显现居中时,把定位销插入直至顶住极限位置,确定好位置后把定位销转入锁紧位置以保证定位牢靠,确保不会因过失拉出定位销造成旋转臂滑脱。起偏臂的角度更改后,可按同样的方法改变检偏臂的角度。

(3)将待测样品放置在样品台面上,且测量面朝上,待测点基本居中(几何尺寸很小或厚度小于 1 mm 的薄样品,建议采用镊子轻轻夹取)。

（4）粗调样品台高低,使入射光与样品的交点通过样品台中心。

（5）粗调样品台俯仰,使反射光基本进入检偏臂光阑中心。

（6）精调样品台俯仰,使探测器检测的光强值达到最大值。

注意:在 P 和 A 进行大范围调节时,如果显示面板上的数值超过 5 V,建议向数字减小的方向调节增益旋钮;在 P 和 A 的消光点附近进行微调时,如果显示面板上的数值很小(如小于0.2 V),则建议向数字增大的方向调节增益旋钮(显示板的单位为 V,范围为 0 ~ 5 V;增益旋钮有 4 挡,3 为增益最大)。

（7）固定检偏器方位角 A,在 $0° \sim 180°$ 内改变起偏器方位角 P,直至探测器光强值达到最小,记录起偏器方位角 P_{01}。

（8）设置起偏器方位角 $P = P_{01}$,在 $0° \sim 90°$ 内改变检偏器方位角 A,直至探测器光强值达到最小,记录检偏器方位角 A_{01}。

（9）反复交替进行上述（7）、（8）两个步骤,不断更新 (P_{01}, A_{01}),直至光强达到最小。

（10）设置检偏器方位角 $A = 180° - A_{01}$,在 $0° \sim 180°$ 内改变起偏器方位角 P,直至探测器光强值达到最小,记录起偏器方位角 P_{02}。

（11）设置起偏器方位角 $P = P_{02}$,在 $0° \sim 180°$ 内改变检偏器方位角 A,直至探测器光强值达到最小,记录检偏器方位角 A_{02}。

（12）反复交替进行上述两个步骤,不断更新 (P_{02}, A_{02}),直至光强达到最小。

（13）把记录的消光角读数 (A_{01}, P_{01}) 和 (A_{02}, P_{02}) 输入配套软件中,利用公式 $A = A_{读数} - A_{\mathrm{S}}$,$P = P_{读数} - P_{\mathrm{S}}$ 进行计算,得到真实的消光角 (A_{01}, P_{01}) 和 (A_{02}, P_{02}),计算对应的椭偏角 (Ψ_1, Δ_1),(Ψ_2, Δ_2),并求出两组椭偏角的平均值 (Ψ, Δ)。

（14）利用配套软件中的测量功能进行,得到椭偏角对应的样品参数。

【思考题】

（1）椭圆偏振法测量介质纳米薄膜时的优点是什么?

（2）用椭偏振仪测量薄膜厚度时,对样品的制备有什么要求?

（3）1/4 波片的作用是什么?

（4）在偏振角的一个周期内（$0° \sim 180°$）内,存在几对消光角?

（5）实验中如何由椭偏角计算椭偏参数 Ψ 和 Δ?

（6）为了提高测量的准确性,在实验中有哪些地方需要注意和改进?

实验 3.21　全息摄影

“全息”最早来自希腊字“holos”,即完全的信息。全息摄影技术(简称“全息术”)的思想是 1948 年由英国科学家丹尼斯·伽柏为了提高电子显微镜的分辨本领在布喇格和泽尼克工作的基础上提出的。在全息技术发展的早期,大部分工作致力于消除全息图孪生像的相互干扰。直到 1962 年,美国密执安大学雷达实验室的利思和乌帕特尼克斯提出把通信技术中的载频技术用于全息中的波前再现,提出的离轴全息才有效克服了孪生像这一障碍,使全息术的研究进入了一个新的阶段。全息术已成为近代光学领域的重要分支并广泛地应用在干涉计量、无损检测、光信息处理、遥感技术、夜视技术和生物医学等方面,称为光学的一个重要分支。

全息术可以分为 4 代:第一代是水银灯记录的同轴全息图,缺点是再现像和共轭像形成的孪生像不能分离。第 2 代是利思和乌帕特尼克斯提出的离轴全息图,特点是激光记录和激光再现,成功地实现了孪生像的分离。第 3 代是激光记录白光再现的全息术,主要有反射全息、像全息、彩虹全息和合成全息。第 4 代是白光记录的全息术,是当前努力的方向。本实验的全息摄影是第 2 代全息图。

【实验目的】

(1)理解全息摄影技术的原理。
(2)掌握拍摄静物全息图的方法。
(3)了解全息术的应用。

【实验原理】

全息术博得如此的声望,其奥妙何在? 其实全息术并不神秘,它完全建立在人们所熟悉的光的干涉和衍射原理的基础之上。记录全息图是光的干涉现象,再现是光的衍射现象。

众所周知,光波是信息的载体。它有两个特征,即振幅特征和位相特征。当来自物体的光波进入我们的眼睛时,我们便看到了物体的全貌——一个具有立体感的三维物体。在普通摄影技术中,照相底片上记录的只是由物体上各点散射的光波振幅信息,而丧失了位相信息。正因为丢失了这部分信息,才使相片失去了立体感。新崛起的全息术的基本原理是:一束携带被摄物体信息的光波和另一束辅助性的参考光束在记录介质(即全息干版)处线性叠加形成干涉图样。经过显影,定影后的记录介质用参考光束照射,人们便可以看到一个惊人清晰、富于立体感的物体像。

下面我们将全息术的有关问题作必要的介绍。

1)全息图的记录和再现概述

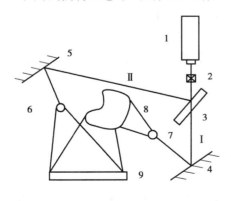

图 3.21.1　记录光略图

1—激光器;2—开关;3—分束镜;
4—平面镜;5—放射镜;6—扩束镜;
7—扩束镜;8—被摄物体;9—全息干版

记录菲涅耳全息图的光路图如图 3.21.1 所示,来自激光器 1 的激光束经光开关 2,分束镜 3 以后,被分成了两束光。由分束镜透射出的光束 I 经过平面镜 4 反射,再由扩束镜 7 扩束成球面光波后照射在被摄物体 8 上,经物体漫反射后照射在全息干版 9 上。这束光是由物体漫反射而来故称为物光;另一束光即光束 II 由分束镜 3,反射镜 5 反射,并经扩束镜 6 扩束成球面光波后直接照射到全息干版 9 上,这一束光称为参考光。物光和参考光出自同一光源并且两束光的光程差在激光的相干长度以内,因而物光和参考光是相互干涉的,在全息干版上形成较复杂的干涉图样(肉眼在一般情况下不能观察到这些图样)。

曝光后的全息干版经显影、定影处理后即称为全息图。其上记录了物光和参考光相互叠加所形成的干涉图样,干涉条纹的对比度、走向以及疏密取决于物光和参考光的振幅和位相,因而全息干版上记录的干涉条纹包含了被摄物体的振幅信息和位相信息。在高倍显微镜下观察,全息图是一幅复杂的光栅结构图样。

用于观察立体像的再现光路可以有多种方式。如果用参考光照明再现,则在全息图后可看到物体的原始像(虚像),它位于原来物体所在的位置上,与物体非常逼真。这个虚像是由 +1 级衍射光形成的。此外,还存在 0 级和-1 级衍射光。0 级衍射光为直接透射光,不携带被摄物体的信息,而-1 级衍射光形成与原始像共轭的像,简称共轭像。在一定的条件下共轭像为一实像,图 3.21.2 所示为用参考光照明全息图的再现光路。

2) 全息图的特点

全息图作为一种全新的光学元件出现在现代光学的舞台上是因为它具有以下独特的性能:

(1)全息图具有衍射成像的性能,能再现出物体的三维立体像,具有显著的视差特性。

(2)普通照相是物和像的点-点对应记录,而全息图是记录物点对应的物光波的分布,因而全息图一般说来具有可分割的特性。当它被敲碎(或被掩盖、被污染了一部分),取任一碎片仍能再现出完整的被摄物像(只是分辨率下降)。

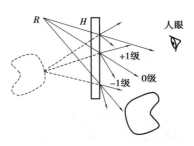

图 3.21.2　再现示意图

(3)全息图的再现像亮度可调。再现时的入射光越强,再现像就越亮。这种亮暗的调节可达 10^3 倍。

(4)一张全息干版允许进行多次曝光记录而且再现像不会发生重叠。方法是:除第一次外,在每次拍摄前稍改变全息干版的方位角(转一小角度即可),或改变参考光束的入射角度,或改变物体的空间位置。再现观察时,只要适当转动全息图就能奏效。

(5)由于激光的相干长度可以很大,因此全息图再现像的景深很大。

(6)全息图的再现像可放大或缩小(在这两种情况下再现像存在各级相差)。

3) 用于全息摄影的设备及其技术要求

全息摄影的实验装置由 4 部分组成,即全息平台、光源、光路系统和记录介质。现分别把它们的作用及技术要求简述如下。

(1)全息平台。其上放置光学机构及元件,光源也可放于其上。一般全息平台由平整度较高的大铸铁板(或钢板、大理石板)以及几个气垫或厚泡沫组成。任何全息平台必须是防震的。要获得较好的防震效果,实验台应设在底楼并远离振源。防震效果可用迈克尔逊光路系统检查,若在所需的曝光时间内干涉条纹稳定不动,即表明满足了要求。

(2)光源。记录全息图是一种记录干涉图样的过程,因此拍摄全息图必须采用相干性能极好的光源。He-Ne 激光的光学稳定性好,相干长度大,适宜作拍摄全息图的光源。小型 He-Ne 激光器(功率 1~3 mW)可用于拍摄较小的漫反射物体。若激光器的功率大些,拍摄全息图的曝光时间可相应缩短,也可拍摄较大的物体,因此功率大些效果更好,此外,氩离子激光器、红宝石激光器等也常用作拍摄全息图的光源。

(3)光路系统。要获得高质量的全息图必须采用合理而紧凑的光路。光路中各元件必须要有良好的机械稳定性。安排光路时应考虑:

①采用合理而紧凑的光路减少光能量损失和干扰。

②光路中使用的光学提升器、反射镜之类的元件不应改变线偏振激光器的偏振方向。

③任何一种振动或位移都严重影响物光和参考光的干涉效果，因此光路中的各元件要装夹牢固。

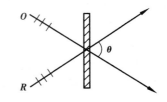

图 3.21.3　全息干涉理论示意图

（4）记录介质，亦称全息干版。制作全息图必须采用分辨率高、灵敏度高以及其他感光化学性能良好的感光材料。

全息干涉理论告诉我们，全息干涉条纹的空间频率（或间距）取决于物光 O 和参考光 R 的夹角 θ，如图 3.21.3 所示。空间频率满足如下关系

$$\eta = \frac{2 \sin \frac{\theta}{2}}{\lambda} \qquad (3.21.1)$$

式中，λ 为激光波长。干涉条纹间距 Δ 和空间频率的关系为

$$\Delta = \frac{1}{\eta} \qquad (3.21.2)$$

例如，当物光与参考光夹角 $\theta = 60°$，$\lambda = 632.8$ nm 时，那么空间频率 $\eta = 1\,582$ lines/mm，条纹间距 $\Delta = 0.632\,8 \times 10^{-3}$ mm。由此可见，全息图干涉条纹的空间频率很高，间距很小，故应当采用分辨率高的感光材料。天津全息 I 型干版，分辨率达 3 000 lines/mm（注：普通照相感光胶片的分辨率仅为 50～100 lines/mm），能满足要求。

感光材料分辨率高，乳胶里的银粒很细，将导致感光速度下降，因此全息摄影的曝光时间远超过普通照相时间，一般需要几秒甚至几十分钟。具体曝光时间由激光器功率、被摄物尺寸和反射性能决定。

此外，不同型号的全息干版感光波长范围不同。全息 I 型干版对红光（632.8 nm）感光，适于 He-Ne 激光拍摄，它对绿光不敏感，因此绿光灯可以用作暗室的安全灯。

【实验仪器】

He-Ne 的激光器（生产单位：北京大学物理系工厂）、OHT-II 激光全息实验仪（生产单位：重庆大学物理实验中心）等。

【实验内容】

1）制作（记录）全息图

按图 3.21.1 所示安排光学元件并调整好光路，同时需注意：

①从分束镜起，用软尺（或软绳）量物光路和参考光路的光程，使两光路的光程差尽可能小。

②物光与参考光在全息干版处的夹角合适（30°～90°），最好物体正对全息干版，参考光与干版成 45°，这样安置有利于今后观察。

③物光与参考光的强度比例要适当。

a. 由激光器功率，物体的尺寸和表面反射率确定曝光时间并把曝光定时器的时间旋钮置于相应的位置上。

b. 关闭室内照明灯，在暗室条件下把全息干版夹持在干版架上，注意乳胶面向着物体。

c. 杜绝噪声，保持暗室里空气的稳定，待一两分钟后按动曝光定时器按钮（注意手不得触动平台）。

d. 将曝光后的全息干版取下并放入已稀释的 D-19 显影液里,待干版有一定的黑度后取出,用清水冲洗(最好进停显液)后再放入定影液内定影,6 min 后取出并用清水冲洗 15 min(最好定影后再作漂白处理),最后取出干版吹干后就得到一张全息图。

2) 观察(再现)全息图

(1)把吹干后的全息图按原来的方向夹持在干版架上,挡掉物光束,适当调整观察方向就可以看到被摄物的三维立体虚像并仔细观察立体像的视差现象。

(2)用黑纸把全息图挡掉一部分(相当于把全息图打碎后再观察)再观察被摄物的虚像。

(3)用激光细光束再现并用白屏接收被摄物的实像。

(4)打开室内照明灯(白炽灯),观察全息图的色散现象。

【思考题】

(1)在记录全息图前为什么要求物光和参考光的光程差尽量小?

(2)没有单色再现光源时,你如何检验你手中的全息干版记录了信息? 为什么?

(3)为什么被打碎的全息图仍然能再现被摄物的立体像?

(4)如何观察全息图的共轭实像?

(5)用不同于记录时的单色光再现时,再现像有什么变化?

(6)如何检验实验平台的防震和隔震性能?

【附】

全息记录和再现的数学描述

$O(x,y)$ 为物体漫反射的单色光波在干版平面 xy 上的复振幅分布,称物光波。$R(x,y)$ 为同一波长的参考光波在干版平面 xy 上的复振幅分布,称参考光波。物光波和参考光波叠加以后在干版平面 xy 上的光强分布 $I(x,y)$ 为:

$$I(x,y) = |O(x,y)+R(x,y)|^2$$
$$= |O(x,y)|^2 + |R(x,y)|^2 + O(x,y)R^*(x,y) + O^*(x,y)R(x,y) \qquad (3.21.3)$$

若全息干版的曝光和冲洗都控制使其振幅透过率 $t(x,y)$ 随曝光量线性变化,则全息干版的振幅透过率 $t(x,y)$ 与光强 $I(x,y)$ 成线性关系,可表示为:

$$t(x,y) = \alpha + \beta I(x,y) \qquad (3.21.4)$$

再现时,用一单色光将全息图照明,$P(x,y)$ 为再现时一单色光波在干版平面 xy 上的复振幅分布,称再现光波,则经过全息图后的复振幅分布为:

$$P(x,y)t(x,y) = \alpha P(x,y) + \beta P(x,y)\left[|O(x,y)|^2 + |R(x,y)|^2\right] +$$
$$\beta P(x,y)O(x,y)R^*(x,y) + \beta P(x,y)O^*(x,y)R(x,y) \qquad (3.21.5)$$

式(3.21.5)中,第一、二项都具有再现光的位相特性,因此这两项衍射光的方向与再现光相同,称为 0 级衍射光;第三项中,若再现光 $P(x,y)$ 和参考光 $R(x,y)$ 相同,这一项就具有与原物光波相同的复振幅分布,即这一项衍射波与物光波相同,称为+1 级衍射光。如果用眼睛接收这样的光波,就会看见原来的"物"相同的再现像(只是亮度变暗),它是一虚像,称原始像;第四项若再现光 $P(x,y)$ 和参考光 $R^*(x,y)$ 相同,这一项就具有与原物共轭光波相同的复振幅分布,它不在原来的方向上而是有所偏移,这一项衍射波称为−1 级衍射光,所成的像称为共轭像。

第 **4** 章
几何光学综合设计实验

几何光学是以光的直线传播定律、光的反射定律和折射定律三个实验定律为基础建立起来的,只是对真实情况的近似处理方法。尽管如此,按这种方法解决的有关光学系统的成像、设计和计算等光学技术问题,在大多数场合下都与实际情况相符,所以几何光学有很大的实用意义,是各种光学仪器设计的理论依据。

实验 4.1　目镜焦距测量

目镜是组成光学望远镜和光学显微镜最基本的元件,它一般由短焦距的透镜制成,而透镜的焦距又是反映透镜特性的基本参数,对于正确选用光学仪器是必不可少的。

【实验目的】

(1)掌握牛顿成像公式。
(2)掌握用测量横向放大率来求目镜焦距 f_e 的原理及方法。

【实验原理】

测量透镜焦距的方法有自准直法、物距-像距法和二次成像法等。自准直法是光学实验中常用的方法,具有简单迅速、能直接测得透镜焦距的特点;在光学信息处理中,多使用相干的平行光束,而自准直法作为检测平行光的手段之一,仍不失为一种重要的方法。测量会聚透镜焦距的一般方法是物距-像距法,但此种方法需要测量透镜光心的位置,精度不高。二次成像法测量焦距是通过两次成像,测量出相关数据,代入公式计算出透镜焦距,这种方法的优点在于避开了因透镜光心位置不确定而带来的误差。下面介绍用测量横向放大率来求目镜焦距 f_e 的原理及方法。

如图 4.1.1 所示,测量焦距时,常用到牛顿公式:

$$x \cdot x' = f \cdot f' \tag{4.1.1}$$

其中,f、f' 分别是物方焦距和像方焦距,x、x' 分别是物体和物方焦点之间的距离、像和像方焦点之间的距离。

106

若物空间和像空间的光学介质相同,则

$$x \cdot x' = f^2 \tag{4.1.2}$$

若物体高度为 y,像高为 y',则横向放大率 β 为:

$$\beta = \frac{y'}{y} = \frac{f}{x} = \frac{x'}{f'} \tag{4.1.3}$$

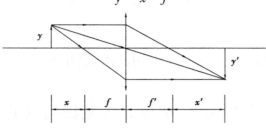

图 4.1.1　透镜成像光路

物体在两个不同位置处经过同一透镜后成像,两次成像过程对应的像和像方焦点之间的距离分别是 x_1' 和 x_2',像距分别是 v_1 和 v_2,横向放大率分别是 β_1、β_2,则由式(4.1.3)得

$$\beta_1 - \beta_2 = \frac{x_1' - x_2'}{f'} \tag{4.1.4}$$

透镜的焦距为

$$f' = \frac{x_1' - x_2'}{\beta_1 - \beta_2} \tag{4.1.5}$$

由于是经过同一透镜成像,因此

$$x_1' - x_2' = v_1 - v_2$$

将上式代入式(4.1.5),透镜的焦距也可表示为

$$f' = \frac{v_1 - v_2}{\beta_1 - \beta_2} \tag{4.1.6}$$

根据式(4.1.6),只需要测出两次成像时的像距、像高及对应的横向放大率,就可测量出透镜的焦距。这种方法需要的是像距的差值,具备和二次成像法相同的优点:避开了因透镜光心和接收屏位置不确定带来的误差。

【实验仪器】

照明光源、毛玻璃、分辨率板、测微目镜、待测目镜、滑块、干版夹和光具座等。

【实验内容】

(1)调节光具座上各元件共轴等高。

在光具座上安置好分辨率板(物体)、待测目镜 Le 和测微目镜 L,打开照明光源 S(带毛玻璃),粗调系统的"共轴等高"。

(2)在分辨率板、待测目镜 Le、测微目镜 L 的滑块距离很小的情况下,前后移动目镜 Le,直至在测微目镜 L 中看到清晰的 1/10 mm 的刻线,并使之与测微目镜中的标尺(mm 刻线)无视差。

(3)测出 1/10 mm 刻线的宽度,求出其横向放大倍率 β_1,并分别记下 L 和 Le 的滑块位置

a_1、b_1,则像距 $v_1 = |a_1 - b_1|$。

（4）把测微目镜 L 向后移动 30~40 mm,再慢慢向前移动 Le,直至在测微目镜 L 中又看到清晰且与毫米标尺刻线无视差的 1/10 mm 的刻线像。

（5）再测出像宽,求出 β_2,记下 L 和 Le 的位置 a_2、b_2,则像距 $v_2 = |a_2 - b_2|$。

（6）计算像距的差值,并将横向放大倍率 β_1 和 β_2 一起代入式(4.1.6)得到目镜的焦距。

【思考题】

实验装置不变,而物体的宽度未知,如何测量目镜的焦距?

实验 4.2　光学系统景深的测量

理论上,理想光学系统中只有空间与像平面共轭的平面上的物点才能真正成像在像平面上,其他非共轭平面上的物点在该像平面上只能为一个弥散斑。但当弥散斑足够小,小于接收仪器的分辨率,仍可认为该点是清晰的。若当入射光瞳一定时,在像平面上能清晰成像的物空间的深度范围称为光学系统的景深。

【实验目的】

（1）理解光学系统景深与孔径光阑的关系。

（2）掌握测量景深的方法。

【实验原理】

如图 4.2.1 所示,位于物空间的物点 B_1、B_2 分别在距离入瞳不同的距离处,P 为入射光瞳（简称"入瞳"）的中心,P' 为出射光瞳（简称"出瞳"）的中心,A' 为像平面,称为景像平面,在物空间与景像平面共轭的平面 A 称为对准平面。当入射光瞳直径为定值时,由对准平面前后的空间物点 B_1、B_2 发出的充满整个入瞳的光束,将与对准平面相交为弥散斑 Z_1 和 Z_2,它们在景像平面的共轭像为弥散斑 Z_1' 和 Z_2',显然像平面弥散斑的大小与光学系统入射光瞳的大小和空间点距对准平面的距离有关。如果弥散斑足够小,例如对眼睛的张角小于人眼的最小分辨角（约为 1′）,那么人眼看起来就没有不清楚的感觉,这时弥散斑可认为是空间点在平面上所成的像。

任何光能接收器都是不完善的,并不要求像平面上的像点为一几何点,而要求根据接收器的特性,规定一个允许的数值。入射光瞳的大小一定,便可确定成像空间的深度,在此深度范围内的物体对一定的接收器可得清晰图像。在像平面上所获得的成清晰像的物空间深度称为成像空间的景深,简称景深。能成清晰像的最远的平面称为远景平面;能成清晰像的最近的平面称为近景平面。它们距对准平面的距离 Δ_1、Δ_2 分别称远景深度和近景深度。显然,景深 Δ 是远景深度 Δ_1 和近景深度 Δ_2 之和,即 $\Delta = \Delta_1 + \Delta_2$。远景平面、对准平面和近景平面到入射光瞳的距离分别用 p_1、p 和 p_2 表示。在像空间对应的共轭面到出射光瞳的距离分别用 p_1'、p' 和 p_2' 表示。设入射光瞳直径和出射光瞳直径分别为 $2a$ 和 $2a'$,对准平面与景像平面上弥散斑的直径分别为 z_1、z_2 和 z_1'、z_2'。

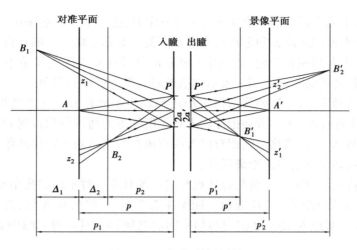

图 4.2.1　光学系统的景深

由于是在同一平面成像,景像平面上的弥散斑线度 z_1'、z_2' 要求是一致的,并且对准平面和景像平面是物像共轭关系,有

$$z = z_1 = z_2 \tag{4.2.1}$$

$$z' = z_1' = z_2' = \beta z \tag{4.2.2}$$

其中,z' 为景像平面弥散斑直径的允许值,z 为对准平面的弥散斑直径允许值,β 为景像平面和对准平面的横向放大率。

从图 4.2.1 中相似三角形的关系可得

$$\frac{z}{2a} = \frac{p_1 - p}{p_1} = \frac{p - p_2}{p_2} \tag{4.2.3}$$

由此可得近景和远景到入瞳的距离 p_1 和 p_2 为

$$\begin{cases} p_1 = \dfrac{2ap}{2a - z} \\[3mm] p_2 = \dfrac{2ap}{2a + z} \end{cases} \tag{4.2.4}$$

将式(4.2.1)和式(4.2.2)代入式(4.2.4),有

$$\begin{cases} p_1 = \dfrac{2ap\beta}{2a\beta - z'} \\[3mm] p_2 = \dfrac{2ap\beta}{2a\beta + z'} \end{cases} \tag{4.2.5}$$

则远景深度 Δ_1 和近景深度 Δ_2 分别为

$$\begin{cases} \Delta_1 = p_1 - p = \dfrac{pz'}{2a\beta - z'} \\[3mm] \Delta_2 = p - p_2 = \dfrac{pz'}{2a\beta + z'} \end{cases} \tag{4.2.6}$$

由上式可知,光学系统的远景深度 Δ_1 比近景深度 Δ_2 大。

光学系统的景深为

$$\Delta = \Delta_1 + \Delta_2 = \frac{4ap\beta z'}{4a^2\beta^2 - z'^2} \tag{4.2.7}$$

可见,当景像平面上的弥散斑直径允许值 z' 确定时,光学系统的景深除与入射光瞳直径 a 有关外,还与对准平面的距离 p 和垂直放大率 β 有关。而弥散斑直径的允许值决定光学系统的用途。例如,一个普通照相物镜,若照片上各点的弥散斑对人眼的张角小于人眼极限分辨角则可认为图像是清晰的。通常用 ε 表示弥散斑对人眼的极限分辨角。

在极限分辨角确定后,允许的弥散斑大小还与观测距离有关。日常经验表明,当用一只眼睛观察空间的平面像时,观察者会把像面上自己所熟悉的物体的像投射到空间去以产生空间感。但获得空间感觉时,诸物点间相对位置的正确性与眼睛观察物体的距离有关。为了获得正确的空间感觉必须以适当的距离观察。

应使像上的各点对眼睛的张角与直接观察空间各对应点对眼睛的张角相等,符合这一条件的距离叫作正确透视距离,用 D 表示。如图 4.2.2 所示,眼睛在 R 处,为了得到正确的透视,景像平面上像 y' 对点 R 的张角 ω' 应与物空间的共轭物 y 对入射光瞳中心 P 的张角 ω 相等,即

$$\tan \omega = \frac{y}{p} = \tan \omega' = \frac{y'}{D} \tag{4.2.8}$$

则正确透视距离 D 为

$$D = \frac{y'}{y}p = \beta p \tag{4.2.9}$$

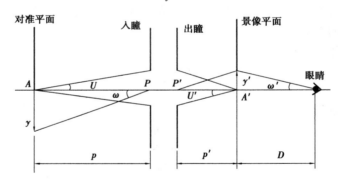

图 4.2.2　正确透视图

结合式(4.2.9)和式(4.2.2),则景像平面弥散斑直径的允许值 z' 为

$$z' = z_1' = z_2' = D\varepsilon = \beta p \varepsilon \tag{4.2.10}$$

对应对准平面的弥散斑直径允许值 z 为

$$z = z_1 = z_2 = \frac{z'}{\beta} = p\varepsilon \tag{4.2.11}$$

即相当于眼睛从入瞳中心来观察对准平面时,弥散斑的直径 z_1 和 z_2 对眼睛的张角也不应超过眼睛的极限分辨角 ε。

将式(4.2.10)代入式(4.2.6),可得到光学系统的远景深度 Δ_1 和近景深度 Δ_2 为

$$\begin{cases} \Delta_1 = p_1 - p = \dfrac{p^2 \varepsilon}{2a - p\varepsilon} \\ \Delta_2 = p - p_2 = \dfrac{p^2 \varepsilon}{2a + p\varepsilon} \end{cases} \tag{4.2.12}$$

将式(4.2.10)代入式(4.2.7),可得到光学系统的景深 Δ 为

$$\Delta = \Delta_1 + \Delta_2 = \frac{4ap^2\varepsilon}{4a^2 - p^2\varepsilon^2} \tag{4.2.13}$$

若用孔径角 U 取代入瞳直径 a，由图 4.2.2 可知它们之间有如下关系

$$2a = 2p\tan U \tag{4.2.14}$$

将式（4.2.13）代入式（4.2.14），得光学系统的景深 Δ 为

$$\Delta = \frac{4p\varepsilon\tan U}{4\tan^2 U - \varepsilon^2} \tag{4.2.15}$$

由上式可知，入射光瞳的直径 $2a$ 越小，即孔径角越小，景深越大。因此在拍照时，把光圈缩小可以获得较大的空间深度的清晰像。

【实验仪器】

可变光阑、分划板、透镜组、毛玻璃、目标物、照明光源、二维平移台、光具座和滑块若干等。

【实验内容】

（1）调节光具座上各元件共轴等高。在光具座上依次安置好照明光源、毛玻璃、目标物、可变光阑、透镜组及分划板，打开照明光源，用共轭法调节系统的"共轴等高"，其中目标物放在二维平移台上。

（2）将可变光阑贴近透镜组并将光阑调至最大。

（3）调整分划板至清晰成像。

（4）转动二维平移台上的千分丝杆使目标物位置前后发生改变直至成像刚好模糊，并分别记录前后移动至成像模糊位置处，记录成像模糊的对应的两个位置 a_1、a_2，测量过程中注意排除回程差。

（5）缩小光阑，再次重复步骤（4），并再次记录此时成像模糊的位置 b_1、b_2。

（6）计算两次的景深。$A = a_1 - a_2$，$B = b_1 - b_2$。

（7）多次改变光阑大小，记录不同光圈大小时的景深并分析孔径光阑与景深的关系。

【思考题】

（1）根据式（4.2.7），试分析透镜焦距的大小与景深的关系。

（2）根据式（4.2.7），试分析拍摄距离的远近与景深的关系。

实验 4.3　透镜组参数的测量与研究

透镜是组成光学仪器的最基本的元件，它由透明材料（如玻璃、塑料、水晶等）制成。由于单透镜成像存在像差，成像质量明显下降，因此在光学系统中很少使用单透镜，一般采用多个透镜组成的透镜组。不同的光学系统根据不同的使用目的，需要选择不同参数的透镜和透镜组。所以，掌握透镜和透镜组参数的测量以及光路的调整技术对设计一个简单的光学系统和了解它的工作原理至关重要。

【实验目的】

（1）了解共轴球面系统基点及其性质,学会调节光学系统的共轴。

（2）测定透镜组的基点。

（3）验证单个薄透镜与透镜组基点间的关系,并证明成像公式的一致性。

【实验原理】

光线通过透镜折射后可以成像。大多数实际的光学系统至少有两个折射面（如透镜）。如果所有折射面的球心中心都在一条直线上,则这组球面称为共轴球面系统,而该直线称为系统的主光轴。对于任何共轴的光具组,比如,单个折射面、单个透镜、多个透镜构成的复杂组合,只要把它看成理想光具组,物像关系完全可以由几对特殊的点和面决定,这就是共轴理想光具组的基点和基面。每个厚透镜及共轴球面透镜组都有 6 个基点,即两个焦点 F、F';两个主点 H、H';两个节点 N、N'。

1）主点和主面

若将物体垂直于系统的光轴,放置在第一主点 H 处,则必成一个与物体同样大小的正立的像于第二主点 H' 处,即主点是横向放大率 $\beta = +1$ 的一对共轭点。过主点垂直于光轴的平面,分别称为第一和第二主面,如图 4.3.1 中的 MH 和 $M'H'$。

2）节点和节面

节点是角放大率 $\gamma = +1$ 的一对共轭点。入射光线（或其延长线）通过第一节点 N 时,出射光线（或其延长线）必通过第二节点 N',并于 N 的入射光线平行,如图 4.3.1 所示。过节点垂直于主光轴的平面分别称为第一和第二节面。当共轴球面系统处于同一媒质时,两主点分别与两节点重合。

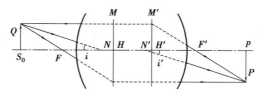

图 4.3.1　透镜组光路示意图

3）焦点、焦面

平行于系统主轴的平行光束,经系统折射后与主轴的交点 F' 称为像方焦点;过 F' 垂直于主轴的平面称为像方焦面。第二主点 H' 到像方焦点 F' 的距离,称为系统的第二（像）焦距 f'。此外,还有第一（物方）焦点 F 及焦面和焦距 f。

根据几何光学理论,在物空间和像空间折射率相等的球面系统内,第一焦距与第二焦距的绝对值相等;垂直放大率和角放大率相等,其节点和主点重合,这时主点兼有节点的性质,整个透镜组的基点就由 6 个减为 4 个。实际使用透镜时,多数场合是透镜组两边都是空气,即物空间和像空间的介质相同,本实验也是如此。

显然薄透镜的两主点与透镜光心重合,而共轴球面系统两主点的位置将随各组合透镜或折射面的焦距和系统的空间特性而有所不同。现以本实验所用两个薄透镜的组合为例进行讨论。设两透镜光心间距为 d,其第二焦距分别为 f'_1、f'_2,根据光学理论推导结果,透镜组的第

一、二焦距 f、f' 分别为

$$f' = \frac{f_1'f_2'}{(f_1'+f_2')-d} \qquad f=-f' \qquad\qquad (4.3.1)$$

两主点的位置公式为

$$l' = \frac{-df_2'}{(f_1'+f_2')-d} \qquad\qquad (4.3.2)$$

$$l = \frac{df_1'}{(f_1'+f_2')-d} \qquad\qquad (4.3.3)$$

其中,l' 上从第二透镜光心量起,l 从第一透镜光心量起。

从式(4.3.1)、式(4.3.2)、式(4.3.3)可以看出,当 $d<(f_1'+f_2')$ 时,l、f' 为正,而 l'、f 为负,两焦点在两主点之外,如 4.3.2 图(a)所示。当 $d>(f_1'+f_2')$ 时,l、f' 为负,而 l'、f 为正,两焦点在两主点之内,如 4.3.2 图(b)所示。由此可见,$[(f_1'+f_2')-d]$ 是一个很特殊的量,是主点、焦点位置的判断条件,称为光学间隔。利用节点和主点重合及系统绕节点做不大的转动时平行光所成的像不发生横向移动的特点,可以确定系统的节点和主点,根据焦点和焦平面的定义可以确定系统的焦点和焦平面,从而定出系统的焦距,验证成像公式。

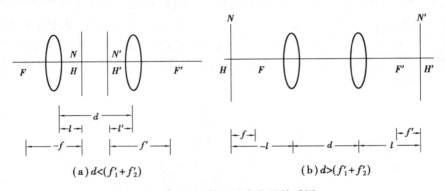

（a）$d<(f_1'+f_2')$　　　　　　　　　　　　（b）$d>(f_1'+f_2')$

图 4.3.2　透镜组基点位置关系图

4）用测节仪测透镜组的基点

测节仪是一个装有导轨（或有滑槽）的平台,如图 4.3.3 所示。AB 为平台,它可绕铅直轴 CD 转动。被测透镜组可固定在导轨的任何位置。当平行光通过透镜组后成像于白屏 P 的 F 处,调节透镜组在 AB 上的位置（即改变它与 CD 轴的距离）,并轻微转动调节架 AB,直到白屏 P 上的像点位置不因 AB 的转动而变化（即像点无横向移动）时,转轴 CD 与光轴的交点即为第二节点 N'。将光具组左右倒置,同样的方法可测出第一节点 N,因透镜组两旁均为空气介质,节点与主点重合,所以两节点也是它的主点 H'、H。

5）用焦距仪测定透镜组的基点

焦距仪的主要部件是一个焦距较长的平行光管。如 CPG-550 型平行光管,其焦距长为 550 mm。以分划板 AB 为物,经过调整将分划板准确固定在物镜的前焦面上。用小灯泡及毛玻璃把分划板照亮,平行光管即能产生多种方向的平行光。分划板上有几对距离不同的刻线,每对刻线都对称于光轴,其间距和平行光管的焦距均已知,这样对应的平行光与光轴的夹角以及两束平行光之间的夹角即可确定。

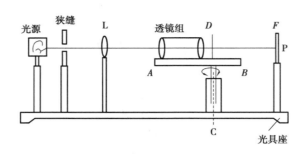

图 4.3.3　测距仪测透镜组的焦点

将被测透镜组沿平行光管的光轴放置,平行光将在透镜组后焦平面会聚成像为 $A''B''$。根据基点的性质,可以得出透镜组的焦距

$$f' = \frac{A''B''}{AB} f_0 \qquad (4.3.4)$$

式中,f_0 和 AB 已知,只要测得 $A''B''$ 即可算出 f',测出焦点 F' 的位置并可确定主点 H'、N' 的位置。把入射方向颠倒,同理可测出 F、H、N 的位置。

本实验以两个薄透镜组合为例,主要讨论如何测定透镜组的节点(主点)。

如图 4.3.4 所示,设 L 为已知透镜焦距等于$-f_0$ 的凸透镜,L.S. 为待测透镜组,其主点(节点)为 H、H'(N、N'),像焦点为 F'。当 AB(高度已知)放在 L 的前焦点处时,经过 L 以及 L.S. 将成像 $A'B'$ 于 L.S. 的后焦面上。因为 $AO // A'N'$,$AB // A'B'$,$OB // N'B'$,所以 $\triangle AOB \backsim \triangle A'N'B'$,即 $AB \cdot (-f_0) = A'B' \cdot f'$

由此可得

$$f' = -f_0 \frac{A'B'}{AB} \qquad (4.3.5)$$

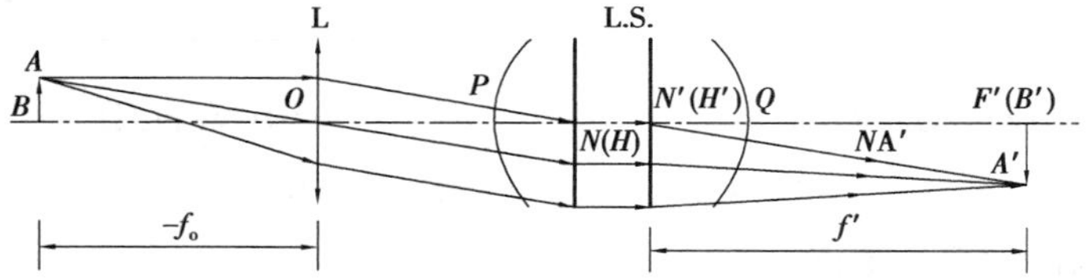

图 4.3.4　测量基点光路图

根据式(4.3.5)可以通过测量 $A'B'$ 的大小,从而得到 f' 的数值。由于是平行光入射到透镜组上,所以像 $A'B'$ 的位置就是 F' 的位置。既然 F' 的位置已经确定,而 $N'F' = f'$,因此 N' 的位置也就确定了。把 L.S. 的入射方向和出射方向互相颠倒,即可测定 F 和 N 的位置。本实验节点和主点重合,所以 H 和 H' 的位置也得以确定。

【实验仪器】

白光 LED、干板架、目标板、标准透镜($\Phi 40.0$, $f80.0$)和透镜组(含两 $\Phi 40$ 透镜:固定透镜 $f200$ 和活动透镜 $f350$)、固定套、反射镜、二维调节透镜/反射镜支架、分划板、测节仪、焦距仪、毛玻璃、光具座等。

【实验内容】

(1)按照图 4.3.5 安置各器件,调整各光学元件共轴等高。

114

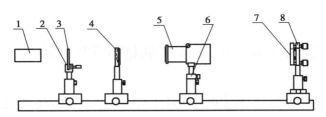

1—白光 LED;2—干板架;3—毛玻璃和目标板;4—标准透镜($\Phi40.0$, $f80.0$);

5—透镜组(含两块 $\Phi40$ 透镜,$f200$ 和 $f350$);6—固定套;7—反射镜;8—二维调节透镜/反射镜支架

图 4.3.5　透镜基点测量实验系统装置图

(2)借助反射镜调节目标板(目标板图案为正方形,边长 10 mm)与标准透镜(透镜物方焦距为$-f_0$)之间的距离,用自准直法使目标板(物方图案宽度为 h_1)位于标准透镜的前焦面。

(3)安装透镜组,并用分划板接收透镜组所成实像,测量像高 h_2,根据公式可计算像方焦距,结合透镜组上的数据确定像方主点、节点、焦点的位置。

(4)将透镜组旋转180°,重复第(3)步,确定物方焦距和主点、节点、焦点的位置。

注意:透镜组上的读数分别表示固定透镜光心和活动透镜光心与支杆固定处的距离。

(5)改变节点器透镜之间的距离,再重复步骤(2)、(3)、(4)确定透镜组 6 个基点和基面的位置。

(6)计算透镜组主点距离透镜光心的距离 f、l' 和 l,并与由式(4.3.1)、式(4.3.2)和式(4.3.3)计算出的理论值进行比较,计算百分误差。

(7)选做实验:用测节仪测透镜组的基点。

调节光具座上的各个光学元件实现共轴等高,并且用平行光照射透镜组。分别测出透镜组在 $d\approx0$,$d<f_1'+f_2'$,$d>f_1'+f_2'$ 三种情况下的基点。

①将两薄透镜紧密靠拢置于测节仪的导轨 AB 上,并使转轴 CD 在两透镜之间,移动白屏 P,使屏上成一清晰像,然后使 AB 绕 CD 轴作一小角度转动,此时屏上的像可能发生横向移动,再适当改变透镜组相对于转轴 CD 的位置,直到轻微转动 AB,像在屏上的位置固定不动为止,这时 CD 必通过透镜组第二节点 N'(即主点 M'),且垂直与透镜组的光轴,即位于第二主平面内,屏的位置为第二焦平面,记下 CD 和 P 的位置,其间距离即为第二焦距 f',重复 3 次取平均值。

②将两透镜位置对调,重复以上步骤,测出另一主点、焦点和焦距,测 3 次取平均值。

③按以上步骤分别测出 $d<f_1'+f_2'$,$d>f_1'+f_2'$ 两种情况透镜组的基点。

④用 1:1 的比例尺绘图表示以上 3 种组合的透镜组的基点图。

⑤验证成像公式:将狭缝光源放在透镜组第一主平面外,移动白屏,使其上呈清晰的像,分别量出物距、像距,代入高斯成像公式即可。

⑥验证式(4.3.1)、式(4.3.2)和式(4.3.3)。计算出 3 种不同组合时的主点、焦点位置,并画图与实验结果进行比较。

【思考题】

(1)透镜组的焦点位置与 f_1'、f_2' 和 d 的关系如何?什么情况下焦点位于透镜组的中间?

(2)用测节仪转动透镜组时,像的相对移动方向与节点位置和转轴有何关系?

(3)如何测量发散透镜组的基点?

实验4.4　望远系统的搭建和参数测量

显微镜和望远镜是近代科学技术的两项伟大发明,它们将人类的视觉延伸到了更加宽阔的微观和宏观世界,具有划时代的意义。显微镜和望远镜是常用的助视光学仪器,具有广泛的应用领域。它们的构成看似简单,却蕴涵着极其丰富的理论知识。了解它们的构造原理并自己动手设计、组装显微镜和望远镜,不仅有助于加深理解透镜成像规律,也有助于调整和使用其他光学仪器。本实验使学生更加了解望远镜原理,通过自主搭建望远镜,测量相关参数。

【实验目的】

(1)了解望远镜的构造及原理。
(2)学习测定望远镜放大倍数的方法。
(3)理解分辨本领的含义。

【实验原理】

望远镜是一种帮助人们看清远处物体以便观察、瞄准与测量的助视仪器。

1)望远镜的基本结构

普通望远镜由物镜 L_o 和目镜 L_e 组成。物镜是一块直径大、焦距长的凸透镜,目镜是一块直径小、焦距短的透镜。其基本光学系统如图4.4.1所示。远处物体经物镜后在物镜像方焦平面上成一倒立缩小的实像,再经目镜将此实像放大成像于无穷远处,使其视角增大。为便于对远处物体进行观测,望远镜物镜的焦距一般较长而目镜的焦距较短。这样,远处的景物在望远镜里看来就仿佛近在眼前一样。

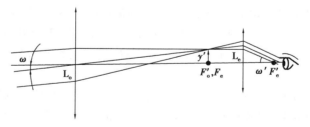

图4.4.1　开普勒望远镜的基本光学系统

常见的望远镜可简单分为伽利略望远镜、开普勒望远镜等。伽利略望远镜由一个凹透镜(目镜)和一个凸透镜(物镜)构成。其优点是结构简单,能直接成正像。但自从开普勒望远镜发明后,伽利略望远镜结构已不被专业级的望远镜采用,而多被玩具级的望远镜采用,所以又被称作"观剧镜";开普勒望远镜由两个凸透镜构成,由于两者之间有一个实像,可方便地安装分划板,并且性能优良,所以目前军用望远镜、小型天文望远镜等专业级的望远镜都采用此种结构。但开普勒望远镜结构成像是倒立的,所以需要在中间增加正像系统。

2)望远镜的视放大率 $M_{理论}$

望远镜的视放大率 M 定义为:目视光学仪器所成的像对人眼的张角 ω' 的正切与直接用眼睛观察时物体的像对人眼的张角 ω 的正切之比,即

$$M_{理论} = \tan\omega'/\tan\omega \tag{4.4.1}$$

3）观测远处物体时望远镜的视放大率 $M_{理论}$

远处射来光线（视为平行光），经过物镜后，会聚在它的后焦点外离焦点很近的地方，成一倒立、缩小的实像。目镜的前焦点和物镜的后焦点是重合的。所以物镜的像作为目镜的物体，从目镜可看到远处物体的倒立虚像，由于增大了视角，故提高了分辨能力。

如图 4.4.1 所示，当物体 y 位于无穷远处时，物直接对人眼的张角等于物对望远镜的张角 ω，根据几何光路可知 $\tan\omega = y'/f'_o$，$\tan\omega' = y'/f_e = y'/f'_e$，则望远镜的视放大率

$$M_{理论} = \frac{\tan\omega'}{\tan\omega} = \frac{y'/f_e}{y'/f'_o} = \frac{f'_o}{f'_e} \tag{4.4.2}$$

由式（4.4.2）可知，物镜的焦距越长，目镜的焦距越短，望远镜的放大率就越大。

4）观测近处物体时望远镜的视放大率 $M_{理论}$

如图 4.4.2 所示，当物体位于有限远时，望远镜的视放大率可以通过移动物镜，把像 y'' 推远到与物体 y 在同一平面上来测量。

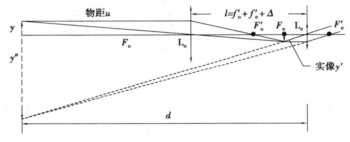

图 4.4.2　开普勒望远镜成像光路图

由望远镜的视放大率定义可知

$$M_{理论} = \frac{\tan\omega'}{\tan\omega} = \frac{y''/(d+f'_e)}{y/(d+f'_e)} = \frac{y'/f'_e}{y/(d+f'_e)} = \frac{y'}{y}\frac{(d+f'_e)}{f'_e}$$

由凸透镜成像公式可知，图 4.4.2 中 $\dfrac{1}{u} + \dfrac{1}{v} = \dfrac{1}{f'_o}$，$1 + \dfrac{u}{v} = \dfrac{u}{f'_o}$，$\dfrac{u}{v} = \dfrac{u-f'_o}{f'_o}$，$\dfrac{y'}{y} = \dfrac{v}{u}$，$\dfrac{y'}{y} = \dfrac{f'_o}{u-f'_o}$，则

$$M_{理论} = \frac{f'_o}{f'_e}\frac{(d+f'_e)}{(u-f'_o)} \tag{4.4.3}$$

式中，d 是远处物体到目镜的距离。

5）望远镜的视放大率 $M_{实测}$

如图 4.4.2 所示，望远镜的被观察物位于有限远时，$\tan\omega' = y''/d$，$\tan\omega = y/d$，则望远镜的视放大率

$$M_{实测} = \frac{\tan\omega'}{\tan\omega} = \frac{y''/d}{y/d} = \frac{y''}{y} \tag{4.4.4}$$

6）望远镜的分辨本领

望远镜的分辨本领用它的最小分辨角 δ_θ 来表示。由光的衍射理论可知

$$\delta_\theta(理论) = 1.22\frac{\lambda}{D} \tag{4.4.5}$$

式中，λ 为照明光波的波长，D 为望远镜物镜的孔径，角度 δ_θ 的单位是弧度（若波长取绿

光波长 555 nm,则 $\delta_\theta = 140''/D$,其中 D 的单位是 m),即两个物体如果对望远镜的张角小于 δ_θ(理论)值,则望远镜将无法分辨它们是两个物体(两个物体重叠成一个像)。

【实验仪器】

标尺、干板架、物镜($\Phi40.0$,$f150.0$;$\Phi40.0$,$f200.0$)、目镜($\Phi20.0$,$f30.0$;$\Phi20.0$,$f\text{-}30.0$)、导轨、滑块、支杆、调节支座等。

【实验内容】

(1)按照图 4.4.3 组装成开普勒望远镜(物镜选择 $f150$,目镜选择 $f30$),调整光学元件共轴等高。

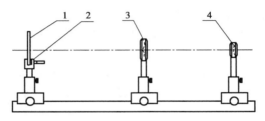

1—标尺;2—干板架;3—物镜;4—目镜

图 4.4.3　望远镜实验系统装置图

(2)将标尺安放在距离望远镜物镜大于 1 m 处,眼睛紧贴目镜,用一只眼睛从望远镜外直接观察标尺,同时用另外一只眼睛通过望远镜的目镜看标尺的像,并对准标尺上某段区间,长度为 y(1 cm)。一边轻轻上下晃动眼睛,一边慢慢移动物镜位置,使得从目镜中能看到清晰的标尺的像。经适应性练习,标尺与其像之间基本没有了视差,获得被望远镜放大的和直观的标尺的叠加像。

(3)测出标尺上观察区间的长度 y'',计算其测量视放大率 $M_{\text{实测}} = y''/y$。

(4)量出望远镜的目镜、物镜和物体的位置,按照式(4.4.3)计算其理论视放大率,并与实测的视放大率进行比较,计算百分误差。

(5)用物镜($f150$)和目镜($f\text{-}30$)搭建伽利略望远镜,重复步骤(2)、(3)。

(6)比较开普勒望远镜和伽利略望远镜的差别。

(7)由波长和物镜孔径,根据式(4.4.5)计算望远镜的最小分辨角 δ_θ。

【思考题】

(1)伽利略望远镜和开普勒望远镜在结构、观察现象和用途上的差别是什么?

(2)入瞳和出瞳指的是什么? 望远镜是助视仪器,人眼的瞳孔直径为 2~8 mm,对望远镜的设计有什么影响吗?

(3)望远镜的放大率是如何定义的?

(4)望远镜放大倍数与视场角的关系是什么?

(5)在光具座上为何要对光学元件进行共轴等高调节? 若光学元件不共轴等高,会出现何种状态?

实验 4.5　显微镜搭建与光学系统分辨率检测

显微镜和望远镜都是人眼的辅助工具。显微镜主要用于观测近处微小的物体,望远镜主要用于观测远处模糊的物体,它们的作用都是将被观测物体的视角加以放大。在构造上,两者的光学系统比较相似,都由物镜和目镜组成。两者的不同点除用途不同外,最根本的是放大率不同,常用光学显微镜的视放大率可以达到近千倍,而普通望远镜的放大率一般为几倍至几十倍。本实验使学生更了解显微镜的原理,通过自主搭建显微镜,测量相关参数。

【实验目的】

(1)学习显微镜的原理及使用显微镜观察微小物体的方法。
(2)学习测定显微镜放大倍数的方法。
(3)测量显微镜的分辨本领。

【基本原理】

显微镜和放大镜都是用来帮助人眼观察近处的微小物体,提高人眼分辨物体细节的本领。显微镜与放大镜的区别是:显微镜是二级放大系统。

1)显微镜的基本结构

显微镜由两个凸透镜构成,一个作物镜 L_o、一个作目镜 L_e。其基本光学系统如图 4.5.1 所示。位于物镜物方焦点外的微小物体 y 经物镜后成一放大倒立的实像 y',再经目镜放大成虚像于无穷远处,两次放大都使得视角增大。为了适合观测近处微小物体,显微镜物镜的焦距很短,而目镜的焦距较长。

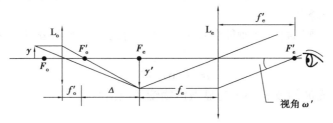

图 4.5.1　显微镜的基本光学系统

2)显微镜的视放大率 $M_{理论}$

显微镜物镜的像方焦点 F_o' 与目镜的物方焦点 F_e 之间的距离 Δ 称为光学间隔。当放大倍数一定时,其光学间隔和镜筒长度也是一个定值。显微镜的视放大率定义为:像对人眼的张角的正切与物在明视距离 $D=250$ mm 处时对人眼的张角的正切之比。即

$$M_{理论} = \tan \omega' / \tan \omega \qquad (4.5.1)$$

由于 $\tan \omega' = y'/f_e'$,$\tan \omega = y/D$,有

$$M_{理论} = \frac{\tan \omega'}{\tan \omega} = \frac{y'/f_e'}{y/D} = \frac{Dy'}{f_e'y} = \frac{D\Delta}{f_e'f_o'} = M_o M_e \qquad (4.5.2)$$

式中,$M_o = y'/y = \Delta/f_o'$ 为物镜的放大率,$M_e = D/f_e'$ 为目镜的放大率。由式(4.5.2)可以看

出,光学间隔越大,物镜、目镜焦距越短,显微镜的放大倍数就越大。在 f_o'、f_e'、Δ 和 D 已知的情形下,可以利用式(4.5.2)计算出显微镜的放大率。

3)显微镜的视放大率 $M_{实测}$

如图 4.5.2 所示,物体 y 经物镜后在目镜的焦平面上成一放大倒立的实像 y',再经过目镜放大成虚像 y'' 于 l_2 处。根据显微镜的视放大率定义可得

$$M_{实测} = \frac{\tan \omega'}{\tan \omega} = \frac{y''/(l_2+f_e')}{y/D} = \frac{y''/(l_2+f_e')}{y'/D} \frac{y'}{y} = \frac{Dy'}{f_e'y} = M_o M_e \qquad (4.5.3)$$

形式上,等同于式(4.5.2)。这时视放大率的测量可以利用一个与主光轴成 45°角的半透明反射镜将一标尺成虚像至显微镜的像平面,直接比较测量像长 y'',可得出视放大率

$$M_{实测} = y''/y \qquad (4.5.4)$$

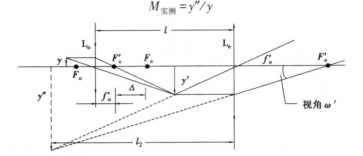

图 4.5.2　显微镜成像光路图

4)实用目镜介绍

目镜是显微镜和望远镜的重要组成部分,它的作用相当于一个放大镜。目镜将物镜的像进一步放大后,使之成像于人眼的明视距离 $D = 250$ mm 或无穷远处。目前常用的显微镜和望远镜使用的目镜有单凸透镜目镜、惠更斯目镜、冉斯登目镜、凯涅尔目镜、对称目镜、无畸变目镜和广角目镜等,本实验采用单凸透镜作目镜。

5)显微镜的分辨本领

显微镜的分辨本领用物平面刚能分辨开两物体间的最短距离 σ 来表示。由光的衍射理论可知

$$\sigma = 0.61\lambda/\text{NA} \qquad (4.5.5)$$

式中,λ 为照明光波的波长,NA 为显微镜物镜的数值孔径。

【实验仪器】

白色 LED 光源、干板架、毛玻璃、分辨率板、显微物镜(4 倍显微物镜)、显微目镜(10X,带分划板)、开口式二维调节透镜/反射镜支架、导轨、滑块、支杆、调节支座、凸透镜一组(焦距分别为 $f8$、$f10$、$f20$、$f30$、$f50$、$f75$、$f100$、$f150$、$f-100$、$f-150$)、透明标尺或光栅 $d = 0.2$ mm、钢尺、平面反射镜、观察屏等。

【实验内容】

(1)用显微物镜和显微目镜搭建显微镜,并测量相关参数。

①参照图 4.5.3 布置各器件,调整光学元件共轴等高。

②将透镜 L_o 和 L_e 之间的距离定为 195 mm。

③观测分辨率板上线数对为 10 的区间,从目镜分划板上读出此区间的长度。

④计算显微镜的视放大率:显微系统的像高比物高。

⑤观察分辨率板,记录能够清晰分辨的分辨率板区间。

⑥计算显微镜的视放大率的百分误差。

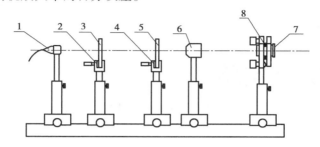

1—白色 LED;2,4—干板架;3—毛玻璃;5—辨率板;6—显微物镜(4 倍显微物镜)

7—显微目镜(10X,带分划板);8—开口式二维调节透镜/反射镜支架

图 4.5.3　显微镜实验装置图

(2)用给定的实验仪器设计组装一台观察点位于目镜后焦点、成像于人眼明视距离 $D = 250$ mm 处、视放大率 $M = 30 \sim 100$ 倍的显微镜,并实际测量该显微镜的视放大率。

①根据设计要求选择合适的透镜作物镜和目镜,并在光具座上调节两透镜共轴等高。

②计算物镜与目镜的间距 l,$l = f_o + \Delta + f_e$($\Delta = 16$ cm)。

③测量显微镜的视放大率 $M_{实测}$ 时,可参考图 4.5.4 进行组装。

④调节物距,反复加以比较,直至调整到透明尺的像放大到最粗、最清晰且无变形。转动反射镜 P,使得通过 P 同时看到毫米标尺的像和玻璃标尺的像。此时显微镜的视放大率 $M_{实测} = y''/y$。

⑤计算显微镜的视放大率的百分误差。

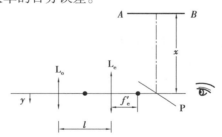

y—玻璃标尺(被观测物);P—反射镜;AB—毫米标尺

图 4.5.4　测显微镜视放大率仪器组装图

【思考题】

(1)显微镜和望远镜在结构原理上有哪些相同点和不同点?

(2)什么是明视距离?

(3)组装显微镜时,物体为什么要放在一倍焦距以外、两倍焦距以内?

(4)显微镜放大倍数与景深的关系是什么?

(5)显微镜的放大率等于物镜放大率和目镜放大率的乘积,其中物镜和目镜的放大率是定义相同的放大率吗?

第 **5** 章

物理光学综合实验

光的波动性主要体现在光的干涉、衍射和偏振。要真正理解光,理解光场中可能发生的一切绚丽多彩的景象,必须研究光的波动性。

实验5.1 杨氏双缝干涉

托马斯·杨在1801年巧妙地设计了一种把单个波前分割成两个子波的办法而观察到了光的干涉现象。杨氏实验以简单的装置和巧妙的构思实现了普通光源产生干涉,它不仅是许多其他光学的干涉装置的原型,在理论上还可以从中提出许多重要的概念和启发,无论从经典光学还是从现代光学的角度来看,杨氏实验都具有十分重要的意义。

【实验目的】

(1)通过实验获得双缝干涉条纹并总结其特点。
(2)掌握双缝干涉的光强分布图。
(3)观察双缝干涉现象并且测量光波波长。

【实验原理】

杨氏双缝干涉是典型的分波面干涉,如图5.1.1所示。单色光源照亮一个孔 S 作为点光源,在其后的屏上开有两个孔 S_1、S_2,S_1、S_2 到 S 的距离相等。根据惠更斯原理,S_1、S_2 在 S 发出的球面波前上分出两个子波,S_1 和 S_2 将作为两个子波源向前发射子波(球面波),这两个子波是相干的,在后面的观察屏上我们就能观察到明暗相间的干涉条纹。为了提高干涉条纹的亮度,实际中,孔 S、S_1 和 S_2 用 3 个互相平行的狭缝(杨氏双缝干涉)代替。在激光出现以后,利用它的相干性和高亮度,人们可以用 He-Ne 激光束直接照明双孔,在屏幕同样可获得一套相当明显的干涉条纹。

下面分析杨氏干涉实验中观察屏上光强的分布。如图5.1.2所示,S_1 和 S_2 的间距为 d,它们到屏幕的垂直距离为 D(屏幕与两缝连线的中垂线相垂直)。考虑要屏上一点 P,S_1、S_2 与 P 的距离分别为 r_1 和 r_2,由于在实验装置中,S_1 和 S_2 到 S 的距离相等,S_1 和 S_2 处的光振动

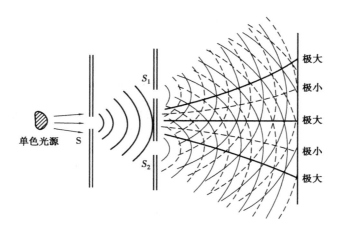

图 5.1.1　杨氏双缝干涉

就具有相同的相位,屏幕上 P 点的干涉强度将由光程差 δ 决定。为了确定屏幕上光强极大和光强极小的位置,选取直角坐标系 $O-xyz$,坐标系的原点 O 位于 S_1 和 S_2 连线的中心,x 轴的方向为 S_1 和 S_2 连线方向,屏幕上点 P 的坐标为 (x,y,D),那么 S_1 和 S_2 到 P 点的距离 r_1 和 r_2 分别写为

$$r_1 = S_1 P = \sqrt{\left(x-\frac{d}{2}\right)^2+y^2+D^2} \tag{5.1.1}$$

$$r_2 = S_2 P = \sqrt{\left(x+\frac{d}{2}\right)^2+y^2+D^2} \tag{5.1.2}$$

若整个装置放在空气中,则相干光到达 P 点的光程差 δ 为:

$$\delta = r_2 - r_1 = \frac{2xd}{r_1+r_2} \tag{5.1.3}$$

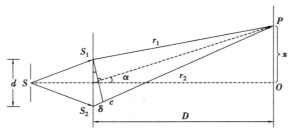

图 5.1.2　杨氏双缝干涉原理图

在实际情况中由于 $d \ll D$,这时如果 x 和 y 也比 D 小得多(即在 z 轴附近观察),则有 $r_1 + r_2 \approx 2D$。在此近似条件下上式变为

$$\delta = \frac{xd}{D} \tag{5.1.4}$$

根据光程差 δ 满足干涉极大和极小的条件:

$$\delta = k\lambda\ (k=0,\pm 1,\pm 2,\cdots),P\ 为明条纹$$

$$\delta = \left(k+\frac{1}{2}\right)\lambda\ (k=0,\pm 1,\pm 2,\cdots),P\ 为暗条纹$$

可知道在屏幕上各级干涉极大的位置为

$$x = \frac{kD\lambda}{d} (k = 0, \pm 1, \pm 2, \cdots) \tag{5.1.5}$$

干涉极小的位置为

$$x = \left(k + \frac{1}{2}\right) \frac{D\lambda}{d} (k = 0, \pm 1, \pm 2, \cdots) \tag{5.1.6}$$

相邻两极大或两极小值之间的间距为干涉条纹间距,用 Δx 表示,它反映了条纹的疏密程度。由式(5.1.5)或式(5.1.6)可知相干条纹的间距为

$$\Delta x = \frac{D}{d} \lambda \tag{5.1.7}$$

变换可得

$$\lambda = \frac{\Delta x d}{D} \tag{5.1.8}$$

式中,λ 为单色光波波长。从实验中测得 D、d 以及 Δx,即可由上式算出 λ。

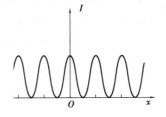

图 5.1.3 干涉条纹强度分布

光强分布如图 5.1.3 所示,屏幕上 z 轴附近的干涉条纹由一系列平行等距的明暗直条纹组成,条纹的分布呈余弦变化规律。所得干涉条纹的特点如下:

(1)干涉条纹是一组平行等间距的明、暗相间的直条纹。中央为零级明纹,左右对称,明暗相间,均匀排列。

(2)干涉条纹不仅出现在屏上,凡是两光束重叠的区域都存在干涉,故杨氏双缝干涉属于非定域干涉。

(3)当 D、λ 一定时,条纹间距与缝间距 d 成反比,d 越小,条纹越密集。

【实验仪器】

激光器、圆形可调衰减器、空间滤波器、可调光阑准直透镜、双缝、CMOS 摄像机、卷尺和计算机等。

【实验内容】

(1)实验光路上依次为激光器、圆形可调衰减器、空间滤波器、准直透镜($\Phi 25.4$,$f 100.0$)和双缝(线间距 1.2 mm,缝宽 0.12 mm)、CMOS 摄像机。

(2)借助可变光阑调整激光束与光学平台水平。调可变光阑的开孔约 2 mm,光阑在激光器的近处和远处,分别调节激光高度和夹持器俯仰旋钮,使激光从光阑小孔穿过,反复多次即可将激光器调平,最终使出射激光束与光学平台台面平行。

(3)调整空间滤波器,使出射光斑中心通过光阑小孔。在激光器和光阑中间插入空间滤波器(不加针孔,激光器与空间滤波器之间需预留可调衰减器的空间),通过调整空间滤波器的高度使物镜出射的光斑打在光阑中间(仔细观察会发现在扩束的光斑中间有一"小亮点",如果能将"小亮点"调整到扩束光斑中心并通过光阑小孔,调试效果较好),然后安装针孔(标配 10 μm、15 μm 和 25 μm,一般选择 25 μm),调整空间滤波器的前后移动旋钮最终使物镜的聚焦光斑与小孔重合,达到滤波效果(调整过程中可以观察到圆孔衍射环,调整完成后衍射环消失)。

（4）调整准直镜。在空间滤波器后面安装准直镜,调整准直镜高低使出射光束入射到光阑中间,前后移动准直镜(准直镜焦距 100 mm,一般选择空间滤波器针孔位置到准直镜的距离为 100 mm)观察光斑大小,远处近处光斑大小不变即准直镜调整完成。

（5）安装双缝和圆形可调衰减器。在激光器与空间滤波器之间插入可调衰减器,准直镜后放置双缝组件,并在较远位置处用 CMOS 摄像机接收即可采集光斑干涉条纹图。在相机中测出干涉相邻条纹对应的像素数,再由相机像元尺寸 5.2 μm,即可测量出干涉条纹间距 Δx,卷尺测量双缝和相机之间的距离 D,代入式(5.1.8)算出 λ,与光源波长标准值比较计算百分误差。

【思考题】

（1）用白光做实验,除了中央亮纹,其余各级条纹是什么颜色？特点是什么？
（2）当波长改变时,杨氏双缝的干涉条纹有无变化？
（3）若光源由点光源变为线光源,杨氏双缝的干涉条纹有无变化？

实验 5.2　马赫-曾德干涉实验

现代光学的许多实验都是以马赫-曾德干涉仪的光路为基础的,它是最典型的干涉仪之一。马赫-曾德干涉仪各个元部件的调节、搭建和使用,可以训练学生调节光路的技巧,进一步了解干涉的原理。

【实验目的】

（1）熟悉所用仪器及光路的调节,观察两束平行光的干涉现象。
（2）获取干涉条纹并分析光强分布。

【基本原理】

1）马赫-曾德干涉仪

马赫-曾德干涉仪(Mach-Zehnder interferometer)是用分振幅法产生双光束以实现干涉的仪器,其光路示意图如图 5.2.1 所示。它由两块分束镜(半反半透镜)和两块全反射镜组成,4个反射面接近互相平行,中心光路构成一个平行四边形。从激光器出射的光束经过扩束镜及准直镜,形成一束宽度合适的平行光束。这束平行光射入分束板之后分为两束。一束光由分束板反射后到达反射镜,经过其再次反射并透过另一个分束镜,这是第一束光 I;另一束光透过分束镜,经反射镜及分束镜两次反射后射出,这是第二束光 II。在最后一块分束镜后方两束光的重叠区域放上观察屏。若 I、II 两束光严格平行,则在屏幕不出现干涉条纹;若两束光在水平方向有一个交角,那么在屏幕的竖直方向出现干涉条纹,而且两束光交角越大,干涉条纹越密。

马赫-曾德干涉仪的特点是干涉的两光束完全分离,此特点有利于在一束光中插入研究对象,因此用途比较广。例如,在空气动力学中可用它来研究气流折射率的变化;用马赫-曾德干涉仪制作各种全息光栅等。

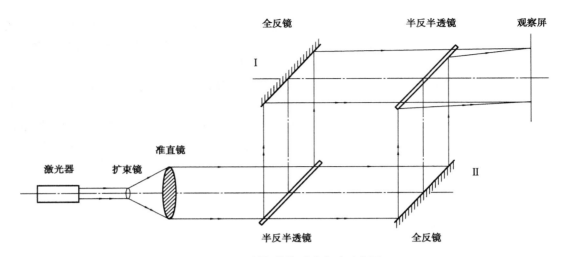

图 5.2.1　马赫-曾德干涉光路示意图

2）两束平行光的干涉

两束平行光 AA' 和 BB' 的光线方向之间夹角是 θ，分别与接收屏的法线夹角为 θ_1 和 θ_2，如图 5.2.2 所示。假设接收屏上 O 点为零亮纹中心，P 点与 O 点的距离为 x，则 P 点和 O 点的两光束相位比较时，对于 AA' 平行光 P 点比 O 点落后：

$$\delta_1 = \frac{2\pi}{\lambda}(PN) = \frac{2\pi}{\lambda}x\,\sin\theta_1 \tag{5.2.1}$$

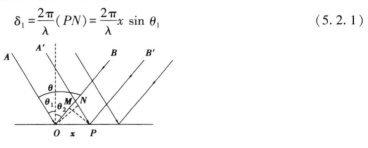

图 5.2.2　平行光干涉

对 BB' 平行光 P 点比 O 点超前：

$$\delta_2 = \frac{2\pi}{\lambda}(OM) = \frac{2\pi}{\lambda}x\,\sin\theta_2 \tag{5.2.2}$$

两光波在 P 点叠加的相位差为

$$\delta = \delta_1 + \delta_2 = \frac{2\pi}{\lambda}x(\sin\theta_1 + \sin\theta_2) \tag{5.2.3}$$

当 P 点为第 K 级亮纹中心时，相位差满足

$$\frac{2\pi}{\lambda}x_K(\sin\theta_1 + \sin\theta_2) = 2K\pi \tag{5.2.4}$$

由式（5.2.4）可知，第 K 级亮纹到 O 点的距离 x 为

$$x_K = \frac{K\lambda}{\sin\theta_1 + \sin\theta_2} \tag{5.2.5}$$

因此，屏上条纹间距 Δx 为

$$\Delta x = x_{K+1} - x_K = \frac{\lambda}{\sin\theta_1 + \sin\theta_2} \tag{5.2.6}$$

其中 θ_2 与 θ_1 在法线异侧时取"+",在法线同侧时取"−"。由式(5.2.5)、式(5.2.6)可知,两束平行光的干涉条纹是等宽、等间距的,条纹间距仅与波长 λ、θ_1 和 θ_2 有关。当 θ_1 和 θ_2 较小时,$\sin\theta_1\approx\theta_1$,$\sin\theta_2\approx\theta_2$,式(5.2.6)可近似表示为

$$\Delta x \approx \frac{\lambda}{\theta_1+\theta_2}=\frac{\lambda}{\theta} \tag{5.2.7}$$

根据式(5.2.7)可以得到,两束平行光的夹角越小,干涉条纹间距 Δx 越大,条纹越稀疏;夹角越大,干涉条纹间距 Δx 越小,条纹越密集。

用焦距为 f 的透镜代替接收屏,两束平行光在透镜的焦平面处汇聚成相距为 d 的两个点,则两束平行光的夹角 $\theta\approx d/f$,代入式(5.2.7)可得条纹间距 Δx 为

$$\Delta x = \frac{\lambda f}{d} \tag{5.2.8}$$

在实验过程中可以通过以上方法对两束平行光夹角进行调节以满足对特定条纹间距 Δx 的需求,比如制作低频光栅。

【实验仪器】

He-Ne 激光器、扩束镜、准直镜、分束镜、反射镜、可调光阑、相机、计算机和软件、实验平台、支座等。

【实验内容】

1)调节马赫-曾德干涉的光路

基本分为 4 步:第一步,调光束高度及水平(与平台平行);第二步,调平行光;第三步,搭光路、量光程;第四步,调两光斑的重合。详细步骤如下。

(1)调节激光光束的高度及水平。首先要使 He-Ne 激光器的高度合适,使其射出的光束与实验中所用光学器件的中心高度基本一致。检查方法为:用一个孔光阑(约 2 mm),前后移动光阑,使光束都能通过小孔光阑,这说明光束与平台平行。在激光器前面放上扩束镜及准直镜,前后移动准直镜,使出射的光束为平行光。

(2)在准直镜后分别放入各光学件(两个分束镜、两个反射镜),并如图 5.2.1 所示把它们摆成一个矩形光路。然后测量光程,使Ⅰ、Ⅱ两束光光程基本一样,并进一步检查各光束是否与工作台面平行。

(3)调节两光斑的重合。调节两个反射镜的俯仰、旋转,使两束光在最后一块分束镜的出射面上重合(用擦镜纸或白纸、白屏放在它前面观察),再调节这块分束镜的俯仰,使Ⅰ、Ⅱ两束光在屏幕上重合。这时Ⅰ和Ⅱ两束光接近平行,在屏幕面上可以看到干涉条纹,微调最后一块分束镜或任意一块反射镜的转角及仰角则可以改变条纹的宽度和方向。

2)干涉条纹光强分布的观察和测量

(1)采集马赫-曾德干涉图,打开物理光学综合实验软件中"条纹分析"模块,如图 5.2.2 所示。

(2)选择水平或者竖直分析,即可得到如图 5.2.3 所示的条纹强度分布。

(3)通过现象观察分析影响条纹疏密的条件,计算相邻两条明(暗)条纹的间隔。

(4)调节出明(暗)条纹的间隔为 0.1 mm 的干涉条纹,并记录下来。

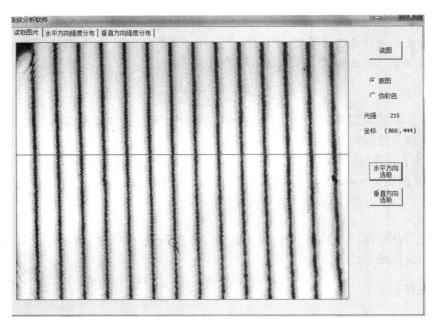

图 5.2.2　马赫-曾德干涉条纹分析

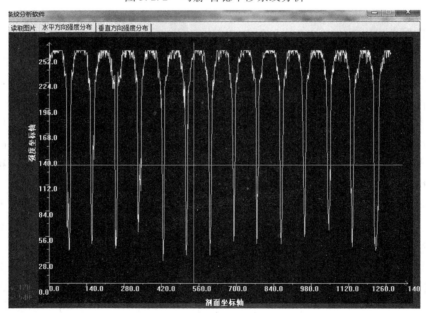

图 5.2.3　条纹强度分布

【思考题】

（1）可以用马赫-曾德干涉光路制作光栅吗？

（2）如果观察到的条纹不平行，应该怎么调节？

实验 5.3　菲涅耳衍射实验

当光通过障碍物后有光线进入几何阴影区,同时在阴影区出现了一些明暗相间的条纹,这种光线偏离直线传播的现象称为光的衍射。利用惠更斯原理,可以定性地从某时刻的已知波阵面位置求出后面另一时刻的波阵面位置,但惠更斯原理的子波假设不涉及子波的时空周期特性-波长、振幅和相位,因而无法解释衍射图样中的光强分布。菲涅耳在惠更斯的子波假设基础上,提出了子波相干叠加的思想,从而建立了反映光的衍射规律的惠更斯-菲涅耳原理。惠更斯-菲涅耳原理内容为:波阵面上的每个面元都可以看成是新的振动中心并发出子波,空间某点处的光振动取决于到达该点的所有子波的相干叠加。在此原理的基础上,我们得到了惠更斯-菲涅耳衍射积分公式,并在不同近似下,归纳出两类不同的衍射现象:菲涅耳衍射和夫琅禾费衍射。当光源或观察屏,或光源和观察屏两者距衍射屏有限远时产生的衍射称为菲涅耳衍射或近场衍射。

【实验目的】

(1)观察和验证圆孔与单缝的菲涅耳衍射现象。
(2)改变衍射屏大小、形状和距离,观察衍射变化的规律。
(3)利用空间光调制器(SLM)模拟上述刻板图案,观察其菲涅耳衍射现象。

【实验原理】

衍射系统由光源、衍射屏和观察屏组成。菲涅耳衍射是观察屏和光源(或其中之一)与衍射屏间的距离有限时的衍射现象,此衍射现象不需要用任何仪器就可以直接观察到。菲涅耳衍射的装置如图 5.3.1 所示,其中 O 是点光源,K 是开有某种形状孔径的衍射屏(或不透明屏),P 是观察屏且在距离衍射屏不太远的地方。通常光源离衍射屏的距离都要比衍射屏上的孔径大得多,为简单起见,可以认为光源发出的光波垂直照射在衍射屏上,即只要观察屏离衍射屏不远,就可以用平行光照明。

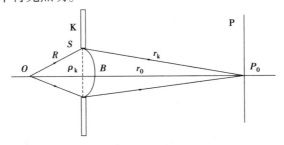

图 5.3.1　菲涅耳衍射装置示意图

以圆孔衍射为例,S 为光通过圆孔时的波阵面,ρ 为圆孔的半径,ρ_k 为第 k 个半波带的半径,r_k 为第 k 个半波带到观察点 P_0 的距离,r_0 为 P_0 与波面上极点 B 之间的距离。根据半波带理论,P_0 点合振幅 A 的大小取决于圆孔部分波面的面积所含有的半波带数目 k,这个整数 k 与圆孔的半径 $\rho(\rho=\rho_k)$、光的波长 λ、光源与孔的距离 R 和 P_0 与波面上极点 B 之间的距离 r_0

有关：

$$k = \frac{\rho^2}{\lambda}\left(\frac{1}{r_0} + \frac{1}{R}\right) \tag{5.3.1}$$

由式(5.3.1)可知,当波长 λ 和圆孔的位置、半径 ρ 一定时, k 的大小取决于观察点 P_0 的位置。当 k 取奇数时,相对应的那些 P_0 点的合振幅较大;当 k 取偶数时,相对应的那些 P_0 点的合振幅较小;当 k 不是整数时,相对应的那些 P_0 点的合振幅介于上述最大值和最小值之间。这个结果很容易用实验来证实,观察屏 P 沿着圆孔的对称轴线移动时会发现,某些位置处 P_0 点的光强最大,而另一些位置处的 P_0 光强为最小。另外,观察屏 P 不变,改变圆孔的位置和大小 ρ 时,也会使考察点的光强度有明暗交替的变化。

对于同样大小的圆屏衍射,由于圆屏遮蔽了开始的 k 个半波带,于是从第 $k+1$ 个带开始,所有其余的带所发出的子波都能到达 P_0 点。把所有这些带的子波叠加起来,可得 P_0 点的合振幅 A 为

$$A = \frac{a_{k+1}}{2} \tag{5.3.2}$$

其中 a_{k+1} 为第 $k+1$ 个半波带的振幅。由式(5.3.2)可知,不管圆屏的大小和位置如何,圆屏几何阴影的中心永远有光。不过圆屏的面积越小时,被遮挡的带的数目 k 就越少, a_{k+1} 越大,到达 P_0 点的光越强。改变圆屏的位置时, k 也会因此改变,因而也将影响 P_0 点的光强。

如果圆屏足够小,只遮挡中心带的一小部分,则光看起来可完全绕过它,除了圆屏影子的中心有亮点外没有其他影子。这个亮点称为"泊松亮斑",是 1818 年泊松在巴黎科学院研究菲涅耳的论文时把它当作菲涅耳论点谬误的证据提出来的,但阿喇果做了相应的实验,证实了菲涅耳理论的正确性。

【实验内容】

激光器、可调光阑、圆形可调衰减器、空间滤波器、准直透镜($\Phi25.4$, $f100.0$)、聚焦透镜($\Phi25.4$, $f150.0$)、目标物(圆孔半径分别为 150 μm、250 μm、350 μm、450 μm,缝宽分别为 150 μm、250 μm、350 μm、450 μm;方形边长分别为 150 μm、250 μm、350 μm、450 μm;三角形外接圆半径分别为 150 μm、250 μm、350 μm、450 μm;六角形外接圆半径分别为 150 μm、250 μm、350 μm、450 μm)、空间光调制器、数字摄像机和计算机等。

【实验内容】

1)光路搭建

(1)实验光路的元件依次为激光器、圆形可调衰减器、空间滤波器、准直镜、聚焦透镜、目标物和数字摄像机。

(2)首先调整激光器水平:借助可调光阑(开孔约 2 mm),光阑在激光器的近处和远处,分别调节激光夹持器的高度和俯仰旋钮,反复多次即可将激光器调平,最终使出射激光束与光学平台台面平行。

(3)调整空间滤波器,使出射的光斑中心通过光阑:在激光器和光阑中间插入空间滤波器(不加针孔,激光器与光阑的距离需预留可调衰减器的空间),通过调整位置使物镜出时的光斑打在光阑中间(仔细观察会发现在扩束的光斑中间有一"小亮点",如果能将"小亮点"调整

到扩束光斑中心通过光阑小孔,调试效果较好),然后安装针孔(标配 10 μm、15 μm 和 25 μm,一般选择 25 μm),调整空间滤波器的三维旋钮最终使物镜的聚焦光斑与小孔重合,达到滤波效果(调整过程中可以观察到圆孔衍射环,调整完成后衍射环消失)。

(4)调整准直镜,发出平行光:在空间滤波器后面安装准直镜,调整准直镜高低使出射光束入射到光阑中间,前后移动准直镜(准直镜焦距 100 mm,一般选择空间滤波器针孔位置到准直镜的距离为 100 mm)观察光斑大小,远处近处光斑大小不变即可认为调整完成。

(5)安装聚焦透镜,调整聚焦透镜高低使光斑中心与光阑中心同高。

(6)安装目标物,将目标物放置在聚焦镜焦点后方,模拟点光源发出的球面波入射圆孔。

(7)安装数字相机,调整数字摄像机位置使入射光打在数字摄像机靶面中间。

2)菲涅耳衍射现象观察

(1)将 CMOS 摄像机与计算机相连,运行计算机桌面"DaHeng USB Device",双击"This PC"目录下的"HV1351UM",随后单击"视图"下方的"实时显示"功能键,此时 CMOS 摄像机开始工作,之后将采集区域分辨率调至 1 280×1 024),适当调整相机的曝光时间和可调衰减器可以在计算机屏幕看到衍射图样。

(2)选择 150 μm 圆孔作为目标物,球面波入射,前后移动数字相机或者圆孔的位置,可以看到中心明暗变化的、典型菲涅耳衍射图样。

(3)用空间光调制器模拟圆孔、缝、方孔目标物,通过空间光调制器的光束照射在 CMOS 摄像机上,调节空间光调制器前后的两片偏振片,直到可在屏幕上看到清晰的像为止。

【思考题】

如果用白光做光源,则小孔的菲涅耳衍射图样是什么?

实验 5.4　夫琅禾费衍射实验

当观察点和光源(或其中之一)都与障碍物相隔一定的有限距离,在计算光程和叠加后的光强等问题时,都难免遇到繁复的数学运算。夫琅禾费在 1821—1822 年研究了观察点和光源距障碍物都是无限远(平行光束)时的衍射现象,在这种情况下计算衍射花样中光强的分布时,数学运算就比较简单,这种衍射现象称为夫琅禾费衍射。所谓光源在无限远,实际上就是把光源置于第一个透镜的焦平面上,使之成为平行光束;所谓观察点无限远,实际上就是在第二个透镜的焦平面上观察衍射图样。

【实验目的】

(1)理解夫琅禾费衍射原理。

(2)调节并观察单缝、圆孔和方孔的夫琅禾费衍射现象。

(3)利用空间光调制器模拟上述刻板图案,观察其夫琅禾费衍射现象。

【实验原理】

圆孔的夫琅禾费衍射如图 5.4.1(a)所示。单色光源 S 发出的光投射到孔 P_1 上,产生一个点光源,且孔 P_1 位于透镜 L_1 的焦面上。从点光源 S 发出的单色光经透镜 L_1 后成平行光束,这一平行光束垂直照射在衍射圆孔 P_2 上,当衍射圆孔 P_2 的孔径很小时,就可以在透镜 L_2 的焦面处的 P_3 屏看到与圆孔的衍射花样,如图 5.4.1(b)所示。

由光的衍射理论得知,一个光学系统对一个无限远的点光源成像,其实质就是光波对其光瞳面上的衍射结果,焦面上的衍射像的振幅分布就是光瞳面上振幅分布函数也称光瞳函数的傅里叶变换,光强分布则是振幅模的平方。对于一个理想的光学系统,光瞳函数不仅是一个实函数,而且是一个常数,代表一个理想的平面波或球面波,因此,焦平面的衍射图样的光强分布仅仅取决于光瞳的形状。在光瞳的形状是圆孔的情况下,理想光学系统焦面内衍射图样的光强分布就是圆函数的傅里叶变换的平方,即

$$\frac{I(\theta)}{I_0} = \left[\frac{2J_1(\psi)}{\psi}\right]^2 \tag{5.4.1}$$

其中

$$\psi = \frac{2\pi a}{\lambda}\sin\theta \tag{5.4.2}$$

式中,a 是圆孔半径,$I(\theta)/I_0$ 为相对强度,θ 是衍射角,$J_1(\psi)$ 为一阶贝塞尔函数。

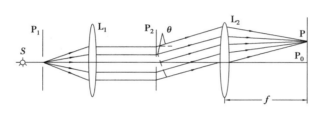

(a)光路结构及原理图   (b)衍射斑

图 5.4.1 圆孔衍射

圆孔的夫琅禾费衍射图样的中央是一亮斑,外围是一圈圈减弱的同心圆环,背景为暗色。中央的亮斑为艾里斑,集中了全部衍射光能量的 84%,其中,第一亮环的最大强度不到中央亮斑最大强度的 2%。衍射光角分布的弥散程度可用艾里斑的大小,即第一暗环的角半径 $\Delta\theta$ 来衡量。$\Delta\theta$ 可表示为

$$\Delta\theta = 0.61\frac{\lambda}{a} = 1.22\frac{\lambda}{D} \tag{5.4.3}$$

其中,$D=2a$ 是圆孔直径。根据式(5.4.3)可以测量圆孔直径或光源波长。

【实验内容】

激光器、可调光阑、圆形可调衰减器、空间滤波器、准直透镜($\Phi25.4$,$f100.0$)、目标物(圆孔半径分别为 150 μm、250 μm、350 μm、450 μm,缝宽分别为 150 μm、250 μm、350 μm、450 μm;方形边长分别为 150 μm、250 μm、350 μm、450 μm;三角形外接圆半径分别为 150 μm、250 μm、350 μm、450 μm;六角形外接圆半径分别为 150 μm、250 μm、350 μm、450 μm)、聚焦透镜($\Phi25.4$,$f150.0$)、空间光调制器、数字摄像机和计算机等。

【实验内容】

1)光路搭建

(1)实验光路的元件依次为激光器、圆形可调衰减器、空间滤波器、准直透镜、目标物、聚焦透镜和数字摄像机。

(2)首先调整激光器水平。借助可调光阑(开孔约 2 mm),光阑在激光器的近处和远处,分别调节激光夹持器的高度和俯仰旋钮,反复多次即可将激光器调平,最终使出射激光束与光学平台台面平行。

(3)调整空间滤波器,使出射的光斑中心通过光阑。在激光器和光阑中间插入空间滤波器(不加针孔,激光器与光阑的距离需预留可调衰减器的空间),通过调整位置使物镜出时的光斑打在光阑中间(仔细观察会发现在扩束的光斑中间有一"小亮点",如果能将"小亮点"调整到扩束光斑中心通过光阑小孔,调试效果较好),然后安装针孔(标配 10 μm、15 μm 和 25 μm,一般选择 25 μm),调整空间滤波器的三维旋钮最终使物镜的聚焦光斑与小孔重合,达到滤波效果(调整过程中可以观察到圆孔衍射环,调整完成后衍射环消失)。

(4)调整准直镜,发出平行光。在空间滤波器后面安装准直镜,调整准直镜高低使出射光束入射到光阑中间,前后移动准直镜(准直镜焦距100 mm,一般选择空间滤波器针孔位置到准直镜的距离为100 mm)观察光斑大小,远处、近处的光斑大小不变即可认为调整完成。

(5)安装目标物

将目标物放置在聚焦镜的后焦平面处,使平行光波垂直入射目标物。

(6)安装聚焦透镜

在目标物后放置聚焦透镜,调整聚焦透镜高低使光斑中心与光阑中心同高。

(7)安装数字相机

在聚焦透镜的后焦平面处放置相机,调整相机高度使入射光打在相机靶面中间。

2)夫琅禾费衍射现象观察

(1)将 CMOS 摄像机与计算机相连,运行计算机桌面"DaHeng USB Device",双击"This PC"目录下的"HV1351UM",随后单击"视图"下方的"实时显示"功能键,此时 CMOS 摄像机开始工作,之后将采集区域分辨率调至 1 280×1 024),适当调整摄像机的曝光时间和可调衰减器可以在计算机屏幕看到衍射图样。

(2)选择150 μm 圆孔作为目标物,平行光波入射,前后移动数字摄像机或者圆孔的位置,可以看到中心为艾里斑的、典型的夫琅禾费衍射图样。

(3)用空间光调制器模拟圆孔、缝、方孔目标物,调节空间光调制器前后的两片偏振片,直到可在屏幕上看到清晰的夫琅禾费衍射图样为止,可通过"物理光学"软件测缝宽或孔径。

【思考题】

如果用白光做光源,则小孔的夫琅禾费衍射图样是什么?

实验5.5 激光偏振态观察及马吕斯定律验证

按照电磁波理论,光是横波,它的振动方向和光的传播方向垂直。在垂直于光波传播方向的平面内,光矢量可能有不同的振动方向,通常把光矢量保持一定振动方向上的状态称为偏振态。偏振光是指光矢量的振动方向不变,或具有某种规则变化的光波。按照其性质,偏振光又可分为线偏振光、圆偏振光、椭圆偏振光和部分偏振光几种。如果光波电矢量的振动方向只局限在一确定的平面内,则这种偏振光称为平面偏振光,它的轨迹在传播过程中为一直线,故又称线偏振光。如果光波电矢量随时间做有规则的改变,即电矢量末端轨迹在垂直于传播方向的平面上呈圆形或椭圆形,则称为圆偏振光或椭圆偏振光。如果光波电矢量的振动在传播过程中只是在某一确定的方向上占有相对优势,这种偏振光就称为部分偏振光。

【实验目的】

(1)掌握偏振光的产生原理,观察线偏振光。

(2)验证马吕斯定律。

(3)产生并观察圆偏振光和椭圆偏振光。

【实验原理】

如果光源中的任一波列(用振动平面 E 表示)投射在起偏器 P_1 上,只有相当于它的成分之一的 E_y(平行于光轴方向的矢量)能够通过,另一成分 $E_x(=E\cos\theta)$ 则被吸收。与此类似,若投射在检偏器 P_2 上的线偏振光的振幅为 E_0,则透过 P_2 的振幅为 $E_0\cos\theta$(这里 θ 是 P_1 与 P_2 偏振化方向之间的夹角)。由于光强与振幅的平方成正比,可知透射光强 I 随 θ 而变化的关系为

$$I = I_0\cos^2\theta \tag{5.5.1}$$

这就是马吕斯定律。

根据菲涅耳反射公式(实验 3.20 的公式 3、20、1),观察反射光和透射光的偏振现象。

【实验仪器】

He-Ne 激光器、可调光阑、偏振片、涂黑反射镜、功率计、玻璃堆、λ/4 波片、λ/2 波片、计算机和软件等。

【实验内容】

(1)搭建光路,调整激光器、起偏器、检偏器和功率计探头共轴等高。

(2)起偏器与检偏器的位置如图 5.5.1 所示。

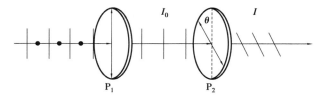

图 5.5.1　马吕斯定律光路示意图

(3)放置检偏器之前,测量经起偏器之后的光功率,可记为 I_0。

(4)放上检偏器,首先调整检偏器,使光功率最大,此时检偏器的角度可记为初始位置。

(5)根据检偏器旋转的角度完成下表。

旋转角度 $\theta/(°)$	0	15	30	45	60	75	90
$\cos^2\alpha$	1.000	0.933	0.750	0.500	0.250	0.006	0
光功率 I/mW							

（6）在 EXCEL 或 Origin 作图

对马吕斯定律的验证一般采用的方法是由实验得到的角度 θ 和功率的数据,进而用作图法得出 $\cos^2\theta$ 和 I 成正比的线性关系,如果 $\cos^2\theta$ 与功率 I 的线性关系良好,则说明马吕斯定律得以验证。

（7）在以上光路的起偏器和检偏器之间加入 $\lambda/4$ 波片,将产生圆偏振光和椭圆偏振光,并用光功率计测量进行验证。

（8）$\lambda/2$ 波片的作用。

取下 $\lambda/4$ 波片,使两偏振片正交,视场最暗。将 $\lambda/2$ 波片(波片的指标线对至 0°)放入两偏振片之间,使 $\lambda/2$ 波片的光轴与起偏的偏振化方向成 α 角,视场变亮。旋转检偏器使视场最暗,此时检偏器的转盘刻度相对于起偏器转动了 2α 角。这说明线偏振光经 $\lambda/2$ 波片后仍为线偏振光,但振动面旋转了 2α 角。

（9）观察折射光的偏振。

光路中上有光源、测角度盘和功率计,角度盘上有玻璃堆和偏振片。

转动度盘使入射光以 50°~60° 射入玻璃堆,通过偏振片可以看到透过玻璃堆的光斑。使偏振片与透射光垂直,旋转偏振片,观察到光的亮度有强弱变化,说明透过玻璃堆的折射光是部分偏振光。偏振片转盘指向 0°,光斑最暗,偏振片转盘指向 90°,光斑最亮,说明折射偏振光中平行于入射面振动的光比垂直于入射面振动的光要强。

（10）反射光的偏振。

将涂黑反射镜替代玻璃堆放入载物台,旋转内盘,使入射光以 50°~60° 射入涂黑反射镜,并使偏振片保持垂直于反射光,旋转偏振片,透过光强度发生变化,说明反射光是部分偏振光。偏振片转盘指向 0°,光斑最亮,说明反射光的振动方向垂直于光的入射面。偏振片转盘指向 90°,光斑最暗,说明反射光的振动方向与偏振片的偏振化方向垂直。

【思考题】

（1）如何利用已有的装置测量布儒斯特角?
（2）利用已有的装置自己设计一个关于光偏振方面的实验。

第 **6** 章
光学系统像差理论综合实验

一个能使任何同心光束保持同心性的光具组,称为理想光具组。理想光具组具有下列性质:共轭点(物方每个点对应像方一个点);共轭线(物方每条直线对应像方一条直线);共轭面(物方每个平面对应像方一个平面)。如果理想光具组是轴对称的,除满足物方和像方之间的这种点点、线线、面面的一一对应关系外,还具有下列一些性质:光轴上任何一点的共轭点仍在光轴上;任何垂直于光轴的平面,其共轭面仍与光轴垂直;在垂直于光轴的同一平面内的横向放大率相同;在垂直于光轴的不同平面内横向放大率一般不等(望远系统除外)。在实际中几乎不存在理想光具组,实际成像元件和系统均存在像差。

实验 6.1　透镜成像的像差

【实验目的】

(1)通过调节光具座上各元件的共轴,初步学会光路的调整和分析方法。

(2)了解像差成因,观察单透镜几种像差的实际表现。

【实验原理】

研究透镜成像时,通常把它当作在理想条件下:透镜很薄,孔径很小,入射光为单色近轴光线。在此情况下,像和物几何完全相似。但是,实际光学系统的透镜是有一定厚度的,光束不是单色光也不是近轴光,使得成像质量下降,与理论上预期单色近轴光线所成的像有所差异,这种差异称为光学系统的像差。

几何像差主要有 7 种:球差、彗差、场曲、像散、畸变、位置色差及倍率色差。按原因不同可分为单色像差和色像差,前 5 种为单色像差,后 2 种为色像差,单色像差又分为轴上物点单色像差和轴外物点单色像差。以薄透镜为例简单说明如下。

1)单色像差

(1)球差。

当透镜孔径较大时,轴上点 A 发出的同心单色光束经光学系统后,不再是同心光束,不同入射高度的光线交光轴于不同位置,相对近轴像点(理想像点)有不同程度的偏离,这种偏离称为轴向球面像差,简称球差($\delta L'$),如图 6.1.1 所示。球差导致各个像点形成一弥散的光斑,球差的大小与光线的孔径有关,属于轴上单色像差。球差是光轴上物点的唯一单色像差。假如孔径小的近轴光成像于 Q_1 点,孔径最大的光成像于 Q_L 点,它们的像距分别为 l' 和 L'_m,则 Q_1、Q_L 点之间的距离表示透镜对用该孔径的球差,即

$$\delta'_m = L'_m - l' \tag{6.1.1}$$

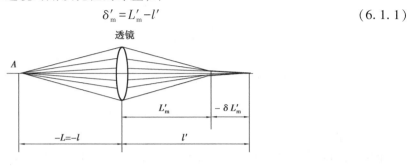

图 6.1.1　轴上点球差

（2）彗差。

如图 6.1.2 所示,傍轴物点 B 发出的宽光束经光具组后在像平面上不再交于一点,而是形成状如彗星的亮斑,这种像差称为彗形像差,简称彗差。子午彗差是子午光线对 aa 的交点到主光线的距离(K'_t);弧矢彗差是弧矢光线对 bb 的交点到主光线的距离(K'_s)。彗差是轴外像差之一,它体现的是轴外物点发出的宽光束经系统成像后的失对称情况,彗差既与孔径相关又与视场相关。若系统存在较大彗差,则将导致轴外像点成为彗星状的弥散斑,影响轴外像点的清晰程度。彗差和球差往往混在一起,只有当轴上物点的球差已消除时,才能明显地观察到傍轴物点的彗差。

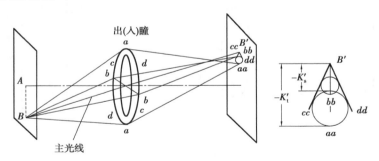

图 6.1.2　彗差

（3）场曲。

使垂直光轴的物平面成曲面像的像差称为场曲,如图 6.1.3 所示。

子午宽光束对的交点沿光轴方向到高斯像面的距离称为子午场曲(X'_t);弧矢宽光束对的交点沿光轴方向到高斯像面的距离称为弧矢场曲(X'_s)。子午细光束对的交点沿光轴方向到高斯像面的距离称为细光束的子午场曲(x'_t);弧矢细光束对的交点沿光轴方向到高斯像面的距离称为细光束的弧矢场曲(x'_s)。子午宽光束对的交点沿光轴方向到子午细光束交点的距离称为轴外子午球差($\delta L'_t$),弧矢宽光束对的交点沿光轴方向到弧矢细光束交点的距离称为轴外弧矢球差($\delta L'_s$)。

场曲是视场和孔径有关的函数,随着视场和孔径的变化而变化。当系统存在较大场曲时,就不能使一个较大平面同时成清晰像,若对边缘调焦清晰了,则中心就模糊,反之亦然。

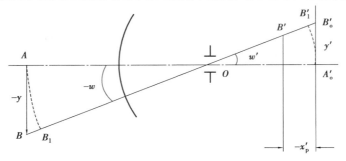

图 6.1.3　场曲

(4)像散。

像散是由物点离光轴较远、光束倾斜度较大引起的。如图 6.1.4 所示,像散的出射光束的截面一般呈椭圆形,但在两处退变为直线,称为散焦线,两散焦线互相垂直,分别称为子午焦线和弧矢焦线,在两散焦线之间的某个地方光束的截面呈圆形,称为明晰圈。像散用偏离光轴较远的物点发出的邻近主光线的细光束经光学系统后,其子午焦线与弧矢焦线间的轴向距离表示为

$$x'_{ts} = x'_{t} - x'_{s} \tag{6.1.2}$$

式中,x'_{t},x'_{s} 分别表示子午焦线至理想像面的距离及弧矢焦线至理想像面的距离。

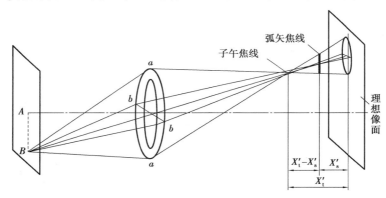

图 6.1.4　像散

当系统存在像散时,不同的像面位置会得到不同形状的物点像。若光学系统对直线成像,由于像散的存在,其成像质量与直线的方向有关。例如,直线在子午面内其子午像是弥散的,而弧矢像是清晰的;直线在弧矢面内弧矢像是弥散的,而子午像是清晰的;若直线既不在子午面内也不在弧矢面内,则其子午像和弧矢像均不清晰,故而影响轴外像点的成像清晰度。即使像散消失了(即子午像面与弧矢像面相重合),则场曲依旧存在(像面是弯曲的)。

(5)畸变。

畸变描述的是主光线像差,不同视场的主光线通过光学系统后与高斯像面的交点高度并不等于理想像高,其差别就是系统的畸变,如图 6.1.5 所示。

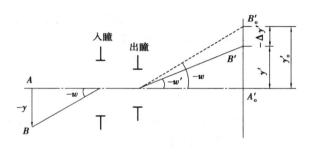

图 6.1.5　畸变

由畸变的定义可知,畸变也是由光束的倾斜度较大引起的,是垂轴像差,只改变轴外物点在理想像面的成像位置,使像的形状产生失真,但不影响像的清晰度。

实际物体是有一定大小的,由于透镜存在畸变,即对离光轴距离不同的物体上各部分的横向放大率不同,将使像与物体不相似。一方形网格物经透镜后所成的像可能为图 6.1.6 中 (b) 或 (c) 的形状,这种现象即为畸变,图 6.1.6(b) 表示枕形畸变(正畸变),图 6.1.6(c) 为桶形畸变(负畸变)。

(a) 网格　　　　　(b) 枕形　　　　　(c) 桶形

图 6.1.6　网格像的畸变

2) 色差

光学材料对不同波长的色光有不同的折射率,因此,同一孔径不同色光的光线经过光学系统后与光轴有不同的交点。不同孔径不同色光的光线与光轴的交点也不相同。在任何像面位置,物点的像是一个彩色的弥散斑,如图 6.1.7 所示。各种色光之间成像位置和成像大小的差异称为色差。

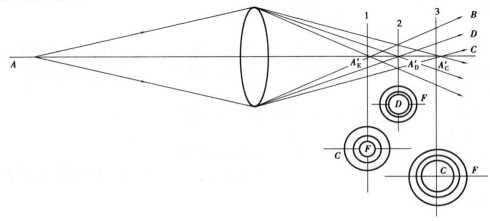

图 6.1.7　轴上点色差

轴上点两种色光成像位置的差异称为位置色差，也叫轴向色差。对目视光学系统用 $\Delta L'_{FC}$ 表示，即系统对 F 光（486.1 nm）和 C 光（656.3 nm）消色差，即

$$\Delta L'_{FC} = L'_F - L'_C \tag{6.1.3}$$

近轴区表示为

$$\Delta l'_{FC} = l'_F - l'_C \tag{6.1.4}$$

根据定义可知，位置色差在近轴区就已产生。为计算色差，只需对 F 光和 C 光进行近轴光路计算，就可求出系统的近轴色差和远轴色差。

对轴外点而言，因为 $\beta = -x'/f'$，则不同波长的焦距不同，放大率也不同，故轴外物点不同波长有不同的像高。倍率色差的定义为轴外点发出的两色光的主光线在消单色光像差的高斯像面上的交点高度之差，以长波长色光的交点高为基准。倍率色差是指 F 光与 C 光的主光线的像点高度之差。即

$$\Delta F_{FC} = Y'_F - Y'_C \tag{6.1.5}$$

近轴倍率色差表示为

$$\Delta y'_{FC} = y'_F - y'_C \tag{6.1.6}$$

所有上面列举的像差，都是按几何光学计算的，统称为几何像差，即使把所有的几何像差全部消除，由于存在着衍射效应，理想成像条件仍不能满足。这时像的质量就要靠波动光学的理论来分析和评价。

【实验仪器】

光具座、白炽灯、待测焦距凸凹透镜各一片、已知焦距凸透镜、物屏、像屏、平面镜、毛玻璃、计算机主机及显示器一套、像差模拟软件、光阑和滤波片等。

【实验内容】

（1）调节光具座上各元件共轴等高。

在光具座上安置好物屏、像屏和已知焦距的透镜，打开白炽灯，用共轭法调节系统的"共轴等高"（每更换透镜必须重复这一调节）。

（2）观察凸透镜的球差和色差。

球差和色差是透镜成像中最简单和最显著的像差。

a. 球差的观察与测量。

利用平行光测凸透镜的光路，在待测凸透镜前分别放置不同半径的圆环形光阑，使光束经过透镜的不同位置，测出对应的焦距 f_1、f_2，并与近轴光线测出的焦距值进行比较。

b. 色差的观察与测量。

光路同上，在光源前附加红色和蓝色滤波片，分别测出透镜的焦距。

（3）选做实验。

自行设计光路，观察透镜的彗差、像散、像面弯曲和畸变。

（4）运行配套软件光盘中所需要模拟的像差现象图，观察其现象并总结对应的规律。

【思考题】

（1）几何像差包括哪些像差？它们各有什么特点？

(2)场曲有什么特点,它与像散有什么关系?

(3)为什么望远镜常采用双胶合透镜? 它能消除哪些像差?

实验 6.2　星点法测量光学系统的单色像差及色差

根据几何光学的观点,光学系统的理想状况是点物成点像,即物空间一点发出的光能量在像空间也集中在一点上,但由于像差的存在,在实际中是不可能的。评价一个光学系统像质优劣的依据是物空间一点发出的光能量在像空间的分布情况。在传统的像质评价中,人们先后提出了许多像质评价的方法,其中用得最广泛的有分辨率法、星点法和阴影法(刀口法),此处利用星点法。

【实验目的】

(1)了解平行光管的结构及工作原理。

(2)掌握平行光管的使用方法。

(3)了解色差的产生原理。

(4)学会用平行光管测量透镜的色差。

(5)掌握星点法测量成像系统单色像差的原理及方法。

【实验原理】

1)平行光管结构介绍

平行光管主要是用来产生平行光的,它是一种长焦距、大口径,并具有良好像质的仪器,与前置镜或测量显微镜组合使用,既可用于观察、瞄准无穷远目标,又可作光学部件、光学系统的光学常数测定以及成像质量的评定和检测。

根据几何光学原理,无限远处的物体经过透镜后将成像在焦平面上;反之,从透镜焦平面上发出的光线经透镜后将成为一束平行光。如果将一个物体放在透镜的焦平面上,那么它将成像在无限远处。

图 6.2.1 为平行光管的结构原理图。平行光管由物镜、分划板(置于物镜焦平面上)、光源和毛玻璃(使分划板被均匀照亮)组成。由于分划板置于物镜的焦平面上,因此,当光源照亮分划板后,分划板上每一点发出的光经过透镜后,都成为一束平行光。又由于分划板上有根据需要而刻成的分划线或图案,这些刻线或图案将成像在无限远处。对观察者来说,分划板又相当于一个无限远距离的目标。

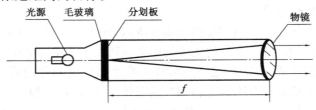

图 6.2.1　平行光管的结构原理图

根据平行光管要求的不同,分划板可刻有各种各样的图案。图 6.2.2 是几种常见的分划板图案形式。图 6.2.2(a)是刻有十字线的分划板,常用于仪器光轴的校正;图 6.2.2(b)是带角度分划的分划板,常用于角度测量;图 6.2.2(c)是中心有一个小孔的分划板,又被称为星点板。

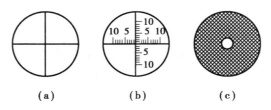

(a)　　　　　(b)　　　　　(c)

图 6.2.2　分划板的几种常见形式

2) 星点法介绍

光学系统对相关照明物体或自发光物体成像时,可将物光强分布看成无数个具有不同强度的独立发光点的集合。每一个发光点经过光学系统后,由于衍射和像差以及其他工艺疵病的影响,在像面处得到的星点像光强分布是一个弥散光斑,即点扩散函数。在等晕区内,每个光斑都具有完全相似的分布规律,像面光强分布是所有星点像光强的叠加结果。因此,星点像光强分布规律决定了光学系统成像的清晰程度,也在一定程度上反映了光学系统对任意物分布的成像质量。上述的点基元观点是进行星点检验的基本依据。

星点检验法是通过考察一个点光源经光学系统后在像面及像面前后不同截面上所成衍射像,通常称为星点像的形状及光强分布来定性评价光学系统成像质量好坏的一种方法。由光的衍射理论可知,一个光学系统对一个无限远的点光源成像,其实质就是光波在其光瞳面上的衍射结果,焦面上的衍射像的振幅分布就是光瞳面上振幅分布函数亦称光瞳函数的傅里叶变换,光强分布则是振幅模的平方。对于一个理想的光学系统,光瞳函数是一个实函数,而且是一个常数,代表一个理想的平面波或球面波,因此,星点像的光强分布仅仅取决于光瞳的形状。在圆形光瞳的情况下,理想光学系统焦面内星点像的光强分布就是圆函数的傅里叶变换的平方即爱里斑光强分布,即

$$\begin{cases} \dfrac{I(r)}{I_0} = \left[\dfrac{2J_1(\psi)}{\psi} \right]^2 \\ \psi = kr = \dfrac{\pi \cdot D}{\lambda \cdot f'} r = \dfrac{\pi}{\lambda \cdot F} r \end{cases}$$

式中,$I(r)/I_0$ 为相对强度(在星点衍射像的中间规定为 1.0),r 为在像平面上离开星点衍射像中心的径向距离,$J_1(\psi)$ 为一阶贝塞尔函数。

通常,光学系统也可能在有限共轭距内是无像差的,在此情况下 $k = (2\pi/\lambda)\sin u'$,其中,$u'$ 为成像光束的像方半孔径角。

无像差衍射受限系统星点衍射像如图 6.2.3 所示,在焦点上,中心圆斑最亮,外面围绕着一系列亮度迅速减弱的同心圆环。衍射光斑的中央亮斑集中了全部能量的 80% 以上,其中第一亮环的最大强度不到中央亮斑最大强度的 2%。在焦点前后对称的截面上,衍射图形完全相同。光学系统的像差或缺陷会引起光瞳函数的变化,从而使对应的星点像产生变形或改变其光能分布。待检系统的缺陷不同,星点像的变化情况也不同。故通过将实际星点衍射像与理想星点衍射像进行比较,可反映出待检系统的缺陷并以此评价像质。

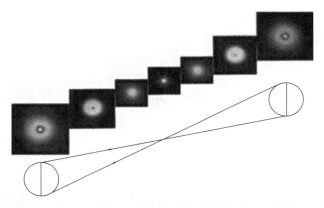

图 6.2.3　无像差衍射受限系统焦点前后不同截面的星点衍射像

【实验仪器】

平行光管、LED(红、蓝)、可调光阑、被测透镜、CMOS 摄像机、计算机、环带光阑、光具座、导轨、机械调整件等。

【实验内容】

1)色差测量

(1)实验光路中在导轨上的元器件依次为平行光管、环带光阑、被测透镜、CMOS 摄像机(安装在二维平移台上)。按此顺序在导轨上搭建观测透镜色差的实验装置。

(2)调节 LED、环带光阑(可任意选择,但测量色差时整个过程应使用同一环带光阑)、平行光管、被测透镜和 CMOS 摄像机,使它们在同一光轴上。具体操作步骤:先取下星点板,使人眼可以直接看到通过平行光管和被测透镜后的会聚光斑。调节 LED、被测透镜和 CMOS 摄像机的高度及位置,使平行光管、被测透镜和 CMOS 摄像机靶面共轴,且会聚光斑打在 CMOS 摄像机靶面上。

(3)装上 50 μm 的星点板,微调 CMOS 摄像机位置,使得 CMOS 摄像机上光斑亮度最强,如图 6.2.4(a)所示。此时选用蓝色 LED 光源,调节 CMOS 摄像机下方的平移台,使 CMOS 摄像机向被测透镜方向移动,直到观测到一个会聚的亮点,如图 6.2.4(b)所示,记下此时平移台上螺旋丝杆的读数 X_1。此时将光源换为红色 LED,可看见视场图案如图 6.2.4(c)所示,摄像机靶面上呈现一个弥散斑。

(4)调节平移台,使 CMOS 摄像机向远离被测镜头方向移动,又可观测到一个会聚的亮点,如图 6.2.4(d)所示,记下此时平移台上螺旋丝杆的读数 X_2。

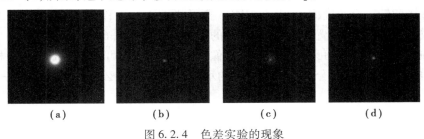

(a)　　　　　　　(b)　　　　　　　(c)　　　　　　　(d)

图 6.2.4　色差实验的现象

（5）位置色差：$\Delta L'_{\text{FC}} = L'_{\text{F}} - L'_{\text{C}} = X_1 - X_2$。

2）单色像差测量

（1）球差测量。

①实验光路中在导轨上的元器件依次为平行光管、环带光阑、被测透镜、CMOS 摄像机（安装在二维平移台上）。按此顺序在导轨上搭建观测轴上光线球差的实验装置，光源任选，此处用红色 LED。

②调节各个光学元件与 CMOS 摄像机靶面同轴，沿光轴方向前后移动 CMOS 摄像机，找到通过被测透镜后，星点像中心光最强的位置。前后轻微移动 CMOS 摄像机，观测星点像的变化，可看到球差的现象。效果图如图 6.2.5 所示。

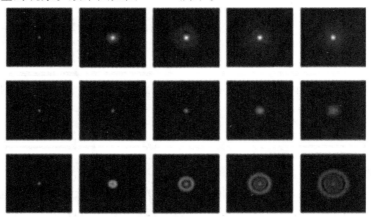

图 6.2.5　球差效果图

③选用最小环带光阑，移动 CMOS 摄像机找到汇聚点，读取平移台丝杆读数 X_1；移动 CMOS 摄像机寻找最大环带光阑的汇聚点，读取平移台丝杆读数 X_2。

④数据处理。

计算透镜对红色光源的轴向球差，即 $X_2 - X_1$。

（2）彗差的观察与像散测量。

①实验光路中在导轨上的元器件依次为平行光管、环带光阑、被测透镜、CMOS 摄像机（安装在二维平移台上）。按此顺序在导轨上搭建观测轴外光线彗差和像散的实验装置。

②调节各个光学元件与 CMOS 摄像机靶面同轴，沿光轴方向前后移动 CMOS 摄像机，找到通过透镜后，星点像中心光最强的位置。

③轻微调节使透镜与光轴成一定夹角，转动透镜，观测 CMOS 摄像机中星点像的变化即彗差，效果图如图 6.2.6（a）所示。

④将透镜微转一个角度固定，调节 CMOS 摄像机下面的平移台，分别找到子午焦线与弧矢焦线的位置，计算两个位置的距离，即透镜的像散。效果如图 6.2.6（b）所示。

⑤在轴向改变平移台可以调整 COMS 摄像机的前后位置，可以在 CMOS 摄像机上观察到子午聚焦面和弧矢聚焦面，分别读取平移台的示数 X_1 和 X_2，那么，透镜像散为 $X_2 - X_1$。

（a）彗差效果示意图

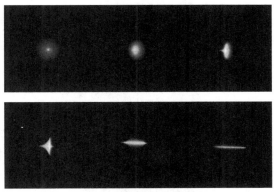

（b）像散效果示意图

图 6.2.6 轴外像差效果图

【思考题】

（1）位置色差产生的原因是什么？

（2）消除球差是指任何孔径的球差都消除了吗？

（3）什么是星点检验法？

实验 6.3 阴影（刀口）法测量光学系统像差

1856 年,傅科发表了傅科刀口检验法。刀口阴影法可灵敏地判别会聚球面波前的完善程度。物镜存在的几何像差使得不同区域的光线成像到空间的不同位置上。刀口在像面附近切割成像光束,即可看到具有特定形状的阴影图;另一方面,物镜的几何像差对应出瞳处的一定波像差,并由此可求得刀口图方程及其相应的阴影图。反之,由阴影图也可检测典型几何像差。刀口阴影法所需设备简单,检测法简便、直观,故非常有实用价值。

【实验目的】

（1）熟悉刀口阴影法检测几何像差原理。

（2）掌握球差的阴影图特征。

（3）利用图像处理方法测量轴向球差。

【实验原理】

对于理想成像系统,成像光束经过系统后的波面是理想球面,如图 6.3.1 所示,所有光线都会聚于球心 O。此时用不透明的锋利刀口以垂直于光轴的方向切割该成像光束,当刀口正

好位于光束会聚点 O 点处(位置 N_2)时,则原本均匀照亮的视场会变暗一些,但整个视场仍然是均匀的(阴影图 M_2)。如果刀口位于光束交点之前(位置 N_1),则视场中与刀口相对系统轴线方向相同的一侧视场出现阴影,相反的方向仍为亮视场(阴影图 M_1)。当刀口位于光束交点之后(位置 N_3),则视场中与刀口相对系统轴线方向相反的一侧视场出现阴影,相同的方向仍为亮视场(阴影图 M_3)。

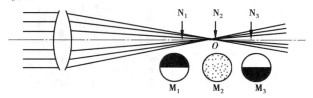

图 6.3.1　理想系统刀口阴影图

实际光学系统由于存在球差,成像光束经过系统后不再会聚于轴上同一点。此时,如果用刀口切割成像光束,根据系统球差的不同情况,视场中会出现不同的图案形状。图 6.3.2 所示是 4 种典型的球差以及其相应的阴影图。(a)和(b)为球差校正不足和球差校正过度的情况,相当于单片正透镜和单片负透镜球差情况。这两种情况在设计和加工质量良好的光学系统中一般极少见到,除非是把有的镜片装反了,检验时把整个光学镜头装反了,或是系统中某个光学间隔严重超差;(c)和(d)所示为实际光学系统中常见的带球差情况。

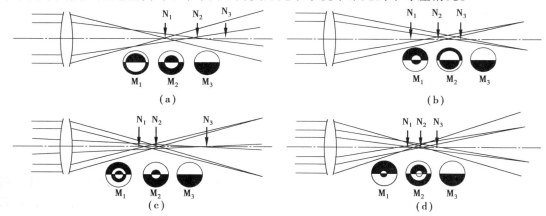

图 6.3.2　系统存在球差时的阴影图

利用刀口阴影法对系统轴向球差进行测量就是要判断出与视场图案中亮暗环带分界(呈均匀分布的半暗圆环)位置相对应的刀口位置,一般系统球差的表示以近轴光束的焦点作为球差原点。

【实验仪器】

平行光管、LED 光源、环带光阑(3 个)、被测透镜、简易刀口、CMOS 摄像机、计算机、导轨、机械调整件等。

【实验步骤】

1）球差测量

（1）实验光路中在导轨上的元器件依次为平行光管、环带光阑（3 个）、被测透镜、简易刀口、CMOS 摄像机。搭建刀口阴影法测量球差的实验装置，调节小孔光阑的高度与平行光管的中心高度相同，并且使小孔光阑作为高度标志物实现整个光路的共轴等高调节。

（2）LED（任意颜色）光源通过小孔平行光管准直，待被测透镜汇聚焦点，通过最大、最小两种环带光阑分别选光，使用刀口装置在焦点位置附近沿垂直光轴方向切过，在焦点后的观察装置依次接收阴影，根据阴影环的变化现象寻找汇聚点，测量两个汇聚点得到轴向的球差。

注意：实验的关键是找到聚焦点，刀口如果是切到聚焦点，则 CMOS 摄像机可以看到光斑瞬间变暗，改变光阑大小分别找到聚焦点，计算聚焦点之间的距离，即为轴向像差。

2）像散测量

（1）LED 光源通过小孔平行光管准直，通过最小光阑选光，待被测透镜汇聚焦点，使用刀口装置 45°切入光轴，并将平移台沿光轴方向移动，计算阴影方向相互正交的两个轴向位置之差。

（2）实验现象过程示意图如图 6.3.3 所示。

（3）刀口在光轴上移动过程中，记录横向和竖向对应平移台示数分别为 X_1、X_2，X_2-X_1，即为像散测量值。

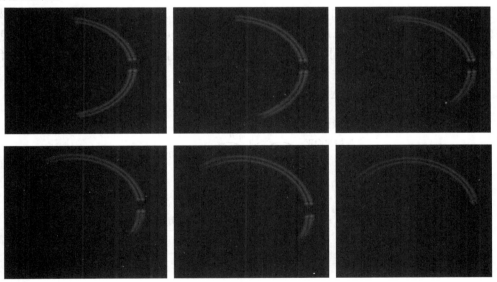

图 6.3.3　刀口法猜测像散示意图

【思考题】

刀口法检测几何球差的原理是什么？

实验6.4 剪切干涉测量光学系统像差

剪切干涉是利用待测波面自身干涉的一种干涉方法,它具有一般光学干涉测量方法的优点,即非接触性、灵敏度高和精度高,同时由于它无须参考光束,采用共光路系统,因此,干涉条纹稳定,对环境要求低,仪器结构简单,造价低,在光学测量领域获得了广泛的应用。横向剪切干涉是其中重要的一种形式。利用玻璃平行平板构成简单的横向剪切干涉仪,可以观察到单薄透镜的剪切干涉条纹,并由干涉条纹分布求出透镜的几何像差和离焦量。

【实验目的】

(1)了解和掌握通过剪切干涉测量光学系统像差的原理。

(2)掌握利用大球差镜头的剪切干涉条纹分布测算出该镜头的初级球差比例系数和光路的轴向离焦量的方法。

【实验原理】

剪切干涉在光路上的简单化,不用参考光束,干涉波面的解答比较复杂,在数学处理上较烦琐,利用计算机的剪切干涉技术是当前光学测量技术发展的热点。

如图6.4.1所示,假设 W 和 W' 分别为原始波面和剪切波面,原始波面相对于平面波的波像差(光程差)为 $W(\xi,\eta)$,其中 $P(\xi,\eta)$ 为波面上的任意一点 P 的坐标,当波面在 ξ 方向上有一位移 s(即剪切量为 s)时,在同一点 P 上剪切波面上的波像差为 $W(\xi-s,\eta)$,所以原始波面与剪切波面在 P 点的光程差(波像差)为:

$$\Delta W(\xi,\eta) = W(\xi,\eta) - W(\xi-s,\eta) \tag{6.4.1}$$

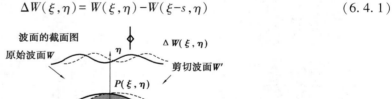

图 6.4.1 横向剪切的两个波面

由于两波面有光程差 ΔW,所以会形成干涉条纹,设在 P 点的干涉条纹的级次为 N,光的波长为 λ,则有

$$\Delta W = N\lambda \tag{6.4.2}$$

能产生横向剪切干涉的装置很多,最简单的是利用平行平板。由于平行平板有一定的厚度和对入射光束的倾角,因此,通过被检测透镜后的光波被玻璃平板前后表面反射后形成的两个波面发生横向剪切干涉,剪切量为 $s,s = 2dn\cos i'$,其中,d 为平行平板的厚度,n 为平行平

板的折射率, i' 为光线在平行平板内的折射角。s 一般为 $1\sim3$ mm。当使用的光源为氦氖激光时,由于光源良好的时间和空间相干性,就可以看到很清晰的干涉条纹。条纹的形状反映波面的像差。分析计算如下。

如图 6.4.2 所示,光学系统的物平面和入射光瞳平面的坐标分别为 (x,y) 和 (ξ,η), AO 为光轴。对于旋转轴对称的透镜系统,只需要考虑物点在 y 轴上的情形[物点的坐标为 $(0,y_0)$]。波面的光程 W 只是 ξ、η 和 y_0 的函数,即

$$W(\xi,\eta,y_0) = E_1 + E_3 + \cdots \tag{6.4.3}$$

其中, E_1 是近轴光线的光程,则有

$$E_1 = a_1(\xi^2 + \eta^2) + a_2 y_0 \eta \tag{6.4.4}$$

式(6.4.4)中, $a_1 = \Delta z/2f^2$, $a_2 = 1/f$, y_0 是物点的垂轴离焦距离, Δz 物点的轴向离焦距离。

E_3 是赛得像差(初级波像差系数: b_1 场曲, b_2 畸变, b_3 球差, b_4 彗差, b_5 像散),有

$$E_3 = b_1 y_0^2(\xi^2 + \eta^2) + b_2 y_0^3 \eta + b_3(\xi^2 + \eta^2)^2 + b_4 y_0 \eta(\xi^2 + \eta^2) + b_5 y_0^2 \eta^2 \tag{6.4.5}$$

为了计算结果的表达方便,将式(6.4.1)写成对称的形式,光瞳面 (ξ,η) 上原始波面与剪切波面的剪切干涉的结果为

$$\Delta W(\xi,\eta,s) = W(\xi+s/2,\eta) - W(\xi-s/2,\eta) \tag{6.4.6}$$

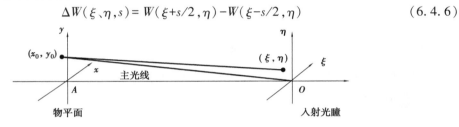

图 6.4.2　计算原理图

将式(6.4.4)、式(6.4.5)代入式(6.4.6)就可得具体的表达式,下面只讨论透镜具有初级球差和轴向离焦的情况。

(1)扩束镜(短焦距透镜)焦点与被测准直透镜焦点 F 不重合(即物点与 F 不重合),但只有轴向离焦(Δz 不为零, $y_0 = 0$),没有初级球差时

$$W(\xi,\eta) = a_1(\xi^2 + \eta^2) + a_2 y_0 \eta \tag{6.4.7}$$

由于剪切方向在 ξ 方向,所以

$$\Delta W(\xi,\eta,s) = 2a_1 \xi s \tag{6.4.8}$$

所以干涉条纹方程为: $\xi = \dfrac{m\lambda}{2a_1 s}$ ($m = 0, \pm1, \pm2, \cdots$)(为平行于 η 轴,间隔为 $\dfrac{\lambda}{2a_1 s}$ 的直条纹,剪切条纹的零级条纹在 $\xi = 0$)。

(2)扩束镜焦点与被测准直透镜焦点 F 不重合,只有轴向离焦(Δz 不为零, $y_0 = 0$),透镜具有初级球差(b_3 不为零),剪切方向在 ξ 方向时

$$W(\xi,\eta) = a_1(\xi^2 + \eta^2) + b_3(\xi^2 + \eta^2)^2 \tag{6.4.9}$$

所以波像差方程为

$$\Delta W(\xi,\eta,s) = 2\xi s[a_1 + 2b_3(\xi^2 + \eta^2)] + b_3 \xi s^3 \tag{6.4.10}$$

此时亮条纹方程为

$$2\xi s[a_1 + 2b_3(\xi^2 + \eta^2)] + b_3 \xi s^3 = m\lambda \quad (m = 0, \pm1, \pm2, \cdots) \tag{6.4.11}$$

（3）初级球差 $\delta L'$ 与孔径的关系式为

$$\delta L' = A\left(\frac{h}{f'}\right)^2 \tag{6.4.12}$$

其中，$h^2 = \xi^2 + \eta^2$，ξ 和 η 为孔径坐标，f' 为透镜的焦距，A 为初级几何球差比例系数。

而对应的波像差为其积分，即

$$W = \frac{n'}{2}\int_0^h \delta L' \mathrm{d}\left(\frac{h}{f'}\right)^2 \tag{6.4.13}$$

将式（6.4.12）代入式（6.4.13）积分结果为

$$W(\delta L') = \frac{Ah^4}{4f'^4} = b_3(\xi^2 + \eta^2)^2 \tag{6.4.14}$$

由于 $h^2 = \xi^2 + \eta^2$，所以由式（6.4.12）、式（6.4.14）可以求出 b_3 与 $\delta L'$、A 的关系式为

$$b_3 = \frac{\delta L'}{4f'^2 h^2} = \frac{A}{4f'^4} \tag{6.4.15}$$

因此，在式（6.4.10）中，令 $\Delta W = \frac{1}{2}m\lambda$ 就得到实验中的暗条纹方程，即

$$2\xi s a_1 + 4s b_3 \xi^3 + 4s b_3 \xi \eta^2 + b_3 \xi s^3 = \frac{1}{2}m\lambda \tag{6.4.16}$$

利用最小二乘法拟合由实验图上暗条纹的分布解出 a_1 和 b_3，由式（6.4.4）的说明和式（6.4.16）分别求出轴向离焦量 Δz 和初级球差 $\delta L'$。

【实验仪器】

He-Ne 激光器、显微物镜（扩束镜）、针孔、可调光阑、平凸薄透镜（100 mm）、平行平晶、白屏、带变焦镜头的 CMOS 摄像机、处理软件、轨道、支杆、调节支座、平移台、滑块、磁性表座等。

【实验内容】

（1）实验光路中，在导轨上的元器件依次为 He-Ne 激光器、显微物镜（带针孔）、平凸薄透镜（100 mm）、平行平晶。白屏放在桌子上接收倾斜平行平晶的反射光，带变焦镜头的 CMOS 摄像机将图样采集到计算机中。平凸薄透镜即为待测透镜。

（2）调整氦氖激光器输出光与导轨面平行且居中：使用可调光阑（孔径调到最小）作为高度标志物，调整氦氖激光器的高度及俯仰使可调光阑在导轨上移动时激光都能从小孔中穿过，保持此可调光阑高度不变，作为后续调整标志物。

（3）将各个光学元器件放置在激光器出光孔处，调整各器件高度与激光等高。

（4）调整显微物镜（扩束镜）时，应推动物镜旋钮靠近针孔，推动过程中需不断调整针孔位置使得透射光光斑最亮，当光通过扩束镜后的光点是最亮的，无衍射条纹，光斑变得均匀时，说明显微物镜（扩束镜）已调好。

（5）放置待测透镜将激光光束准直，让激光通过扩束镜、针孔和薄透镜后为平行光（扩束镜的焦点和准直镜的焦点重合），此时待测透镜下方轴向的平移丝杆读数为 L_1。使激光从平行平板的中心通过，白屏上的光点高度应和 CMOS 摄像机上的变焦镜头在同一高度。此时在白屏上出现的图案如图 6.4.3 所示。

（6）把可调光阑放置在薄透镜和平行平晶之间，把光阑孔径调到最小，这样白屏上会出现两个亮点，如图 6.4.4 所示。用 CMOS 摄像机采集图像，CMOS 摄像机的成像面与白屏平行且白屏上的刻度尺要保证水平，否则会影响计算精度。用计算机软件进行标定并求出这两个亮点之间的距离，这个距离就是剪切量 s。

（7）移去可调光阑，调节薄透镜支座下的平移台，让透镜向光源方向移动产生轴向离焦，并记录读数 L_2，则轴向离焦 $\Delta Z = L_2 - L_1$。为了保证计算精度，这时白屏上出现的图案如图 6.45 所示（保证图像中心条纹为亮条纹，且图中亮纹个数至少为 7 条）。

图 6.4.3　焦点处的图像　　　　图 6.4.4　剪切量计算图　　　　图 6.4.5　离焦时的图像

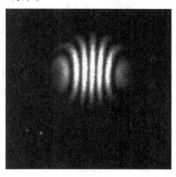

用 CMOS 摄像机采集此图案（图像大小为 256×256）（采集时让实验室处于暗环境）。

（8）利用软件求出被测透镜的轴向离焦量和初级球差，并与测量的轴向离焦量及理论值初级球差比例系数比较。

注意：实验结束时要将调节短焦距透镜支架的微调旋钮旋转到零位，避免内部的器件因长期受力而变形。

【思考题】

（1）在实验中，为什么各个光学元件必须严格同心？

（2）剪切干涉法在该实验中都测量了哪些量？

实验 6.5　连续空间频率传递函数的测量实验

　　光学传递函数理论是在傅里叶分析理论的基础上发展起来的。1938 年，德国人弗里赛对鉴别率法进行改进，提出用亮度呈正弦分布的分划板来检验光学系统，并且证实了这种鉴别率板经照相系统成像后像的亮度分布仍然是同频率的正弦分布，只是振幅被削弱了。1946 年，法国科学家 P. M. Duffheux 正式出版了一本阐述傅里叶变换方法在光学中应用的书，并首次提出传递函数的概念，从此开拓了像质评价的新领域。与传统的光学系统像质评价方法（如星点法和分辨率法）相比，用光学传递函数方法来评价光学系统成像能力更加全面，且不依赖观察个体，评价结果更客观。

【实验目的】

(1)了解衍射受限的基本概念。

(2)掌握线扩散函数在光学传递函数中的基本原理和应用。

(3)了解快速傅里叶变换在计算测量时的应用。

(4)了解光学镜头及其参数对传递函数的影响,掌握传递函数评估的基本原理。

【实验原理】

1)光学传递函数的基本理论

傅里叶光学证明了光学成像过程可以近似作为线形空间不变系统来处理,从而可以在频域中讨论光学系统的响应特性。任何二维物体 $\psi_i(x, y)$ 都可以分解成一系列 x 方向和 y 方向的不同空间频率(ν_x, ν_y)简谐函数(物理上表示正弦光栅)的线性叠加,即

$$\psi_i(x, y) = \int_{-\infty}^{\infty} \int_{-\infty}^{\infty} \psi_i(\nu_x, \nu_y) \exp[i2\pi(\nu_x x + \nu_y y)] \, d\nu_x d\nu_y \qquad (6.5.1)$$

式中,$\psi_i(\nu_x, \nu_y)$ 为 $\psi_i(x, y)$ 的傅里叶谱,它正是物体所包含的空间频率(ν_x, ν_y)的成分含量,其中,低频成分表示缓慢变化的背景和大的物体轮廓,高频成分则表征物体的细节。

当该物体经过光学系统后,各个不同频率的正弦信号发生两个变化,首先是调制度(或反差度)下降,其次是相位发生变化,这一综合过程可表达为

$$\psi_o(\nu_x, \nu_y) = H(\nu_x, \nu_y) \times \psi_i(\nu_x, \nu_y) \qquad (6.5.2)$$

式中,$\psi_o(\nu_x, \nu_y)$ 表示像的傅里叶谱。$H(\nu_x, \nu_y)$ 称为光学传递函数,是一个复函数,它的模为调制度传递函数(modulation transfer function,MTF),相位部分则为相位传递函数(phase transfer function,PTF)。显然,当 $H=1$ 时,表示像和物完全一致,即成像过程完全保真,像包含了物的全部信息,没有失真,光学系统成完善像。

由于光波在光学系统孔径光阑上的衍射以及像差(包括设计中的余留像差及加工、装调中的误差),信息在传递过程中不可避免要出现失真,总的来讲,空间频率越高,传递性能越差。

对像的傅里叶谱 $\psi_o(\nu_x, \nu_y)$ 再作一次逆变换,就得到像的光强分布,即

$$\psi_o(\xi, \eta) = \int_{-\infty}^{\infty} \int_{-\infty}^{\infty} \psi_o(\nu_x, \nu_y) \exp[i2\pi(\nu_x \xi + \nu_y \eta)] \, d\nu_x d\nu_y \qquad (6.5.3)$$

2)传递函数测量的基本理论

(1)衍射受限的含义。

衍射受限是指在理想光学系统里,根据物理光学的理论,光作为一种电磁波,通过光学系统中限制光束口径的孔径光阑时发生衍射,在像面上实际得到的是一个具有一定面积的光斑而不能是一理想像点的情况。所以即使是理想光学系统中,其光学传递函数超过一定空间频率以后也等于零。该空间频率称为系统的截止频率,公式如下:

$$\nu_o = \frac{2n'\sin U'_{\max}}{\lambda} \qquad (6.5.4)$$

式中,ν_o 为像方截止频率,n' 为像方折射率,$U'_{\max}$ 为像方孔径角,λ 为光的波长。

据上所述,物面上超过截止频率的空间频率是不能被光学系统传递到像面上的,因此,光学系统可以看作一个只能通过较低空间频率的低通滤波器。这样通过对低于截止频率的频

谱进行分析就可以对像质进行评价了。我们把理想光学系统所能达到的传递函数曲线称为该系统传递函数的衍射受限曲线。由于实际光学系统存在各种像差,其传递函数值在各个频率上均比衍射受限频谱曲线所对应的值低。

(2)传递函数连续测量的原理。

当目标物为一狭缝,设狭缝的方向为 y 轴时,在 x 轴上它是一个非周期的函数,如图 6.5.1 所示。

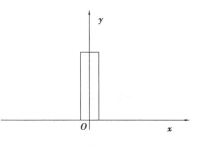

狭缝函数可以分解成无限多个频率间隔的振幅频谱函数。由于它们是空间频率的连续函数,因此对狭缝传递函数的研究可以得到所测光学系统在一段连续的空间频率的传递函数分布。实际目标中的几何线(即宽度为无限细的线)成像后均被模糊了,即几何线被展宽了,它的函数称为线扩散函数。设光学系统的线扩散函数(line spreading function,

图 6.5.1 狭缝的函数图

LSF)为 $L(x)$,狭缝函数(即从狭缝输出的光强分布的几何像)为 $\eta(x)$。根据傅里叶光学的原理,在像面上的光强分布 $L'(x)$ 为:

$$L'(x) = L(x) * \eta(x) \tag{6.5.5}$$

使用面阵探测器接收像面的光强分布时,式(6.5.5)表明测出的一维光强分布函数为线扩散函数与狭缝函数的卷积。对式(6.5.5)进行傅里叶变换,得到

$$M'(\nu) = \text{FT}\{L'(x)\} = \text{FT}\{L(x)\} \times = \text{FT}\{\eta(x)\} = M(\nu) \times \widetilde{\eta}(\nu) \tag{6.5.6}$$

式中,FT 表示傅里叶变换,$M(\nu)$ 为线扩散函数 $L(x)$ 的傅里叶变换,即一维光学传递函数,$\widetilde{\eta}(\nu)$ 为狭缝函数的傅里叶变换。式(6.5.6)表明,$L'(x)$ 的傅里叶变换为光学传递函数与狭缝函数的几何像的傅里叶变换的乘积。如果已知 $\eta(x)$,通过对式(6.5.6)的修正即可得到光学传递函数。

当狭缝足够细,例如,比光学系统的线扩散函数的特征宽度小一个数量级以上,$\eta(x) \approx \delta(x)$,就有

$$\left. \begin{array}{l} L'(x) \approx L(x) \\ M'(\nu) \approx M(\nu) = \text{FT}\{L'(x)\} \end{array} \right\} \tag{6.5.7}$$

对 $L'(x)$ 直接进行快速傅里叶变换处理就得到一维光学传递函数。

狭缝法测试 MTF 的原理是采用狭缝对一个被测光学系统成像,对采集到的带有原始数据和噪声的图像信号数字化后进行去噪处理,再对处理过的 LSF 进行傅里叶变换取模得到包括目标物在内的整个系统的 MTF,最后对影响因素进行修正得到最终被测系统的 MTF。实验包括有限共轭光路和无限共轭光路(图 6.5.2)两种方式。对于无限共轭光路系统,影响因素主要有目标狭缝、准直透镜和 CMOS 摄像机各部分本身的 MTF;对于有限共轭光路系统则主要是目标狭缝和 CMOS 摄像机的影响。

评价光学系统成像质量(像质评价)时通常要对一对正交方向的传递函数进行测量。

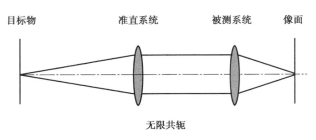

图 6.5.2　无限共轭测试光路

【实验仪器】

白光 LED 光源、狭缝(25 μm)、准直透镜、待测透镜、CMOS 摄像机、处理软件、轨道、支杆、调节支座、平移台、滑块、计算机等。

【实验内容】

(1)如图 6.5.3 所示,将光源、狭缝、准直镜、待测透镜和 CMOS 摄像机放置在平台上(或者导轨滑块上),调节所有光学器件共轴等高,打开光源,CMOS 摄像机通过数据线与计算机相连。

图 6.5.3　光学系统传递函数测量实物图

(2)运行实验软件,选择"采集模块"中的"采集图像",调整 CMOS 摄像机和透镜间的距离,使计算机图像画面上能出现狭缝分划板的像,找到分划板的像后,固定 CMOS 摄像机下的滑块,微调平移台,使成像清晰。

(3)如果图像亮度和对比度不够,可以适当调节软件采集模块的增益和曝光时间。当图像调节合适后,先单击"停止采集",然后单击"保存图像",将图片保存在计算机中。

(4)选择实验软件中的"MTF 测量"功能模块。单击"读图"读入刚保存的线对图,如图6.5.4 所示。

(5)单击"选取线扩散函数",将鼠标移至狭缝的中心,单击左键,则会出现一个红色的矩形框,如图 6.5.5 所示。

(6)单击"显示线扩散函数",则可以得到红色矩形框中狭缝图案的线性扩散函数图,如图 6.5.6 所示。

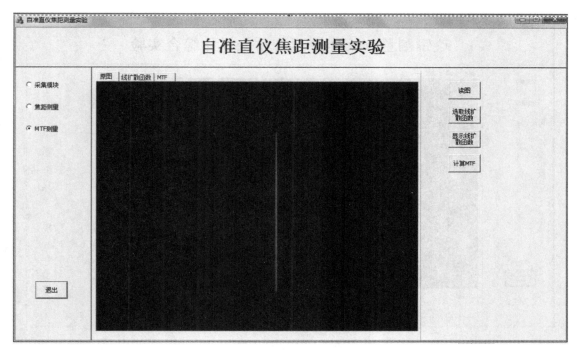

图 6.5.4　读入狭缝图

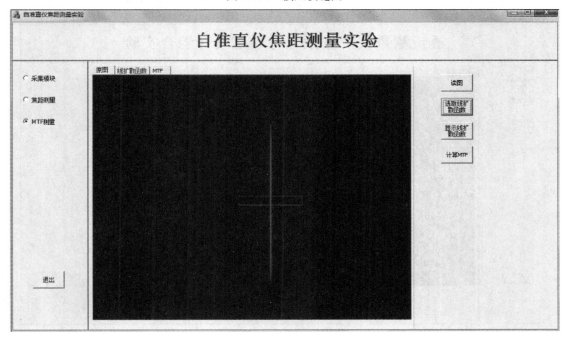

图 6.5.5　选择线扩散函数

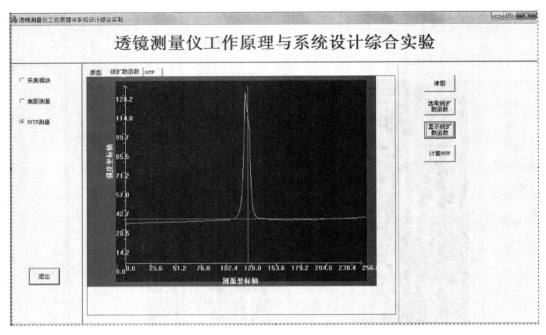

图 6.5.6　线扩散函数图

（7）单击"计算 MTF"，便可得到被测透镜的 MTF 图，如图 6.5.7 所示。

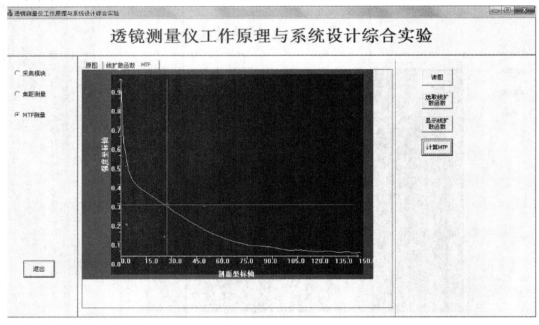

图 6.5.7　被测透镜的 MTF 图

【思考题】

（1）光学传递函数反映了什么？什么是 MTF？

（2）图 6.5.7 中的横坐标代表什么意思？

实验 6.6　数字式光学传递函数的测量和像质评价实验

光学传递函数（optical transfer function，OTF）是用来表征光学系统对不同空间频率的目标的传递性能，广泛用于对系统成像质量的评价。

【实验目的】

（1）了解光学镜头传递函数测量的基本原理。

（2）掌握光学传递函数测量和像质评价的近似方法，学习抽样、平均和统计算法。

【实验原理】

光学成像过程可以近似作为线性空间不变系统来处理，因此可以沿用通信理论中的线性系统理论来研究光学成像系统性能。对于相干和非相干照明下的衍射受限系统，可以分别给出它们的本征函数，把输入信息分解成由这些本征函数构成的频率分量，并考察每个空间频率分量通过光学系统后的振幅衰减和相位移动的情况，可以得出系统的空间频率特性，即传递函数。$H(x,y)$ 称为系统的光学传递函数，是一个复函数，它的模为调制度传递函数（MTF），相位部分则为相位传递函数（PTF）。显然，当 $H=1$ 时，表示像和物完全一致，即成像过程完全保真，像包含了物的全部信息，没有失真，光学系统成完善像。

调制度 m 定义为：

$$m = \frac{A_{max} - A_{min}}{A_{max} + A_{min}} \tag{6.6.1}$$

式中，A_{max} 和 A_{min} 分别表示光强的极大值和极小值。光学系统的调制传递函数 MTF 可表达为相同空间频率的像和物的调制度之比，即

$$\mathrm{MTF}(v_x, v_y) = \frac{m_o(v_x, v_y)}{m_i(v_x, v_y)} \tag{6.6.2}$$

除零频以外，MTF 的值永远小于 1。$\mathrm{MTF}(v_x, v_y)$ 表示在传递过程中调制度的变化，一般情况下，MTF 越高，系统的像越清晰。平时所说的光学传递函数往往是指调制度传递函数 MTF。图 6.6.1 给出了一个光学镜头的设计 MTF 曲线，不同视场的 MTF 不相同。

在生产检验中，为了提高效率，通常采用如下方法近似处理。

（1）使用某几个甚至某一个空间频率 v_0 下的 MTF 来评价像质。

（2）由于正弦光栅较难制作，常常用矩形光栅作为目标物。

本实验用 CCD 对矩形光栅的像进行抽样处理，测定像的归一化的调制度，并观察离焦对 MTF 的影响。该装置实际上是数字式 MTF 仪的模型。一个给定空间频率下的满幅调制（调制度 $m=1$）的矩形光栅目标物如图 6.6.2 所示。如果光学系统生成完善像，则抽样的结果只有 0 和 1 两个数据，像仍为矩形光栅。在软件中对像进行抽样统计，其直方图为一对 δ 函数，位于 0 和 1 处，如图 6.6.3 及图 6.6.4 所示。

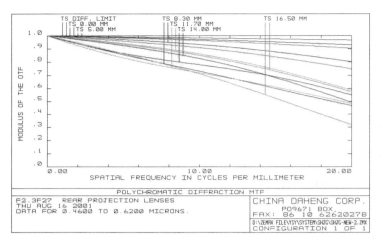

图 6.6.1　光学传递函数(不同曲线对应于不同视场)

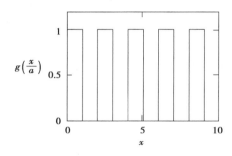

图 6.6.2　满幅调制(调制度 $m=1$)的矩形光栅目标函数

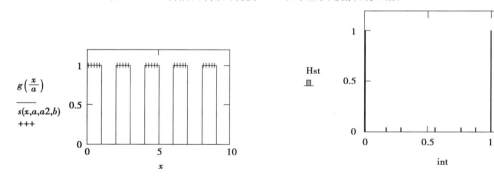

图 6.6.3　对矩形光栅的完善像进行抽样(样点用"+"表示)　　　　图 6.6.4　直方图统计

　　如上所述,由于衍射及光学系统像差的共同效应,实际光学系统的像不再是矩形光栅,如图 6.6.5 所示,波形的最大值 A_{max} 和最小值 A_{min} 的差代表像的调制度。对图 6.6.5 所示图形实施抽样处理,其直方图如图 6.6.6 所示 。找出直方图高端的极大值 m_H 和低端极大值 m_L,它们的差 m_H-m_L 近似代表在该空间频率下的调制传递函数 MTF 的值。为了比较全面地评价像质,不但要测量出高、中、低不同频率下的 MTF,从而大体给出 MTF 曲线,还应测定不同视场下的 MTF 曲线。

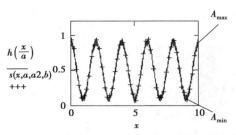

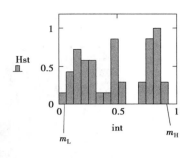

图 6.6.5　对矩形光栅的不完善像进行抽样（样点用"+"表示）　　图 6.6.6　直方统计图

【实验仪器】

白光 LED 光源、毛玻璃、变频朗奇光栅（80 线对、50 线对、25 线对和 10 线对）、透镜、待测透镜（f100）、CMOS 摄像头、处理软件、轨道、支杆、调节支座、平移台、滑块、计算机等。

【实验内容】

（1）实验光路中，元器件依次为 LED、准直镜、变频朗奇光栅、待测透镜和 CMOS 摄像头，在实验平台（或者在导轨）上安装好各器件。

（2）调节各光学元件的中心高度，使之同轴。变频朗奇光栅放置光路中，调整光栅位置，使之清晰成像在相机靶面上并让同一频率的水平和垂直光栅同时成像。此时，为了保证实验采集的条纹数据正确性，请保证朗奇光栅板与 CMOS 摄像头平行，即水平条纹与 CMOS 摄像头平行。

（3）保证图像清晰后，采集当前图像，并在"朗奇光栅测量 MTF"的子功能模块中单击"读图"按钮，读入刚才采集的图像。

（4）确认需要采样的区域像素尺寸（默认为 256×256 的矩形区域），在"截图选择"区域单击所需要的截图的图像为"子午方向"或"弧矢方向"，确认后单击"选择采集区域"按钮，软件会根据当前采集区域自动计算最暗值数据和最亮值数据，此时，数据会保存起来作为下一步计算使用的参数。

（5）单击"波形"选项，可观察步骤（4）采集的区域示意图，如图 6.6.7 所示。单击"子午方向计算"，根据之前采集的暗场数据和亮场数据对条纹光强归一化，观察此时归一化的子午方向条纹的强度分布，与基本原理相印证，此时朗奇光栅条纹经过传播后，成像不再为完整的黑白分明的线对。

（6）单击"子午向直方图"选项，然后单击"计算直方图"，可以观察此时子午向条纹的灰度直方图分布。将"灰度直方图"选钩去掉，可以任意输入采样数（此参数表示为：根据之前采集的归一化条纹，将归一化后的光强值划分为相同光强范围的区间数目）。然后重新单击"计算直方图"，此时根据采样数重新计算直方图，并计算此时的 MTF 值，如图 6.6.8 所示。此 MTF 值为当前光学系统在此时的光栅条件下的 MTF。可通过反复在不同区域采集来计算MTF 值，以得到平均数据。

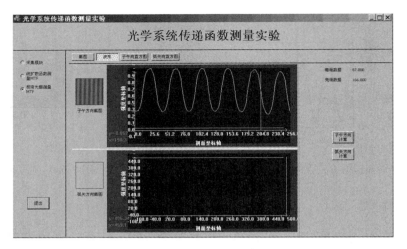

图 6.6.7　子午方向波形

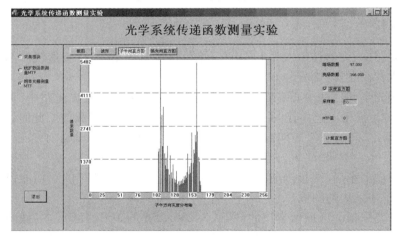

（a）灰度直方图

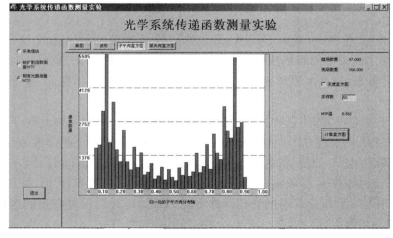

（b）归一化后的直方图

图 6.6.8　直方图

（7）重复以上实验步骤,可继续计算弧矢方向的 MTF 值。可通过重复步骤(4),或者直接在屏幕上拖动红色矩形方框,在不同区域采集数据,以保证数据的平均性。

【思考题】

（1）什么是 MTF?
（2）实验中为什么用矩形光栅作为目标物测量 MTF?

第 **7** 章
空间光调制器参数测量及应用实验

空间光调制器是一类能将信息加载于一维或两维的光学数据场上,以便有效地利用光的固有速度、并行性和互连能力的器件。这类器件可在随时间变化的电驱动信号或其他信号的控制下,改变空间上光分布的振幅或强度、相位、偏振态以及波长,或者把非相干光转化成相干光。由于这些性质,空间光调制器可作为实时光学信息处理、光计算等系统中构造单元或关键的器件。空间光调制器是实时光学信息处理,自适应光学和光计算等现代光学领域的关键器件,在很大程度上,空间光调制器的性能决定了这些领域的实用价值和发展前景。

空间光调制器一般按照读出光的方式不同,可以分为反射式和透射式;按照输入控制信号的方式不同,可分为光寻址(OA-SLM)和电寻址(EA-SLM);按照调制光参量的不同,又可分为振幅型、相位型和复合型。液晶空间光调制器是最常见的空间光调制器,应用光-光直接转换,具有效率高、能耗低、速度快、质量好等特点,可广泛应用到光计算、模式识别、信息处理、显示等领域,具有广阔的应用前景。

实验 7.1 空间光调制器液晶取向测量实验

【实验目的】

(1)了解空间光调制器的基础知识。

(2)理解空间光调制器的透光原理。

(3)测量空间光调制器的前后表面液晶分子取向,计算液晶扭曲角。

【实验原理】

根据液晶分子的空间排列不同,可将液晶分为向列型、近晶型、胆甾型 3 类。其中扭曲向列液晶(Twisted NematicLiquld Crystal,TNLC)是液晶屏的主要材料之一,它是一种各向异性的媒质,可以看作同轴晶体,晶体的光轴与液晶分子的长轴平行。TNLC 分子自然状态下扭曲排列,在电场作用下会沿电场方向倾斜,过程中对空间光的强度和相位都会产生调制。

如果定量分析液晶屏对光的调制特性,需要将调制过程用数学方法来模拟,液晶盒里的扭曲向列液晶可沿光的透过方向分层,每一层可看作单轴晶体,晶体的光轴与液晶分子的取向平行。由于分子的扭曲结构,分子在各层间按螺旋方式逐渐旋转,各层单轴晶体的光轴沿光的传输方向也螺旋式旋转,如图 7.1.1 所示。

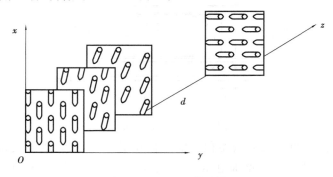

图 7.1.1　TNLC 分层模型

在空间光调制器液晶屏的使用中,光线依次通过起偏器 P_1、液晶分子、检偏器 P_2,如图 7.1.2 所示。光路中要求偏振片和液晶屏表面都在 $x-y$ 平面上,图中已经分别标出了液晶屏前后表面分子的取向,两者相差 $90°$。偏振片角度的定义是,逆着光的方向看,Φ_1 为液晶屏前表面分子的方向顺时针到 P_1 偏振方向的角度,Φ_2 为液晶屏后表面分子的方向逆时针到 P_2 偏振方向的角度。偏振光沿 z 轴传输,各层分子可以看作具有相同性质的单轴晶体,它的 Jones 矩阵表达式与液晶分子的寻常折射率 n_o 和非常折射率 n_e,以及液晶盒的厚度 d 和扭曲角 α 有关。除此之外,Jones 矩阵还与两个偏振片的转角 Φ_1、Φ_2 有关。因此光波强度和相位的信息可简单表示为 $T=T(\beta,\Phi_1,\Phi_2)$;$\delta=\delta(\beta,\Phi_1,\Phi_2)$,其中 $\beta=\dfrac{\pi d[n_e(\theta)-n_o]}{\lambda}$ 又称为双折射,它其实为隐含电场的量,因为 β 为非常折射率 n_e 的函数,非常折射率 n_e 随液晶分子的倾角 θ 改变,θ 又随外加电压而变化。

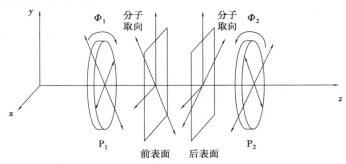

图 7.1.2　空间光调制器光路示意图

目前主流的液晶显示器组成比较复杂,它主要由荧光管、导光板、偏光板、滤光板、玻璃基板、配向膜、液晶材料、薄膜式晶体管等构成。作为空间光调制器来使用时,通常只保留液晶材料和偏振片。液晶被夹在两个偏振片之间,就能实现显示功能,光线入射面的称为起偏器,出射面的称为检偏器。实验时通常将这两个偏振片从液晶屏中分离出来,取而代之的是可旋转的偏振片,这样方便调节角度。在不加电压和加电压的情况下液晶屏的透光原理如图 7.1.3 所示。

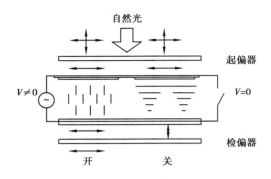

图 7.1.3　液晶屏的透光原理

图 7.1.3 中,液晶屏两侧的起偏器和检偏器相互平行,自然光透过起偏器后变为线偏振光偏振方向为水平。右侧 $V=0$,不加电压,液晶分子自然扭曲 90°,透过光的偏振方向也旋转 90°,与检偏器方向垂直,无光线射出,即为关态。然而在左侧 $V \neq 0$,分子沿电场方向排列,对光的偏振方向没有影响,光线经检偏器射出,即为开态。这样即实现了通过电压控制光线通过的功能。

要测量空间光调制器的调制特性,首先需要确定一些必要的参数。若通过改变光学系统来实现纯相位调制,需要的参数很多,包括液晶的厚度、液晶的双折射随电压的变化情况等。本实验中测量的是液晶屏的分子扭曲角和两个表面的分子取向。

【实验仪器】

线偏振激光器、圆形可调衰减器、可调光阑、半波片、空间光调制器、偏振片、功率计、光学平台等。

【实验内容】

(1)整体光路如图 7.1.4 所示,自左向右依次为线偏振激光器、半波片、SLM、偏振片和功率计。(如果激光器功率较高,可在激光器后方安置可调衰减器,如 532 nm 激光器功率输出约 50 MW,安装衰减器衰减光功率为 10 MW 左右)。

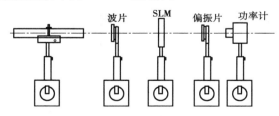

图 7.1.4　实验装置示意图

(2)调整激光器水平,借助可变光阑(开孔约 2 mm),光阑在激光器的近处和远处,分别调节激光夹持器的高度和俯仰旋钮,反复多次即可将激光器调平,最终使出射激光束与光学平台台面平行。

(3)标定偏振片的偏振方向,移开小孔光阑,在激光器后面安装圆形可调衰减器,在衰减后安装功率计,调整衰减器使激光功率衰减至 10 MW 左右,在功率计前安放偏振片,调整偏振的角度,同时观察功率计示数变化,待功率最强记录偏振片角度 ϕ_1,此示数对应偏振片的偏振方向(水平偏振,532 激光器输出为水平偏振;如果实验中使用氦氖偏振激光器,需要配合偏振分光棱镜找到氦氖激光器水平偏振位置,注意:偏振分光棱镜的透过为水平偏振,反射为竖直偏振)。

(4)标定半波片的快(慢)轴方向,在偏振标定基础上,在偏振片前安放半波片,旋转半波片,如果激光出射半波片的偏振方向与偏振片的偏振方向相同,那功率计示数为最大,此时记下半波片的示数 ϕ_2,即为快(慢)轴方向。

(5)测量液晶后表面液晶分子取向,将空间光调制器安放到偏振片前面,空间光调制器调处于断电状态,功率计只需接收零级衍射点即可,顺时针旋转偏振片到光强最大位置,记为偏振片角度为 ϕ_3(此时液晶后表面液晶分子取向与偏振片的偏振方向相同)。

(6)测量液晶前表面液晶分子取向,在液晶前面安放半波片,激光通过半波片中心,逆时针旋转半波片直到光强最大记录波片示数为 ϕ_4[此时液晶前表面液晶分子取向与半波片的快(慢)轴方向相同]。

(7)实验数据处理。

①间光调制器液晶后表面液晶分子取向与水平方向夹角为($\phi_3-\phi_1$)。

②空间光调制器液晶前表面液晶分子取向与水平方向夹角为 $2(\phi_4-\phi_2)$。

③液晶自然扭曲角为:($\phi_3-\phi_1$)+$2(\phi_4-\phi_2)$+$m\pi$。

(8)选做内容。

测量激光器的输出功率、激光通过半波片后的光功率、激光通过空间光调制器后的光功率、激光通过偏振片后的最大光功率。计算半波片、空间光调制器、偏振片的透射率。

【思考题】

(1)实验中能否用普通激光器和偏振片代替线偏激光器和半波片? 为什么?

(2)实验中能否用线偏激光器、1/4 波片? 偏振片来产生各方向的偏振光? 有何利弊?

实验7.2　空间光调制器振幅调制实验

【实验目的】

(1)了解振幅型空间光调制器的工作原理。

(2)测量 SLM 振幅调制模式时的偏振光角度。

(3)观察 SLM 振幅调制模式下的成像图案。

【实验原理】

空间光调制器按照 SLM 调制光参考量的不同可以分为振幅型、相位型和复合型。振幅空间光调制器通过对入射线偏振光进行调制后改变其偏振态,利用入射和出射偏振片的不同获得不同强度的出射偏振光,对光强的调制在光开关、光学信号识别、光学全息中有广泛应用。

在空间光调制器液晶屏的使用中,光线依次通过起偏器 P_1、液晶分子、检偏器 P_2,如图7.1.2 所示。如果偏振器件的透光方向与 x 轴夹角为 θ,那么在直角坐标系中该偏振器件的

Jones 矩阵为

$$\boldsymbol{J}_p(\theta) = \boldsymbol{R}(-\theta)\boldsymbol{J}\boldsymbol{R}(\theta) = \begin{bmatrix} \cos\theta & -\sin\theta \\ \sin\theta & \cos\theta \end{bmatrix} \begin{bmatrix} 1 & 0 \\ 0 & 0 \end{bmatrix} \begin{bmatrix} \cos\theta & \sin\theta \\ -\sin\theta & \cos\theta \end{bmatrix}$$

$$= \begin{bmatrix} \cos^2\theta & \sin\theta\cos\theta \\ \sin\theta\cos\theta & \sin^2\theta \end{bmatrix} \tag{7.2.1}$$

其中,$\boldsymbol{R}(\theta) = \begin{bmatrix} \cos\theta & \sin\theta \\ -\sin\theta & \cos\theta \end{bmatrix}$ 为旋转矩阵。

对于旋光物质,当旋转角度为 α 时,对应的 Jones 矩阵为

$$\boldsymbol{J}_t(\theta) = \exp\left(\frac{-j\,2\pi nd}{\lambda}\right) \begin{bmatrix} \cos\alpha & -\sin\alpha \\ \sin\alpha & \cos\alpha \end{bmatrix} \tag{7.2.2}$$

其中,n 是介质的折射率,d 是介质厚度,λ 为光的波长。

对于液晶这种复杂的双折射旋光介质,其 Jones 矩阵的计算比较复杂,根据不同的模型会有不同的表达式,在 Kanghua Lu 最早提出的简单模型中,认为液晶分子扭曲 90° 是均匀变化的,在某一固定电场下,分子的倾斜角 θ 不因 z 而变化,即不考虑边缘效应。他给出了液晶层自然状态下的 Jones 矩阵,即

$$\boldsymbol{J} = \exp(-j\psi) \begin{bmatrix} \left(\dfrac{\pi}{2\gamma}\right)\sin\gamma & \cos\gamma + j\left(\dfrac{\beta}{\gamma}\right)\sin\gamma \\ -\cos\gamma + j\left(\dfrac{\beta}{\gamma}\right)\sin\gamma & \left(\dfrac{\pi}{2\gamma}\right)\sin\gamma \end{bmatrix} \tag{7.2.3}$$

其中

$$\beta = \frac{\pi d}{\lambda}(n_e - n_o), \quad \psi = \frac{\pi d}{\lambda}(n_e - n_o), \quad \gamma = \left[\left(\frac{\pi}{2}\right)^2 + \beta^2\right]^{\frac{1}{2}}$$

当液晶屏加有电场时,液晶分子向电场方向倾斜,它完全是电压 V_r 的函数。液晶分子存在一个倾斜的闭值电压 V_c,当 V_r 小于 V_c 时,θ 为 0。当 V_r 大于 V_c 时,θ 是 V_r 的函数。另定义 V_o 是 θ 等于 49.6° 时的电压,则 θ 可有如下定义:

$$\theta = \begin{cases} 0 & , V_r < V_c \\ \dfrac{\pi}{2} - 2\tan^{-1}\left\{\exp\left[-\left(\dfrac{V_r - V_c}{V_o}\right)\right]\right\} & , V_r > V_c \end{cases} \tag{7.2.4}$$

由于分子的倾斜,改变了液晶的双折射,n_e 是 θ 的函数。

$$\frac{1}{n_e^2(\theta)} = \frac{\cos^2(\theta)}{n_e^2} + \frac{\sin^2(\theta)}{n_o^2} \tag{7.2.5}$$

所以当有电场存在时,液晶层的 Jones 矩阵就是将式 (7.2.3) 中的 n_e 用 $n_e(\theta)$ 来代替。计算出的偏振片和液晶组成的系统的 Jones 矩阵,进一步由复振幅可分别得到系统的强度变化和相位变化。

$$T = \left[\frac{\pi}{2\gamma}\sin\gamma\cos(\varPhi_1 - \varPhi_2) + \cos\gamma\sin(\varPhi_1 - \varPhi_2)\right]^2 \tag{7.2.6}$$

$$\delta = \beta - \tan^{-1}\frac{\left(\dfrac{\beta}{\gamma}\right)\sin\gamma\,\sin(\varPhi_1 + \varPhi_2)}{\left(\dfrac{\pi}{2\gamma}\right)\sin\gamma\,\cos(\varPhi_1 - \varPhi_2) + \cos\gamma\,\sin(\varPhi_1 - \varPhi_2)} \tag{7.2.7}$$

由式(7.2.7)可知,当空间光调制器其他参数保持不变,通过改变 Φ_1 和 Φ_2,使相位 δ 基本保持不变,而强度 T 随着液晶屏所加电压的变化而变化,此时空间光调制器为强度调制模式。

【实验仪器】

线偏振激光器、圆形可调衰减器、可变光阑、半波片、空间光调制器、偏振片、功率计、CMOS 摄像机、光学平台、计算机等。

【实验内容】

1) 光路的搭建

(1)如图 7.2.1 所示,自左向右依次为激光器、圆形可调衰减器、半波片、空间光调制器、偏振片和功率计。

(2)调整激光器水平,借助可变光阑(开孔约 2 mm),光阑在激光器的近处和远处,分别调节激光夹持器的高度和俯仰旋钮,反复多次即可将激光器调平,最终使出射激光束与光学平台台面平行(调整光路时由于激光功率较强可以增减衰减器适当衰减)。

(3)在衰减器后安放半波片,调整半波片高低使光通过光学元器件中心,并调整半波片快(慢)轴与液晶前表面液晶分子取向相同,即波片的示数为 ϕ_4。

(4)在半波片后安放空间光调制器,调整空间光调制器高低位置使光通过液晶中心。

(5)在 SLM 后面安放偏振片,调整偏振片高度使光通过器件中心,并调整偏振片的偏振方向与液晶后表面液晶分子取向相同,即偏振片的示数为 ϕ_3。

(6)在偏振片后安放功率计,调整功率计探头位置,使光入射功率计中心,再调整功率计到合适量程。

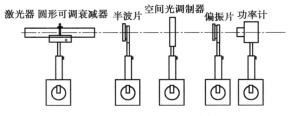

图 7.2.1　实验装置示意图

2) 软件安装及数据记录

(1)对计算机显示的显示模式设置为"扩展模式",显示器为主屏,空间光调制器为副屏。

(2)运行"空间光调制器应用软件\图像输出软件"文件夹下的"\图像输出软件. exe"文件,如图 7.2.2 所示。单击"![图标]",在"空间光调制器应用软件\256 阶半边渐变灰度图"文件夹中选择部分灰度图(可根据情况间隔选择,比方 25 间隔,选取 0,25,50,75,…)。

(3)在菜单栏中,勾选"显示选中图片",然后单击希望显示的图片,那么这幅图像就会加载到空间光调制器上。

(4)此时半波片的角度为 ϕ_4 度,入射激光的偏振方向与液晶前表面液晶分子平行。偏振片的偏振方向与液晶后表面的液晶分子取向平行,偏振片示数为 ϕ_3,此数记偏振片初始位置 0°。

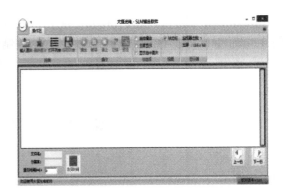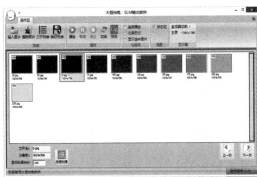

图 7.2.2　图像输出软件

（5）在"图像输出软件"中，选择不同灰度的图片，同时记录功率计数值，然后完成表格中的 0°对应的那一行。

（6）旋转偏振片使从 0°到 180°变化，每次间隔 10°，每转动一次偏振片，改变空间光调制器输入图像的灰度值，每改变 25 灰度记录一次功率计读数，填入表 7.2.1 中。

表 7.2.1　灰度-光功率对应表

	ϕ_3	0	25	50	75	100	125	150	175	200	225	250
	0°											
	10°											
	20°											
	30°											
	40°											
	50°											
	60°											
	70°											
	80°											
ϕ_4	90°											
	100°											
	110°											
	120°											
	130°											
	140°											
	150°											
	160°											
	170°											
	180°											

　　根据以上表格找出光功率随灰度变化改变的最大值,则此时半波片与偏振片的夹角为空间光调制器的强度调制模式。

3)将给定的灰度图案写入空间光调制器

　　观测激光通过空间光调制器振幅调制后产生的图案。观测单缝衍射图案、双缝干涉图案、矩孔衍射图案。

实验 7.3　空间光调制器相位调制实验

【实验目的】

（1）了解相位型空间光调制器的工作原理。

（2）标定 SLM 相位调制模式时的灰度-相位对应关系。

（3）观察 SLM 相位调制模式下的成像图案。

【实验原理】

　　前面我们提到空间调制器按照 SLM 调制光参量的不同可以分为振幅型、相位型和复合型。本实验主要研究其相位调制特性,所谓相位型空间光调制器,即该 SLM 只是对其读出光的相位分布进行调制,读出光的光强基本不变。

　　实验中我们主要采用扭曲向列液晶来实现纯相位调制,N. Konforti 等人在前人研究的基础上提出,扭曲向列型液晶可以作为纯位相空间光调制器的,位相的改变依赖于电极上的电压。研究认为,当液晶分子受到外加电场时,如果外加电场高于 Freedericksz 改变阈值电压且低于光学改变阈值电压时,液晶分子呈现出沿电场排布的趋势,但依然保持自身的扭曲状态不变,在此区间的位相改变来自各层液晶分子的有效双折射效应,这种双折射的变化与电压的增大和液晶分子的偏转成反比。在此区间不会有太大的强度变化,因为液晶分子的扭曲状态依然不变。若外加电压的大小高于光学改变阈值电压,则液晶分子的扭曲不再一致,这时双折射效应增加,光的通过率增加。

　　若作为纯相位调制器,要求相位调制时强度基本不变,并且还要求通过率较大。本实验采用了马赫曾德干涉光路记录干涉条纹,并将空间光调制器放在 2 个偏振片之间(为了减少光功率的损耗,第一个偏振片用线偏光和半波片的组合代替),不断调节偏振片的偏振状态来确定合适的偏振角度以达到纯相位调制的模式。如图 7.3.1 所示,空间光调制器放置在偏振片 P_1、P_2 之间,然后调节偏振片的角度,当光强基本保持的时候记录前后偏振片的角度,在此角度下是否为纯相位调制还需要后面进行相位标定。

　　本实验的相位标定方法是基于干涉理论。如图 7.3.1 所示,激光被分束器分成 2 束平行的相干光束。相干光束分别照在 SLM 平板的左右两个半板。其中左半板的灰度值为固定值,而右半板的灰度值是从 0 到 255 变化可调的(图 7.3.2)。相干光束在经过 SLM 相位调制后,再通过一个合束器发生干涉,然后由 CMOS 采集条纹图案。由于 SLM 的右半板的灰度在不断变化,所以右边光束的相位也在随之发生变化,导致干涉条纹会产生相移,我们通过计算分析干涉条纹的相移数据来测量空间光调制器的相位调制特性。

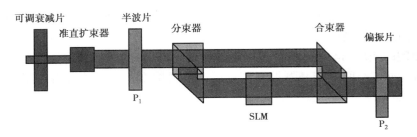

图 7.3.1　相位标定系统原理示意图

图 7.3.2　SLM 加载的 256 阶半边渐变灰度图

【实验仪器】

线偏振激光器、可变光阑、可调衰减片、空间滤波器、准直镜、半波片、分光光楔、反射镜、空间光调制器、偏振片、CMOS 摄像机、光学平台、计算机等。

【实验内容】

1)调节马赫-曾德干涉光路

(1)调整激光器水平,借助可变光阑(开孔约 2 mm),光阑在激光器的近处和远处,分别调节激光夹持器的高度和俯仰旋钮,反复多次即可将激光器调平,最终使出射激光束与光学平台台面平行;调好之后将可调衰减片安装到光路中。

(2)调整空间滤波器,此时光斑通过光阑,在激光器和光阑中间插入空间滤波器(不加针孔,激光器与光阑的距离需预留可调衰减片的空间),通过调整位置使物镜出射的光斑打在光阑中间(仔细观察会发现在扩束的光斑中间有一"小亮点",如果能将"小亮点"调整到扩束光斑中心通过光阑小孔,调试效果较好),然后安装针孔(标配 10 μm、15 μm 和 25 μm,一般选择 25 μm),调整空间滤波器的三维旋钮最终使物镜的聚焦光斑与小孔重合,达到滤波效果(调整过程中可以观察到圆孔衍射环,调整完成后衍射环消失)。

(3)调整准直镜,在空间滤波器后面安装准直镜,调整准直镜高低使出射光束入射到光阑中间,前后移动准直镜(准直镜焦距 100 mm,一般选择空间滤波器针孔位置到准直镜的距离为 100 mm)观察光斑大小,远处近处光斑大小不变即可认为调整完成。

(4)在准直镜的后方分别放入各光学件(两个分光光楔、两个反射镜),并如图 7.3.3 所示,把它们摆成一个平行四边形。然后测量光程,使两束光光程基本一样,并进一步检查各光束是否与工作台面平行(反射光束都需要使用光阑检查光斑高度,如有偏差需调整反射镜俯仰旋钮)。

(5)调节两光斑的重合。调节任何一块反射镜,使两束光在最后一块合束光楔的出射面上重合,再调节这块合束光楔使两束光在屏幕上重合,将 CMOS 摄像机摆放在光束重合位置,并能看到干涉条纹。

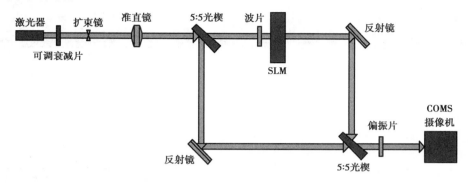

图 7.3.3　实验系统示意图

2）调节空间光调制相位测量光路

（1）在马赫-曾德干涉光路基础上,在 CMOS 摄像机前安装偏振片,调整偏振片高低让合束光通过偏振片中间。

（2）在干涉光路的其中一路安装半波片和空间光调制器,如图 7.3.3 所示,空间光调制器安装在分束光楔透射一路,调整空间光调制器位置,使光路从中心通过;此时安装空间光调制的一路光束由于空间光调制器的衍射光强会变弱,需适当调整偏振片使两束光强度相当。

（3）调整合束的分光光楔,将干涉条纹调整为水平方向的干涉条纹。

3）软件安装及数据记录

（1）软件安装。

①在计算机中将显示模式设置为"扩展模式",显示器为主屏,空间光调制器为副屏。

②安装"实验软件\CMOS 相机采集程序\USB_Setup32cn_V12.6.21.2.exe（如果计算机系统 win64,运行对应 64 位安装包即可）",运行计算机桌面"DaHengUSBDevice",双击"This PC"目录下的"HV1351UM",随后单击"视图"下方的"实时显示"功能键,此时 CMOS 摄像机开始工作,之后将采集区域分辨率调至 1 280×1 024（如果已经安装可以忽略）。

③运行"空间光调制器应用软件\图像输出软件"文件夹下的"\图像输出软件.exe"文件,如图 7.3.4 所示。单击"　",在"空间光调制器应用软件\256 阶半边渐变灰度图"文件夹中选择部分灰度图（可根据情况间隔选择,比方 25 间隔,选取 0,25,50,75,…）。

④在菜单栏中,勾选"显示选中图片",然后单击希望显示的图片,那么这幅图像就会加载到空间光调制器上。比如,选择灰度"250"。

⑤调节半波片和偏振片,在相位调制状态下会看到水平条纹的"错位",如图 7.3.5 所示。左半边灰度一直不变,右半边条纹下移。

⑥将加密锁（蓝色 U 盘）插入计算机,运行"实验软件\GrandDogRunTimeSystemSetup（宏狗驱动）.exe",按照提示安装（如果已经安装可以忽略）。

⑦安装库函数"实验软件\MCRInstaller（首先安装）.exe"按照提示安装（如果已经安装可以忽略）。

⑧运行"空间光调制器模拟及物理光学软件\空间光调制器模拟及物理光学软件.EXE"。

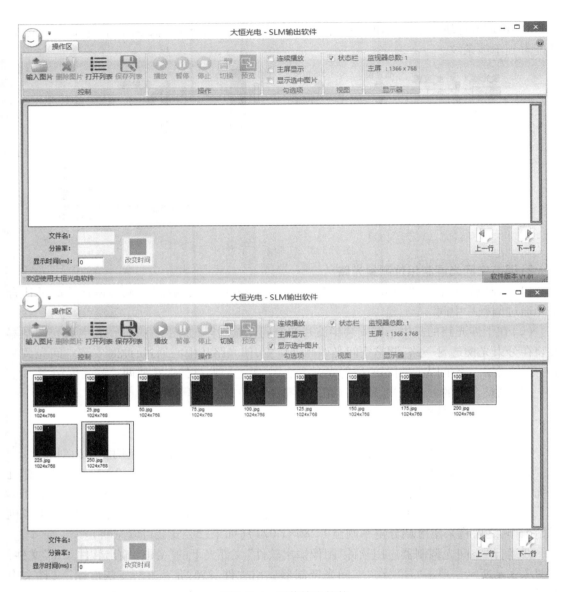

图 7.3.4 图像输出软件

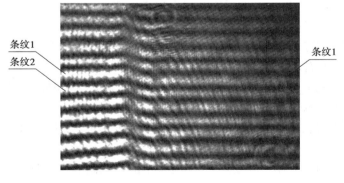

图 7.3.5 相位改变引起的条纹错位图

（2）相位计算操作。

①打开"空间光调制器模拟及物理光学软件. EXE"，单击"相位计算"，如图 7.3.6 所示，单击"打开图片"读入需要测量的错位图，软件会提示输入灰度值如"250"。单击"横线"即可在水平方向取样。

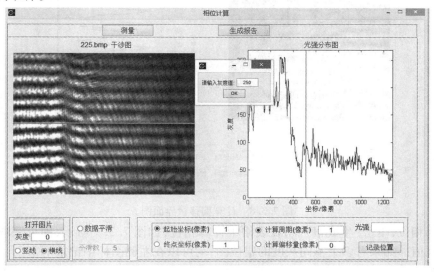

图 7.3.6　相位计算界面图

②计算条纹周期，选中"计算周期"，如图 7.3.7 所示，移动右侧红色取样线，把红线移动到波谷位置，然后选中"终点坐标位置"，移动红线至相邻波谷位置，即可以获取"周期数值"。

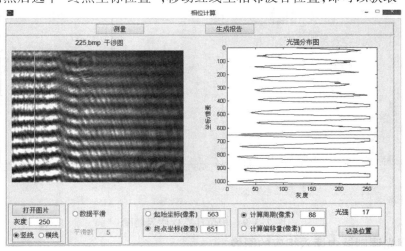

图 7.3.7　计算条纹周期界面图

③计算偏移量，选中"计算偏移量"，同时选中"起始坐标"。将左侧红线移动到"下移"区域，如图 7.3.8 所示，调整起始坐标数值与计算周期的起始坐标数值相同（这样方便研究计算），这个波谷是下移的，选中"终点位置"，向下拉左边红线，直至第一个波谷，即为此波谷的偏移量。同时记录位置，即可将结果记录下来。

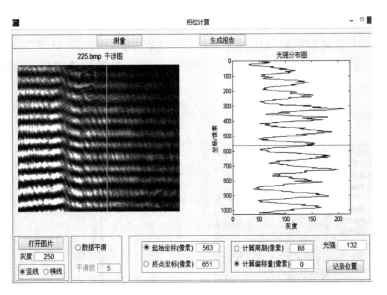

图 7.3.8　计算偏移量界面图

④计算相位,单击"生成报告",在表格中计算相位,如图 7.3.9 所示,即可获取当前相位调制的具体值。如果有多个不同灰度的错位图,均可以在左侧图标中记录下来。

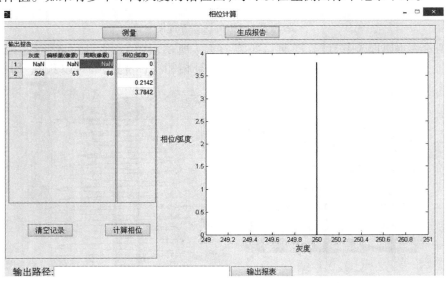

图 7.3.9　相位计算软件界面图

4)在空间光调制器中读入相应的图像

在空间光调制器中读入相应的图像,使得左半屏的灰度保持 0 灰度不变,右半屏的灰度从 0 到 250,以 25 灰度为间隔来改变。每改变一次灰度,采集一次条纹图案。通过配套软件计算每一幅条纹图案相对于第一幅条纹图的相移量。

5)实验数据处理

将计算出来的当右半屏显示不同灰度时产生的条纹图案相对于 0 灰度时的条纹图案的相位差填入表 7.3.1 中。

表 7.3.1　灰度与相移量的关系表

右半屏灰度	0	25	50	75	100	125	150	175	200	225	250	275
相移量												

根据上表绘制灰度-相位差关系图,分析此状态时空间光调制器的相位调制能力。

实验 7.4　衍射光学元件(DOE)设计

从 20 世纪 80 年代开始,随着计算机产生全息与相息图(kinoforms)设计、制作技术的完善和微电子加工技术的发展,人们能够应用光学衍射原理,设计并制作衍射光学元件,使几种光学功能集于一体,从而产生了衍射光学(Diffractive optics)这个新兴的光学分支。衍射光学是光学与微电子技术相互渗透、交叉而形成的前沿学科,也是微光学(Micro-optics)领域的主要研究内容。其基本内涵为:基于光波的衍射理论,利用计算机辅助设计技术,并用各种微细加工工艺,在片基或传统光学器件表面刻蚀产生两个或多个台阶甚至连续形状的浮雕结构,形成纯相位、具有极高衍射效率的一类衍射光学元件。当光束投射到这样的元件上时(透射式或者反射式),波相位受到调制,实现各种联合的光学功能。衍射光学器件具有体积小、质量轻、易复制、造价低、衍射效率高、设计自由度多、材料可选性宽、色散性能独特等特点,并能实现传统光学器件难以完成的阵列化、集成化及任意波面变换等功能。

【实验目的】

(1)了解空间光调制器的相关应用。
(2)理解空间光调制器的"黑栅效应"。
(3)学习衍射光学元件的设计方法。
(4)利用空间光调制器设计动态衍射光学元件。

【实验原理】

电寻址空间光调制器是由单个分离的像素组成的,控制较为方便,主要用作电光实时接口器件,可看成是数字式的器件。但其相邻像素之间存在一条不透光的黑带,众多黑带连在一起被形象地称为"黑栅"。理想情况下,用于输入数字图像的 SLM 像素填充因子为 100% ,相应输出图像对比度高,相对容易辨别,误码率低。但由于"黑栅"的存在,实际空间光调制器的填充因子是非理想的(小于 100%),因此会对 CCD 上获得输出图像像质带来影响,具体影响效果是一个值得研究的问题。

常用的液晶空间光调制器像素尺寸一般可近似成正方形或者长方形,如图 7.4.1 所示。相邻像素在 x、y 方向上像素尺寸(亦称像素间距)分别用 Δx、Δy 表示,α、β 和 M、N 分别为 x、y 方向有效像素所占比例和像素数,且 α、$\beta \in (0,1)$。考虑激光器发出的原始物波经过整形扩束成平面波后传播到空间光调制器,假设此时 SLM 每个像素的相位调制相同,则此时的光场复振幅可表示为

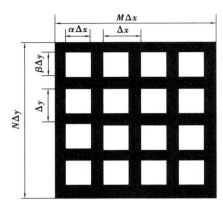

图 7.4.1　空间光调制器的像素结构

$$u_1(x,y) = u_0 \left[\mathrm{comb}\left(\frac{x}{\Delta x}, \frac{y}{\Delta y}\right) * \mathrm{rect}\left(\frac{x}{\alpha\Delta x}, \frac{y}{\beta\Delta y}\right) \right] \mathrm{rect}\left(\frac{x}{M\Delta x}, \frac{y}{N\Delta y}\right) \tag{7.4.1}$$

式中，u_0 为平行平面波的表达式，$\mathrm{comb}\left(\dfrac{x}{\Delta x}, \dfrac{y}{\Delta y}\right)$ 表示空间光调制器每个单元像素的抽样，

$\mathrm{rect}\left(\dfrac{x}{\alpha\Delta x}, \dfrac{y}{\beta\Delta y}\right)$ 表征单个有效像素窗口，$\mathrm{rect}\left(\dfrac{x}{M\Delta x}, \dfrac{y}{N\Delta y}\right)$ 表示空间光调制器大小对衍射像的

限制。基于夫琅禾费标量衍射及傅里叶变换理论，传播距离 d 后的衍射像的复振幅表达式为

$$
\begin{aligned}
u_2(\xi,\eta) &= \frac{\exp(j\lambda d)\exp\left(\dfrac{jk(\xi^2+\eta^2)}{2d}\right)}{j\lambda d} \int_{-\infty}^{\infty}\int_{-\infty}^{\infty} u_1(x,y)\exp\left[\frac{-j2\pi}{\lambda d}(\xi x + \eta y)\right]\mathrm{d}x\mathrm{d}y \\
&= C\exp\left(\frac{jk(\xi^2+\eta^2)}{2d}\right)\mathrm{FT}[u_1(x,y)]
\end{aligned}
\tag{7.4.2}
$$

式中，FT 表示傅里叶变换，常位相因子和振幅略写为常量 C。将 $u_1(x,y)$ 代入式中化简

得到 $u_2(\xi,\eta) = C'FT\left[\left[\mathrm{comb}\left(\dfrac{x}{\Delta x}, \dfrac{y}{\Delta y}\right) * \mathrm{rect}\left(\dfrac{x}{\alpha\Delta x}, \dfrac{y}{\beta\Delta y}\right)\right]\mathrm{rect}\left(\dfrac{x}{M\Delta x}, \dfrac{y}{N\Delta y}\right)\right]$

$$
\begin{aligned}
&= C'\left[\mathrm{comb}(\Delta x\xi, \Delta y\eta)\sin c(\alpha\Delta x\xi, \beta\Delta y\eta)\right] * \sin c(M\Delta x\xi, N\Delta y\eta) \\
&= C'\left[\sum_{n=0}^{N}\sum_{m=0}^{M}\sin c(\alpha m, \beta n)\delta\left(\xi - \frac{m}{\Delta x}, \eta - \frac{n}{\Delta y}\right)\right] * \sin c(M\Delta x\xi, N\Delta y\eta)
\end{aligned}
$$

$$\tag{7.4.3}$$

由式(7.4.3)可知，空间光调制器的黑栅结构会导致成像面存在着多级衍射谱，且每级衍射谱的相对相位分布是相同的，中心级的谱最亮，高级次的谱相对较暗。因此，空间光调制器本身的结构缺陷会给衍射像带来很强的直流分量，降低衍射效率，给成像质量带来不良的影响。有效地减弱甚至消除黑栅效应是进行动态衍射光学元件设计的重要环节。

衍射光学元件(Diffractive Optical Element, DOE)的设计问题十分类似于光学变换系统中的相位恢复问题，即已知光学系统输入平面上的入射场和输出平面上的光场分布，如何计算输入平面上调制元件的相位分布，使其正确调制入射光场，高精度地给出预期输出图样，实现所需功能。

衍射光学元件的设计理论通常分为两大类：衍射矢量理论(vector diffraction theory)和衍射标量理论(scalar diffraction theory)。当衍射光学器件的衍射特征尺寸和光波波长相当，甚至为亚波长量级时,标量衍射理论的近似条件不成立,必须采用矢量衍射理论来分析不同电磁场分量在衍射器件中的相互耦合作用。矢量衍射理论基于严格的电磁场理论,在适当的边界条件上、适当地使用一些数学工具来严格地求解麦克斯韦(Maxwell)方程组。遗憾的是,对于大多数较为复杂的实际衍射问题,很难得到封闭形式的解析解。

当衍射光学器件的衍射特征尺寸远大于光波波长,且输出平面距离衍射元件足够远时,可采用标量衍射理论对其衍射场进行足够精度的分析,即只考虑电磁场一个横向分量的复振幅,而假定其他分量可用类似方式独立地进行处理。在此范围内,将衍射光学器件的设计看作一个优化设计问题,根据事先给定的入射光场和所期望的输出光场等已知条件,构造设计目标函数,利用一种或多种优化算法,求解衍射光学器件的相位结构。目前,基于这一思想的优化设计方法主要有盖师贝格-撒克斯通算法(Gerchberg-Saxton Algorithm, GS)、模拟退火算法(Simulated Annealing Algorithm, SA)和遗传算法(Genetic Algorithm, GA)、杨-顾算法(Yang-Gu Algorithm, YG)以及多种混合算法等。

基于衍射光学元件 DOE 的典型光学系统如图 7.4.2 所示。DOE 位于输入平面 P_1 内,入射光垂直并透射过 DOE,经自由传播,在输出平面 P_2 上观察衍射图样。P_1 和 P_2 两平面之间的距离为 z,并分别在该两平面内建立直角坐标系。

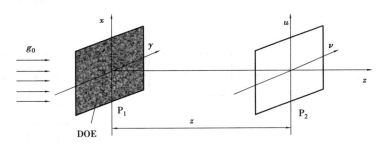

图 7.4.2 基于衍射光学元件 DOE 的典型光学系统

已知入射光的振幅为

$$g_0(x,y) = A_0(x,y)\exp[i\phi_0(x,y)] \tag{7.4.4}$$

式(7.4.4)中,$A_0(x, y)$ 为入射光的振幅,$\phi_0(x, y)$ 为入射光的相位。衍射光学元件 DOE 为纯相位型器件,其复振幅透过率为 $\exp[i\phi(x,y)]$,$\phi(x,y)$ 就是待求 DOE 的相位分布。

入射平面 P_1 内的光场为

$$g(x,y) = A_0(x,y)\exp\{i[\phi_0(x,y)+\phi(x,y)]\} \tag{7.4.5}$$

为研究方便,一般先不考虑 $\phi_0(x,y)$,待求出 $\phi(x,y)$ 后,$\phi(x,y)-\phi_0(x,y)$ 即为 DOE 的相位分布,故 P_1 内的光场分布可写成

$$g(x,y) = A(x,y)\exp[i\phi(x,y)] \tag{7.4.6}$$

令输出平面 P_2 内的复振幅分布函数表示为

$$f(u,v) = B(u,v)\exp[i\phi(u,v)] \tag{7.4.7}$$

由夫琅禾费衍射公式可知

$$f(u,v) = \frac{e^{jkz}e^{\frac{k}{2z}(u^2+v^2)}}{j\lambda z}\int_{-\infty}^{\infty}\int_{-\infty}^{\infty} g(x,y)\exp\left[-j\frac{2\pi}{\lambda z}(ux+vy)\right]\mathrm{d}x\mathrm{d}y \tag{7.4.8}$$

写成傅里叶变换的形式为

$$f(u,\nu)=\frac{e^{jkz}e^{j\frac{k}{2z}(u^2+\nu^2)}}{j\lambda z}\mathrm{FT}[g(x,y)] \tag{7.4.9}$$

作为解决相位恢复问题的算法体系中最基本的一种算法,GS 算法可由已知的入射场分布和所需要的场分布,经过多次傅里叶变换及其逆变换的迭代得到要求的 DOE 上的相位分布。GS 算法的流程图如图 7.4.3 所示。具体来说,GS 算法按以下几步进行迭代计算。

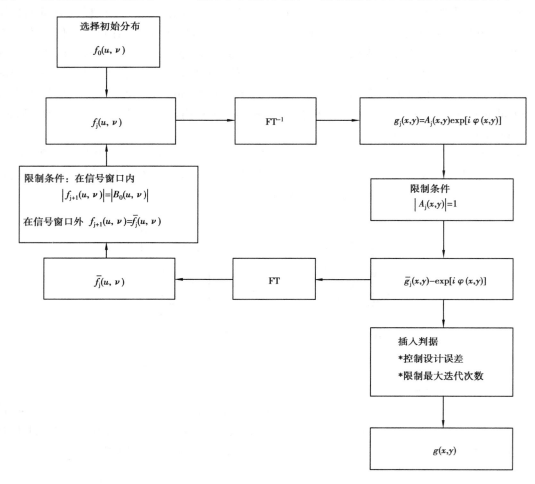

图 7.4.3 设计衍射光学元件的计算流程图

首先要选择初始分布,例如,$f_0(u,\nu)=|B_0(u,\nu)|\exp[i\varphi_0(u,\nu)]$,这里 $|B_0(u,\nu)|$ 为所要求的衍射图案分布,$\varphi_0(u,\nu)$ 为可以在 $[0,2\pi]$ 范围内随机取值的分布函数。进行傅里叶逆变换,可得到 $g_j(x,y)=\mathrm{FT}^{-1}[f_j(u,\nu)]=|A_j(x,y)|\exp[i\varphi(x,y)]$,对于这个输出函数,进行人为的修正,令 $|A_j(x,y)|=1$,得到新的函数 $\bar{g}_j(x,y)=\exp[i\varphi(x,y)]$。然后,进行傅里叶变换,得到 $\bar{f}_j(u,\nu)$,再对它施加人为剪裁。在信号窗口内,令 $|f_{j+1}(u,\nu)|=|B_0(u,\nu)|$,而在窗口外,$f_{j+1}(u,\nu)=\bar{f}_j(u,\nu)$,不变更,这样导出经过一次迭代后的解,作为新的下一轮迭代过程的初始分布。这样的迭代过程重复地进行下去,一直到设计精度得到满足或者达到设置的最大迭代次数为止。由最后的输出函数 $g(x,y)$,可得到所需要设计的衍射光学元件的相位。

【实验仪器】

线偏振激光器、可调衰减片、空间滤波器、半波片、空间光调制器、CMOS 数字摄像机、光学平台、计算机等。

【实验内容】

(1)根据空间光调制器的性能,我们应用实验包含衍射光学元件模拟(圆孔、单缝、双缝、正弦光栅、二元光栅等)、位相图变换模块(计算傅里叶变换图)、漩涡光模块(不同拓扑数)、高斯光束变换模块等应用内容。

(2)参照图 7.4.4 搭建实验系统,调整各光学器件共轴等高。

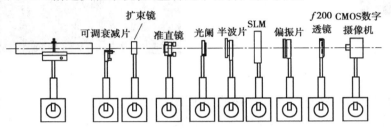

图 7.4.4　衍射光学实验示意图

(3)运行"空间光调制器模拟及物理光学软件\空间光调制器模拟及物理光学软件. EXE"。

(4)DOE 设计基本操作。

①打开"空间光调制器模拟及物理光学软件. EXE"单击"衍射光学元件设计——→产生相位图",如图 7.4.5 所示。

②单击"读入图片"读入相关图片,如图 7.4.6 所示。

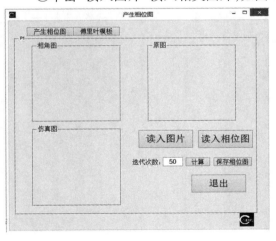

图 7.4.5　产生相位软件截图

图 7.4.6　图片读入软件截图

③单击"计算"即可以计算出相位图,如图 7.4.7 所示。

④相位图计算之后会直接加载到空间光调制器,在空间光调制器的后焦面可以看到变换的图样,如图 7.4.8 所示。

⑤调整相机曝光时间,检偏器的方向以及圆形可调衰减片的强弱,可以看到清晰的图样。

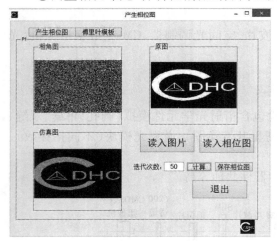

图 7.4.7　计算相位截图

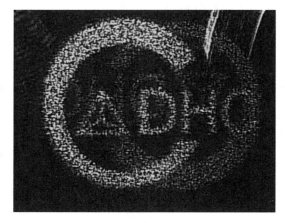

图 7.4.8　相机采集图像

（5）在空间光调制器中写入给定的相位灰度图,观察 SLM 的黑栅对衍射像的影响。再将改进 GS 算法后计算生成的相位灰度图写入空间光调制器中,与前图对比,判断黑栅效应的消弱情况。

（6）选择信号图案导入软件中,利用 GS 算法生成对应的 DOE 图案,将生成的 DOE 图案写入空间光调制器,观察 SLM 后方产生的衍射图案和信号图案是否一致。

（7）轻微地上下移动空间光调制器,使准直光束照射液晶屏的不同位置,观测衍射图案是否发生变化。

（8）比较相位调制和强度调制的区别,分析 DOE 和全息干板的异同。

第 **8** 章
探究性实验

探究性实验是经过一系列系统的基础实验,掌握了常用光学仪器、基本的实验方法、实验调节技能,并初步掌握实验数据处理和不确定度估算的基本方法之后而展开的实验。与基础实验和综合实验不同,探究性实验对原理和操作过程不再进行详细论述,只是简单给出实验原理和内容提示,由学生以个体或团体的形式,通过科研探究的方式进行,以达到培养学生分析实际问题能力的目的。

实验 8.1　薄凹透镜焦距的测量

【实验器具】

待测凹透镜 1 个、已知焦距凹透镜(玻璃折射率与待测凹透镜相同)1 个、毛玻璃 1 个、台灯 1 个、物屏 1 个、光具座 1 台、支架滑块若干等。

【实验要求】

(1)写出测量凹透镜焦距的公式和实验步骤。
(2)记录实验原始数据,处理数据得到凹透镜焦距。
(3)分析实验误差,提出改进方案。

【实验原理】

1) 薄透镜的焦距公式

测量透镜焦距的方法有很多,主要包括自准直法、平行光法、物距像距法、共轭法(二次成像法、位移法)等。在目镜焦距测量的实验 4.1 中还介绍了横向放大率法。除此之外,通过透镜焦距公式也可以测量焦距。薄透镜的焦距由下式决定,即

$$\frac{1}{f} = (n-1)\left(\frac{1}{r_1} + \frac{1}{r_2}\right) \tag{8.1.1}$$

式(8.1.1)中,f 为透镜的焦距,凸透镜的焦距 f 为正值,凹透镜的焦距 f 为负值;n 为组成

透镜介质的折射率;r_1 和 r_2 分别为透镜两个折射面的曲率半径,凸透镜的 r_1 和 r_2 均取正值,凹透镜 r_1 和 r_2 均取负值。

2)球面镜的成像公式

球面镜的成像公式如下:

$$\frac{1}{s'}+\frac{1}{s}=\frac{2}{r} \tag{8.1.2}$$

其中,s' 为像距,s 为物距,r 为球面镜的曲率半径。s'、s 和 r 三者需遵循符号原则,即沿光的传播方向为正向,以球面与光轴的交点为起点,分别以像、物体和球面的球心为终点,若与正向方向相同为正,相反为负。

凸球面对光束有发散作用,凹球面可使光束汇聚,球面反射镜的物方和像方焦点重合,并且焦距由下式决定,即

$$f=\frac{r}{2} \tag{8.1.3}$$

根据成像规律,当物体位于凹面镜的两倍焦距时,像也成在两倍焦距处,即物像共面。

3)测量凹透镜的焦距

根据式(8.1.1),已知透镜的两个折射面的曲率半径 r_1 和 r_2 以及折射率 n,即可得到薄透镜的焦距 f。凹透镜的两个折射面可以看成两个凹面镜,通过实现物像共面可以分别测量出对应的曲率半径 r_1 和 r_2;已知焦距凹透镜的玻璃折射率与待测凹透镜的相同,折射率可以通过已知焦距的凹透镜测量得到。也可以用比较法对两个凹透镜的焦距公式进行比较,约掉折射率后直接得出待测凹透镜焦距的计算公式。测量凹透镜焦距的计算公式自行推导。

实验 8.2　平行光管焦距的测量

【实验器具】

平行光管 1 个、辅助透镜(f150 mm)1 个、测微目镜 1 个、光源 1 套、白屏 1 个、光具座 1 台、支架滑块若干等。

【实验要求】

(1)写出测量平行光管焦距的公式和实验步骤。

(2)记录实验原始数据,处理数据得到凹透镜焦距。

(3)分析实验误差。

注意:平行光管可以发出平行光,其中的缝不能取掉,缝宽不可调节。

【实验原理】

1)平行光管的焦距

平行光管发出平行光。利用提供的辅助透镜使平行光管中的缝成像在它的焦平面上,测微目镜测量缝的像宽 $h_{像}$,根据平行光法测透镜焦距的原理,可得到平行光管的焦距 $f_{平}$ 为

$$f_{平} = \frac{h_{缝}}{h_{像}} f_{辅} \qquad (8.2.1)$$

其中, $h_{缝}$ 为缝的宽度, $f_{辅}$ 为辅助透镜的焦距。只需测量出 $h_{缝}$ 由式(8.2.1)就可得到平行光管的焦距 $f_{平}$。

2) 缝的宽度测量

平行光管使用时通常光源是从缝的一端照明的。测量缝的宽度时光源需要反方向照明。光源从平行光管的另一端(透镜端)照明,把平行光管中的缝照亮,缝就相当于一个发光的物体,通过辅助透镜成像,则可以测出缝的宽度 $h_{缝}$。由于平行光管中缝的位置不好确定,由横向放大率的定义进行测量的方法并不适用,而共轭法不需要物和像的具体位置,只需测量大像的宽度 $h_{大}$ 和小像的宽度 $h_{小}$ 即可。由共轭法可得缝的宽度 $h_{缝}$ 为

$$h_{缝} = \sqrt{h_{大} \, h_{小}} \qquad (8.2.2)$$

实验数据表格自拟。

实验 8.3　细光束测凸透镜的焦距

【实验器具】

He-Ne 激光光源 1 个、小孔屏 1 个、待测凸透镜 1 个、平面镜 1 个、光具座 1 台、二维支架滑块若干等。

【实验要求】

(1)测量凸透镜焦距的公式和光路图。
(2)调节实验光路,记录实验原始数据,处理数据测凸透镜焦距。
(3)分析实验误差,提出改进方案。
注意:眼睛不要直视激光。

【实验原理】

实验器具提供了平面镜,但是这个实验并不适合采用自准直法测量透镜焦距。He-Ne 激光器发出的激光经过小孔屏后可看成是一个点光源 S,由于激光的方向性很好,这个点光源相当于一个只发出某个方向光线的特殊点光源。此光线经过透镜折射后再经平面镜反射回去后,在透镜物空间的不同位置处的物屏上均是一个亮点,而不仅仅是在焦平面处才是,因此,自准直法并不适用于该实验。根据光路的可逆性,可以采用物距-像距法,光路如图 8.3.1 所示。

图 8.3.1 中,点光源 S 经过透镜成像于 S',平面镜放置在像 S' 的位置处,像 S' 经平面镜反射后相当于一个发光的点光源,根据光路的可逆性,光线经过透镜之后成像于 S 处。整个过程光线为一个闭合的回路。由透镜成像的高斯公式

$$\frac{1}{u} + \frac{1}{v} = \frac{1}{f} \qquad (8.3.1)$$

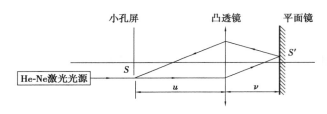

图 8.3.1　细光束的物距-像距法光路图

测量点光源的物距 u 和像距 v，即可得到透镜的焦距。

细光束的物距-像距法的理论依据是近轴光线。为了满足理论前提，点光源 S 只能稍微离轴，以保证入射光线是近轴光线；另外，要求物距大于两倍焦距，同时平面镜的法线几乎和光轴（或者入射光线）平行，以保证像点 S' 稍微离轴，且经过平面镜的反射光线是近轴光线。

实验 8.4　用电学规律模拟薄透镜成像公式

【实验器具】

照明光源 1 个、不带刻度的导轨 1 根、物屏 1 个、白屏 1 个、待测透镜 1 个、微安表 1 个、数字电压表 1 个、滑动变阻器 1 个、长度为 1 m 的均匀长直电阻丝 1 根、单刀单掷开关 1 个、直流稳压电源 1 台、导线和滑块（滑块上有可延伸的触点）若干等。

【实验要求】

(1)设计一个用电学规律模拟薄透镜成像公式的实验装置并测量凸透镜的焦距。
(2)要求实验装置中电压表的示数表示待测透镜焦距的数值。
(3)写出实验原理和实验步骤。
(4)记录实验原始数据，处理数据测凸透镜焦距。
(5)分析实验误差。

【实验原理】

透镜成像的高斯公式为

$$\frac{1}{u}+\frac{1}{v}=\frac{1}{f} \tag{8.4.1}$$

在电学中，两个电阻 R_1、R_2 的并联公式为

$$\frac{1}{R_1}+\frac{1}{R_2}=\frac{1}{R} \tag{8.4.2}$$

式(8.4.1)和式(8.4.2)具有相同的形式。而电阻的阻值 R 为

$$R=\frac{\rho l}{S} \tag{8.4.3}$$

式中，ρ 为电阻率，S 为电阻的横截面积。对于均匀长直电阻丝的电阻 R，用 R_0 表示其单位长度的电阻值，则电阻 R 可以表示为

$$R = R_0 l \tag{8.4.4}$$

即均匀材料的电阻大小与长度成正比。

综上所述,可以设计一个装置,把物距 u、像距 v 和电阻 R_1、R_2 联系起来,则电阻 R_1 和 R_2 并联之后的总电阻 R 便与凸透镜的焦距 f 联系起来了。实验装置如图 8.4.1 所示。

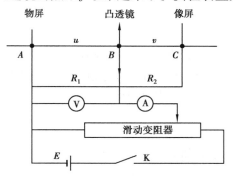

图 8.4.1　实验装置

电阻丝与导轨平行夹持。将物屏、透镜和像屏依次在导轨上排列,它们的滑块上各有一个可沿电阻丝滑动的触点,分别用 A、B、C 表示,这些触点与电阻丝保持良好接触。移动透镜或像屏,使像屏上出现清晰的像。此时 A、B 间的距离就是物距 u,B、C 间的距离就是像距 v,式(8.4.4)表示横截面积相同、材料相同的导体的电阻阻值与其长度成正比,因此,AB 段电阻丝的电阻 R_1 与 u 成正比,BC 段电阻丝的电阻 R_2 与 v 成正比,而透镜的焦距由式(8.4.1)计算出。若把 A、C 两点用导线连接,R_1、R_2 就成为 A、B 之间的两个并联电阻,AB 间的总电阻由式(8.4.2)计算出。这个装置便把长度量 u、v、f 和电学量 R_1、R_2、R 联系起来了。将以上关系代入式(8.4.2),就可以得到并联后的电阻为

$$R = \frac{R_1 R_2}{R_1 + R_2} = R_0 \frac{uv}{u+v} = R_0 f \tag{8.4.5}$$

即并联后的总电阻 R 与透镜的焦距成正比,只要测得成像清晰时的总电阻 R 和电阻丝的单位电阻 R_0,就可知道透镜的焦距 f。器材中电阻丝的长度 l 是已知的,通过伏安法测出电阻丝的电阻 R_l,就可得到单位长度的电阻丝的电阻 R_0。假设成像清晰时,电流表的值为 I,电压表的值为 U,则透镜的焦距 f 为

$$f = \frac{U}{I R_0} \tag{8.4.6}$$

根据实验要求 $U = f$,则 $I R_0 = 1$。即在成像清晰时通过调节滑动变阻器使电流表显示值为 $\frac{1}{R_0}$,电压表显示的值就是透镜的焦距,满足实验要求。

注意:以上各个物理量都需采用国际单位制。

此实验装置也可以有助于一个已知透镜焦距的光学系统找到成清晰像的准确位置。

实验 8.5　自准直原理测微小形变

【实验器具】

透镜 1 个、平面镜 1 个（中间带有支点）、被测物（带有试杆）1 个（图 8.5.1）、带有标尺的毛玻璃屏（中间有一标记点）1 个、照明光源 1 个、光具座 1 台、游标卡尺 1 个、支架滑块若干等。

图 8.5.1　平面镜和被测物

【实验要求】

（1）写出实验原理（包括必要的公式推导过程、结果和原理图和实验步骤）。
（2）记录实验原始数据，处理数据测微小形变。

【实验原理】

平面反射镜有一性质：当保持入射光线的方向不变，而使平面镜转动一个 α 角，则反射光线将同向地转动 2α 角。平面镜的这一性质可用于测量物体的微小转角或位移。杨氏模量测量实验中的光杠杆放大法就是使用平面镜的这一性质测固体材料的微小形变。

本次实验利用平面镜的这个性质结合自准直方法实现了微小形变的测量。如图 8.5.2 所示，带有标尺的毛玻璃屏位于透镜的前焦面上，当测试杆处于零位时，平面镜处于垂直光轴的状态 M_0，根据自准直原理，此时从标尺零点即 O 点发出的光束经透镜、平面镜之后，沿原路返回，重新聚焦于 O 点。当测试杆由于被测物体的微小形变被推移 x 而使平面镜绕支点转动 α 角，此时，平面镜处于状态 M_1，平行光束被反射后，将偏离光轴 2α 角，聚焦于标尺上与 O 点相距为 R 的 O' 上。根据几何关系，测试杆的移动量 $x = y\tan\alpha$，导致的聚焦点移动量 $OO' = f\tan2\alpha$。由于转角很小，有 $\tan\alpha \approx \alpha$，$\tan2\alpha \approx 2\alpha$，因此，该装置的位移放大倍数 K 为

$$K = \frac{R}{x} = \frac{2f}{y} \tag{8.5.1}$$

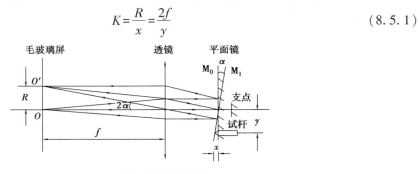

图 8.5.2　微小形变的测量原理

将此放大倍数做到 100 是毫无问题的。若标尺的刻度间隔为 0.1 mm，就能测出测试杆 1 μm 的移动量。测试杆的微小位移 x 为

$$x = \frac{R}{K} = \frac{Ry}{2f} \tag{8.5.2}$$

游标卡尺测量测试杆和支点的距离 y、标尺测量 R、自准直法测透镜的焦距 f，由式 (8.5.2)即可测得被测物体的微小形变 x。

实验 8.6　玻璃砖折射率的测定

【实验器具】

激光器 1 台、读数显微镜 1 台、玻璃砖 1 个、直尺 1 个、木板 1 块、白纸和大头针若干等。

【实验要求】

(1)两种方法测量玻璃砖折射率，写出每种方法的实验原理(包括必要的公式推导过程、结果和原理图)。

(2)写出实验步骤。

(3)记录实验原始数据，处理数据测玻璃砖的折射率。

(4)分析实验误差。

【实验原理】

1)视深法测量折射率

视深法测量折射率的原理如图 8.6.1 所示，在待测物质中深度为 h 处有一发光点 S，作 SO 垂直于界面。从空气中可以看到 S 垂直界面的虚像 S'，它是 S 点发出经界面折射后光线的反向延长线与 SO 的交点。S' 点的深度为 h'，称为 S 点的视在深度(简称视深)，视深 h' 显然与待测物质的折射率 n 有关。设光线由 S 点发出，至 M 点发生折射，i 和 r 分别是入射角和折射角，根据折射定律有 $n \sin i = \sin r$，令 $OM = x$，则由图 8.6.1 可得到

$$h' = \frac{h\sqrt{1 - n^2 \sin^2 i}}{n \cos i} \tag{8.6.1}$$

式(8.6.1)表明，由 S 点发出的不同方向的光线，折射后的延长线不再交于同一点，而与入射角 i 有关。但对于接近法线方向的光线，$i \approx 0$，$\sin^2 i \approx 0$，$\cos i \approx 1$，可得

$$n = \frac{h}{h'} \tag{8.6.2}$$

此时，视深 h' 与入射角 i 无关，折射线的延长线近似交于同一点 S'。S 点被提高的距离为 SS'，$SS' = h - h'$。

视深法测量折射率可以用读数显微镜和视差两种方式进行。用读数显微镜测量时需要用到镜筒上的纵向微调刻尺，并需要注意排除仪器的回程差。如图 8.6.2 所示，载物台上放置有一标记 S 的白纸，调节显微镜成像清晰后记下位置 h_0，白纸上放置玻璃砖后对应(S')位置为 h_1，白纸放置在玻璃砖之上对应位置为 h_2，则玻璃砖折射率 n 为

$$n = \frac{|h_2 - h_0|}{|h_2 - h_1|} \tag{8.6.3}$$

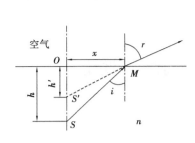

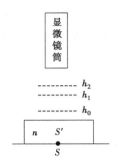

图 8.6.1　视深法测量折射率的原理图　　　　图 8.6.2　读数显微镜测量示意图

2）光路法测量折射率

光路法测量折射率就是画出待测物质界面处入射光线及折射光线的方向,进而确定入射角 i 及折射角 r ,直接利用折射定律来计算待测物质的折射率。测量时需要注意入射角不能过大或过小,可取 $60°$ 左右。

3）视差现象的小实验

在光学实验中,有时不能用毛玻璃或像屏直接接收实像以确定像的位置,需将像成在一实物(如叉丝分划板、大头针或针尖等)附近,而观察像与实物之间存在视差,设法消除之后,则实物的位置即为像的位置。为了进一步了解视差,可做如下实验:举起两根手指头,将它们前后排成竖行,用一只眼睛去观察。当眼睛左右移动时,就会发现两根手指头有相对的位移,其中离眼睛近的手指头的移动方向与眼睛移动方向相反,而离眼睛远的其移动方向与眼睛移动方向相同,这种现象称作视差,而当两根手指重合与眼睛等距离时,则不会出现相对移动,即无视差现象。因此,利用视差现象可以判断两个物体距眼睛的远近并且加以调节以消除视差,使两个物体与眼睛等距或达到物像共面。

【思考题】

双棱镜干涉实验中,把实缝的位置作为干涉虚光源的位置进行测量,存在系统误差。试根据视深法的式(8.6.2)推导虚像的位置,并推出虚光源与双棱镜的距离比实光源的稍近一些,大小为 $\left(1-\dfrac{1}{n}\right)d$,其中 d 为双棱镜的厚度, n 为双棱镜的折射率,进而总结双棱镜干涉实验中减小误差的措施。

实验 8.7　基于透镜组焦距测液体折射率

【实验器具】

平面镜 1 个、双凸透镜 1 个(曲率半径已知)、物屏 1 个、照明光源 1 个、待测液体 1 瓶、长直尺 1 个、支架若干等。

【实验要求】

（1）写出实验原理（包括必要的公式推导过程、结果和原理图）和实验步骤。
（2）记录实验原始数据，处理数据测液体的折射率。
（3）分析实验误差。

【实验原理】

焦距分别为 f_1 和 f_2 两个透镜组成的透镜组，其焦距 f 为

$$f = f_1 f_2 / \Delta \tag{8.7.1}$$

其中，Δ 表示的是两个透镜的光学间隔（指的是前面透镜像方焦点和后面透镜物方焦点之间的距离）。当两个透镜紧密贴合时，$\Delta = f_1 + f_2$，将此关系代入式（8.7.1）可得透镜组的焦距 f 为

$$f = \frac{f_1 f_2}{f_1 + f_2} \tag{8.7.2}$$

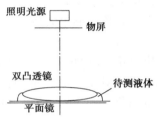

图 8.7.1　液体折射率的测量

双凸透镜 f_1 的焦距可以用自准直法测定，将透镜放在平面镜上，如图 8.7.1 所示，用光源照明物屏，物屏在凸透镜和光源之间来回移动直至物屏上成一倒立等大实像，测量透镜焦距 f_1。然后在平面镜和透镜之间滴入待测液体（组成一块平凹透镜），物屏再在透镜组和光源之间来回移动，用自准直法测出组合透镜的焦距 f。根据式（8.7.2）可得到平凹透镜的焦距 f_2，平凹透镜的焦距公式为

$$\frac{1}{f_2} = (n-1)\left(\frac{1}{r_1} + \frac{1}{r_2}\right) \tag{8.7.3}$$

由双凸透镜的曲率半径可以知道 r_1 的值，而 $r_2 = \infty$，由式（8.7.3）可得被测液体的折射率 n。

此实验方法比较简单，测量值的有效数字不多，只有 2~3 位。实验误差的主要来源是透镜焦距 f 的测定，因为实际上组合透镜是厚透镜，用物屏到双凸透镜中心之间的距离作为焦距是近似正确的。

实验 8.8　垂直入射法测量棱镜折射率

【实验器具】

分光计 1 台（带有 6.3 V 变压器电源）、三棱镜 1 个、钠光灯 1 台、毛玻璃 1 个、平面平镜（半透半反镜）1 个等。

注意："垂直入射"的光指的是与 AC 面垂直且从 AB 面入射的光，如图 8.8.2 所示。

【实验要求】

（1）写出测量的实验原理（包括必要的公式推导过程、结果和原理图）和实验步骤。

（2）记录实验原始数据，处理数据测棱镜的折射率。

（3）分析实验误差。

【实验原理】

1）实验测量公式

入射角为 i_1 的入射光线经过三棱镜两次折射后的出射光线的出射角是 i_2，如图 8.8.1 所示。根据两个界面的折射定律和顶角 $A = r_1 + r_2$ 的关系，可以推导出三棱镜的折射率 n 为

$$n = \sqrt{\left(\frac{\cos A \, \sin i_1 \pm \sin i_2}{\sin A}\right)^2 + \sin^2 i_1} \tag{8.8.1}$$

式中，出射光线偏向底边 BC 处时用"+"，偏向顶角 A 时用"−"。由式（8.8.1）只要测出三棱镜的入射角 i_1、出射角 i_2 和顶角 A，即可得到三棱镜的折射率 n。任意角入射测量时需要注意入射角不能过大或过小，否则误差比较大或像差现象严重以至不可以测量。另外在分光计上进行实验时，平行光管固定，导致直接测量入射角比较困难，需要转化成 AB 面反射角或者出射角、偏向角的测量，再根据反射定律和折射定律间接测得入射角。

当入射光线垂直 AC 面入射时，由图 8.8.2 可知，此时的入射角 i_1 等于顶角 A，因此，只需测量顶角 A 和出射角 i_2 就可以测量折射率，相对而言大大简化了测量。此时测量三棱镜的折射率 n 公式为

$$n = \sqrt{\left(\frac{\sin 2A + 2\sin i_2}{2 \sin A}\right)^2 + \sin^2 A} \tag{8.8.2}$$

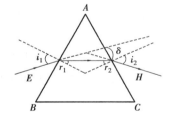

图 8.8.1　光在棱镜主截面内的折射

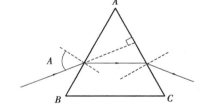

图 8.8.2　垂直入射光在棱镜内的折射

2）测量过程

本实验的前提是入射光垂直 AC 面，即平行光管发出的光与 AC 面垂直。首先把分光计调节好，调节分光计的要求是：平行光管发出平行光，望远镜接收平行光（聚焦于无穷远处），平行光管和望远镜的主光轴与分光计主轴垂直；三棱镜的主截面与分光计主轴垂直（参考实验 3.4 的实验内容）；然后稍微降低载物台，使望远镜可以直接接收到平行光管的光，转动望远镜使平行光管的光与视场中的纵叉丝重合，固定望远镜；转动游标盘使 AC 面反射回的绿叉丝像与望远镜的上横叉丝与纵叉丝的交点重合，固定游标盘，此时即满足垂直入射，测量 AC 法线的位置；往 BC 面方向转动望远镜，接收出射光线，测量出射光线的位置；出射光线的位置与 AC 面法线的位置差值即出射角 i_2，多次测量取平均；用自准直方法或者分光束法测量顶角 A，

多次测量取平均;将 A 和 i_2 的平均值代入式(8.8.2)可测得棱镜折射率。

实验 8.9　利用折射定律测液体的折射率

【实验器具】

激光器 1 套(俯仰和高度可调)、游标卡尺 1 个、读数显微镜 1 台(镜筒的物镜上贴有带十字标线的屏)、平行平板玻璃液槽 1 个、待测液体 1 瓶、各支架(二维调节)若干等。

【实验要求】

(1)简述实验原理(包括必要的公式推导过程、结果和原理图)。
(2)写出调节步骤和测量步骤。
(3)记录实验原始数据,处理数据测液体的折射率。
(4)分析实验误差。

【实验原理】

1)实验测量公式

本实验利用折射定律测液体的折射率,测量原理光路如图 8.9.1 所示。观察屏 P 置于长方形玻璃容器的后面且与容器平行。为了便于精确测量,观察屏 P 固定在读数显微镜的镜筒(带有测微装置)上,当转动读数鼓轮时,能让观察屏 P 及其指示线沿着与液槽前后两面平行的方向移动,使指示线能准确对准光点进行读数。

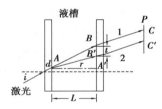

图 8.9.1　测量原理光路图

设激光束入射到液槽表面的入射角为 i,在玻璃板内的折射角是 α,容器未注入待测液体时激光所通过的光路称光线 1,注入液体后所通过的光路为光线 2,r 为光线 2 在液体中的折射角。由于玻璃槽是平行平板,各界面互相平行,根据折射定律,光线 1 在各界面上有 $\sin i = n \sin \alpha$,光线 2 在各界面上有 $\sin i = n \sin \alpha = n_L \sin r$,所以

$$n_L = \sin i / \sin r \tag{8.9.1}$$

式中,n、n_L 分别为玻璃板及待测液体的折射率。

设 C、C' 为光线 1 与光线 2 落在观察屏 P 上的光点,由读数显微镜鼓轮测微装置测出的两光点位置读数分别为 X_C、$X_{C'}$,则光点在注入测液体前后在观察屏上移动的距离 $t = CC' = |X_C - X_{C'}|$。

设玻璃液槽内宽度为 L,根据图 8.9.1 有以下几何关系:

$$BB' = CC' = t, \quad BA' = L \tan i, \quad B'A' = BA' - BB' = L \tan i - t$$

光线 2 在液体中　　　$$\sin r = \frac{B'A'}{B'A} = \frac{L \tan i - t}{\sqrt{(L \tan i - t)^2 + L^2}}$$

所以液体的折射率 n_L 为

$$n_L = \frac{\sin i}{\sin r} = \frac{\sin i \sqrt{(L \tan i - t)^2 + L^2}}{L \tan i - t} \tag{8.9.2}$$

为了测量入射角 i,将观察屏 P 由读数显微镜镜筒测微装置沿垂直于液槽表面方向移动

距离 b,则屏上光点 C(或 C')的位置会发生变化,其变化距离 m 可由前述方法测定。则有 $\tan i = m/b$,代入式(8.9.2)得

$$n_{\mathrm{L}} = \frac{\sqrt{1+\left(\dfrac{Lb}{Lm-tb}\right)^2}}{\sqrt{1+\left(\dfrac{b}{m}\right)^2}} \tag{8.9.3}$$

由式(8.9.3)可以看出,只要测出液槽内宽度 L 和注入液体前后光点在观察屏上的位置变化量 t,以及测出当屏沿垂直于液槽表面方向移动距离 b 后对应光点的移动距离 m,就可由式(8.9.3)计算待测液体的折射率 n_{L}。

2)测量过程

首先将玻璃槽置于支架上,调节容器方位和激光器的俯仰,使激光束的入射面与容器表面垂直。将读数显微镜测微装置靠近支架位置,使出射光点在观察屏上可看到;调节读数显微镜测微装置方位,使当旋转读数鼓轮和旋转调焦手轮时,屏上光点始终沿十字指示线的横线移动。

测量注入液体前后光点在观察屏上的位置变化量 t。旋转读数鼓轮,使屏上指示线对准 C 点中心,读出 C 的位置读数 X_C;将待测液体注入液槽中,旋转鼓轮使指示线对准 C' 点中心,读出 $X_{C'}$,重复测量多次,取 t 的平均值。

测量 m、b。旋转读数显微镜调焦手轮,使观察屏沿垂直于液槽表面方向移动距离 b,分别读出移动前后屏上光点的位置,多次测量取平均。

游标卡尺在液槽内部不同位置处测量其宽度 L,取其平均值。

将 L、t、m 和 b 代入式(8.9.3)计算待测液体的折射率 n_{L}。

实验 8.10　菲涅耳双棱镜折射率和锐角的测量

【实验器具】

钠光灯 1 台、待测双棱镜 1 个、分光计 1 台(带有 6.3 V 变压器电源)、平面镜(半透半反镜)1 个等。

【实验要求】

(1)画出光路图,简述双棱镜两锐角的测量原理并给出测量公式。

(2)用光路图说明如何排除干扰像。

(3)叙述双棱镜折射率的测量原理(两种方法),画出光路图并给出测量公式(包括必要的公式推导过程、结果)。

(4)写出实验步骤。

(5)记录实验原始数据,处理数据测双棱镜的折射率。

(6)分析实验误差。

注意: 双棱镜是用玻璃制成的底角很小的等腰三角形棱镜,如图 8.10.1 所示。通常因制

作精度的问题,实际的双棱镜的底角 A 与 B 只是接近相等,如图 8.10.2 所示。

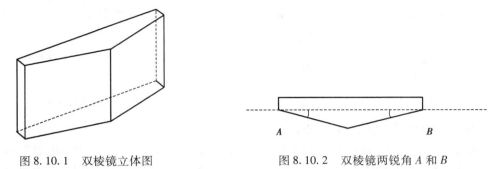

图 8.10.1 双棱镜立体图　　　图 8.10.2 双棱镜两锐角 A 和 B

【实验原理】

1)双棱镜锐角的测量(反射法)

在第 3 章分光计测三棱镜折射率的实验 3.3 和 3.4 中分别介绍过自准直法和分光束法测顶角,本实验中再介绍一种通过测量反射光束进而测得顶角的方法。测量原理如图 8.10.3 所示,平行光管发出的固定方向的入射平行光束照射在 AB 面上,选定双棱镜位置,使入射角为便于观测的适当值(30°~60°),这也就选定了反射光束的方向,转动望远镜接收反射光束,并固定望远镜。再转动游标盘使双棱镜法线 n_{AC} 与转动前的法线 n_{AB} 重合,则这时的 AC 面上的反射光束与 AB 面上的反射光束方向相同。双棱镜在这两次位置之间转动的角等于 n_{AC} 与 n_{AB} 之间的夹角 α,测出这一转角,由此可得到顶角 A 的大小 $A = 180° - \alpha$。这一方法与自准直方法的公式相同,但是反射法需要借助平行光管。另外由于平行光管和望远镜透镜孔径限制,顶角 A 应放置在载物台的中心处。

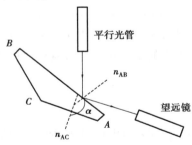

图 8.10.3 测量双棱镜锐角的反射法光路图

2)测 AB 面反射像时需排除的干扰

如图 8.10.4 所示,平行光束射向 AB 面,可产生 3 种反射方向的光束。当固定望远镜,转动载物台时,随着 AB 面的转动,望远镜中可陆续观察到 3 种反射光的像。光束 $1'$ 是经 AB 面直接反射的光束,它的成像很亮,这是我们应该测量的,而光束 $2'$ 和 $3'$ 是光束在 AB 面折射进入棱镜后,又分别经 AC 面和 BC 面反射再从 AB 面折射出来的光束,它们都是测量时要排除的干扰。与光束 $1'$ 相比这种光束损失的光能较多,成像较暗。

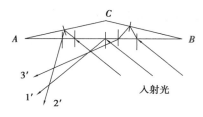

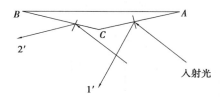

图 8.10.4　AB 面反射像示意图　　　　　　图 8.10.5　AC 面反射像示意图

3）测 AC 面反射像时需排除的干扰

在观察入射光从 AC 面的反射光束成像时,随着载物台的转动,在固定的望远镜中可陆续观察到 5 个狭缝像,其中 2 个亮像、3 个暗像。暗像是经多次反射的像应排除;2 个亮像中,需要测量的是图 8.10.5 中的光束 1′所成的像。按上述实验步骤,应该是在观察到 AB 面直接反射的亮像后,转动载物台过程中先看到的第一个亮像。

4）双棱镜折射率的测量

方法一:偏向角法。

在第 3 章最小偏向角法测三棱镜折射率的实验 3.4 中推导出棱镜的偏心角 δ 为

$$\delta = i_1 + i_2 - A \tag{8.10.1}$$

并且

$$A = r_1 + r_2 \tag{8.10.2}$$

其中,i_1 是棱镜的入射角,i_2 是棱镜的出射角,A 是棱镜的顶角,r_1 是棱镜入射面的折射角,r_2 是出射面对应的入射角。

当入射角 i_1 很小时,由折射定律 $n = \sin i / \sin r$ 和式(8.10.2)可知,对于双棱镜 r_1、r_2 和 i_2 都是微小角,则近似有 $\sin i = i$,代入折射定律,则有 $i_1 = n r_1$ 和 $i_2 = n r_2$。结合式(8.10.1)和式(8.10.2)可得到偏向角 δ 为

$$\delta = (n-1)(r_1 + r_2) = (n-1)A \tag{8.10.3}$$

即在入射角很小时,双棱镜的偏向角 δ 与入射角无关。实验中在 AB 面上只要入射光束接近垂直入射,测出顶角 A 和其透射光束的偏向角 δ 即可测得双棱镜的折射率 n 为

$$n = 1 + \frac{\delta}{A} \tag{8.10.4}$$

方法二:自准直法。

测量双棱镜折射率自准直法的光路如图 8.10.6 所示,以角度 i 入射的光线 2 经过 AB 面折射后的角度是 r,到 AC 面时刚好与此面垂直,此光线再经过 AC 面反射回的光线将原路返回。根据图 8.10.6 可知,光线 2 的折射角 r 等于顶角 A。由折射定律可知,双棱镜折射率 n 为

$$n = \sin i / \sin A \tag{8.10.5}$$

光线 1 在 AB 面垂直入射并沿原路返回。光线 2 在 AB 面斜入射,经折射后在 AC 面垂直入射,最后沿原路返回。入射角 i 等于光线 1 和光线 2 的夹角,即

$$i = \frac{1}{2} \left| (\theta_2 - \theta_1) + (\theta_2' - \theta_1') \right|$$

将入射角 i 和测得的顶角 A 代入式(8.10.5)即可测得双棱镜的折射率 n。

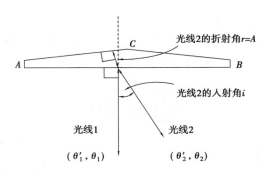

图 8.10.6 测量双棱镜折射率自准直法光路图

实验 8.11 全反射法测折射率

【实验器具】

He-Ne 激光光源 1 个、透镜 1 个、螺旋测微计 1 个、直尺 1 个、固体样品 1 个、液体样品 1 瓶、液体样品池 1 个、光具座 1 个、滑块和白纸、夹子若干等。

液体样品池由前窗玻璃、样品区、后窗玻璃 3 部分组成,后窗玻璃折射率 n_1 已知。

【实验要求】

(1)根据提供的器具测量固体样品和液体样品的折射率,叙述测量原理并给出测量公式(包括必要的公式推导过程、结果和原理图),描述所观察到的实验现象。

(2)写出测量的实验步骤。

(3)记录实验原始数据,处理数据,分析实验误差。

(4)叙述全反射法测三棱镜折射率的原理并给出测量公式(包括原理图),描述所观察到的实验现象。

【实验原理】

对任何两种介质,由折射定律可知,光的入射角 i 和折射角 r 之间的关系为

$$n \sin i = n_1 \sin r \tag{8.11.1}$$

如果光从光密介质进入光疏介质,即 $n_1 < n$ 时,折射角必大于入射角,并且当折射角为 90° 时,入射角为发生折射的最大值。此时的入射角为全反射临界角 i_c,对应的折射光线称掠射光线。由式(8.11.1)可知光密介质的折射率为

$$n = n_1 / \sin i_c \tag{8.11.2}$$

若已知 n_1 值,测出全反射临界角 i_c,即可由上式得到待测介质的折射率。

1)固体折射率的测量

全反射法测固体折射率的光路图如图 8.11.1 所示。图中 A 点是激光经过透镜 L 的汇聚点。在固体样品的其中一光学面上贴上粗糙的白纸形成粗糙的毛面,A 点位于毛面上。在固体样品内的另一光学面上,AB 和 AD 光线对应的入射角是临界角,BD 区域以外的光线发生全

反射,没有透射光线。因此,在固体样品的毛面上,全反射光线形成的 *CE* 以外区域的亮度相对其以内的亮度要强一些。在毛面上观察时,会看到一个内暗外亮的圆斑。假设圆斑的直径是 d,固体样品厚度是 b,则根据式(8.11.2),固体的折射率 n 为

$$n = \frac{1}{\sin\left[\arctan\left(\dfrac{d}{4b}\right)\right]} \tag{8.11.3}$$

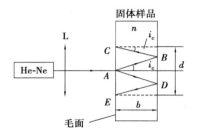

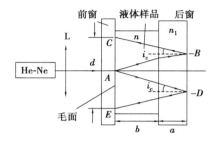

图 8.11.1　测固体折射率光路图　　　　图 8.11.2　测液体折射率光路图

2)液体折射率的测量

全反射法测液体折射率的光路图如图 8.11.2 所示。同样,A 点是激光经过透镜 L 的会聚点,且位于液体前窗的毛面上;进入后窗的 *BD* 区域以外的光线发生全反射;在液体池的前窗上观察时,也会看到一个内暗外亮的直径是 d 的圆斑。若液体样本的厚度是 b,后窗玻璃的厚度为 a,则根据式(8.11.2),液体的折射率 n 为

$$n = \frac{1}{\sin\left\{\arctan\dfrac{\left[\dfrac{d}{4} - a\,\tan\left(\arcsin\dfrac{1}{n_1}\right)\right]}{b}\right\}} \tag{8.11.4}$$

3)全反射法测三棱镜折射率

三棱镜折射率的测量方法有掠入射法、最小偏向角法和垂直入射法等。全反射法也可以用于测量三棱镜的折射率。如图 8.11.3 所示,钠光灯照射 *BC* 粗糙面,入射光经过 *BC* 面后以不同的角度入射到 *AB* 光学面,其中光线 1 的入射角为临界角。入射角大于临界角的入射光线(如光

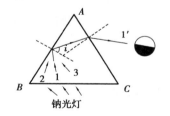

线 2)发生全反射,透过 *AC* 面的区域亮度要强于入射角小　图 8.11.3　全反射法测折射率光路图
于临界角的光线(如光线 3)在 *AC* 面的透射区亮度。光线 1 经过 *AB* 面反射再透过 *AC* 的光线 1′对应的为明暗分界线,分界线出射角的大小与掠入射法极限角的相等。

综上所述,全反射法测三棱镜折射率的理论公式与掠入射法的相同,但观察到的现象却相反,并且明暗分界线的对比度远低于掠入射现象的对比度。

实验 8.12　斜入射光栅方程的研究

【实验器具】

钠光灯 1 台、光栅 1 个（1 mm/600）、分光计 1 台（带有 6.3 V 变压器电源）、平面镜（半透半反镜）1 个等。

【实验要求】

（1）根据夫琅禾费衍射理论，知道平行光斜入射时的光栅方程和方程中各个量的物理意义是什么，知道方程中的角度如何测量。

（2）在平行光斜入射时，衍射光方向与入射光方向之间的夹角称为偏向角，以符号 α 表示，有 $\alpha = \theta + \varphi$，其中 θ、φ 分别为光栅的入射角和衍射角。改变入射角使光栅进入斜入射状态，观察衍射光随转角的变化规律，能否找到一个特殊角度 α，只要测出此角度 α 就能计算出光源波长。写出观察规律、测量光路图、计算公式、测量数据和计算结果。

（3）写出实验步骤。

【实验原理】

1）光栅方程

根据夫琅禾费衍射理论，光栅方程和方程中各个量的物理意义为

$$d(\sin\theta + \sin\varphi_k) = k\lambda \quad (k = 0, \pm 1, \pm 2, \cdots) \tag{8.12.1}$$

其中，θ 是光栅入射角，φ_k 是衍射角，λ 是入射光的波长，k 是衍射级数。当入射光线和衍射光线在光栅法线的同侧时，φ_k 取"+"，异侧时，φ_k 取"–"。

在分光计上进行实验时，方程中各角度的测量转换为各个光线的角位置差值的测量。入射角 θ 指的是入射光线和光栅法线之间的夹角；衍射角 φ_k 指的是第 k 级衍射光与光栅法线之间的夹角。光栅反射的绿色"+"和目镜纵叉丝重合时为光栅法线的角位置；0 级光谱和目镜纵叉丝重合时为入射光线的角位置；再测各级衍射光和目镜纵叉丝重合时的角位置；测出它们的角位置即可测得 θ 和 φ_k。

2）光栅的最小偏向角

实验过程中，如图 8.12.1 所示，改变光栅的入射角，衍射光随入射角的改变而移动，这个过程中会出现衍射光线有一个转折现象，即入射角改变到某一位置再继续改变时，视场内衍射光不再沿原来方向移动，而开始向相反方向移动，即有一个最小偏向角 α_m。偏向角与入射角和衍射角有关系，最小偏向角是极限角度，找到特殊角度 α_m，测出此角度 α_m，光栅常数已知就能计算出光源波长。具体公式推导如下。

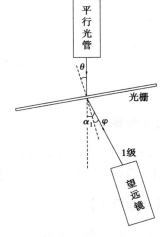

图 8.12.1　测量光路图

由式(8.12.1)可得:

$2d\sin[(\theta+\varphi)/2]\cos[(\theta-\varphi)/2]=k\lambda$,当$\theta=\varphi$时,余弦值最大为1,因而偏向角$\alpha$最小,以

符号α_m表示,有$\theta=\varphi=\dfrac{\alpha_m}{2}$,斜入射公式为

$$2d\sin\left(\frac{\alpha_m}{2}\right)=k\lambda\,(k=0,1,2,\cdots)\tag{8.12.2}$$

其中,α_m为第k级衍射光的最小偏向角。

3)数据记录和处理

数据记录如表8.12.1所示参考。

表8.12.1 最小偏向角法测光源波长数据表格

级数	I 级				II 级			
谱线	黄1		黄2		黄1		黄2	
游标	游标1	游标2	游标1	游标2	游标1	游标2	游标1	游标2
$\varphi_{出}$	204°59′	24°55′	204°38′	24°33′	215°22′	35°18′	215°39′	35°34′
$\varphi_{入}$	184°37′	4°31′	184°17′	4°11′	173°56′	353°52′	174°15′	354°11′
$\alpha_m=\lvert\varphi_{出}-\varphi_{入}\rvert$	20°22′	20°24′	20°21′	20°22′	41°26′	41°26′	41°24′	41°23′
α_m	20°23′		20°22′		41°26′		41°23′	
λ/nm	589.81		589.33		589.58		588.90	

数据处理(参考):

将α_m代入式(8.12.2)得到黄1的波长:$\lambda=\dfrac{2d\sin\left(\dfrac{\alpha_{1m}}{2}\right)+d\sin\left(\dfrac{\alpha_{2m}}{2}\right)}{2}=589.70\text{ nm}$

黄2的波长:$\lambda=\dfrac{2d\sin\left(\dfrac{\alpha_{1m}}{2}\right)+d\sin\left(\dfrac{\alpha_{2m}}{2}\right)}{2}=589.12\text{ nm}$

实验8.13 反射式光栅的研究实验

【实验器具】

激光器1台、毛玻璃屏1个、光学平台1台、手机屏1个、0.5 mm刻度线的钢板尺1个、卷尺1个、游标卡尺1个、夹子2个、白纸和二维支座若干等。

【实验要求】

(1)根据提供的器具测量激光波长,简述激光波长的测量原理并给出测量公式(包括必要的公式推导过程、结果和原理图)。

（2）写出测量光源波长的实验步骤。

（3）测量手机屏的分辨率。

（4）记录实验原始数据，处理数据，分析实验误差。

【实验原理】

1）测量原理

根据光栅的光栅方程和方程中各个量的物理意义为

$$d(\sin\theta + \sin\varphi_k) = k\lambda \quad (k = 0, \pm1, \pm2, \cdots) \tag{8.13.1}$$

其中，θ 是光栅入射角，φ_k 是衍射角，λ 是入射光的波长，k 是衍射级数。当入射光线和衍射光线在光栅法线的同侧时，φ_k 取"+"，异侧时，φ_k 取"−"。式（8.13.1）对透射式和反射式光栅都适用。

0.5 mm 刻度线的钢板尺相当于一个光栅常数为 0.5 mm 的反射式光栅，取入射角和衍射角的余角分别为 α 和 β_k，如图 8.13.1 所示，光栅方程式（8.13.1）改为

$$d(\cos\alpha - \cos\beta_k) = k\lambda \quad (k = 0, \pm1, \pm2, \cdots) \tag{8.13.2}$$

其中 $\alpha = \beta_0$，

$$\tan\beta_k = \frac{h_k}{L} \tag{8.13.3}$$

式中，L 为入射光在尺上斑的圆心与屏之间的距离；h_k 为各级衍射斑心 S_k 与 O 点之间的距离。

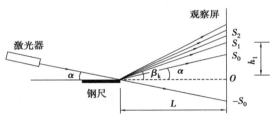

图 8.13.1　实验光路图

由式（8.13.3）测得 α 和 β_k，代入式（8.13.2）可计算得到光源波长。

手机屏可以看成一个二维反射式光栅，用激光照射到手机屏，产生衍射现象，根据式（8.13.1）可以分别测得手机屏的横向和纵向的光栅常数（即相邻像素的间距）。用游标卡尺测手机屏的长度和宽度，除以对应的光栅常数，即可得到手机屏的像素数（分辨率）。

2）测量光源波长的实验过程

首先利用钢尺或毛玻璃屏调节激光束平行于平台；然后放置钢尺和毛玻璃屏，使二者之间距离尽量远并且垂直；激光斜入射到钢尺上，并调节激光的入射角度，使毛玻璃屏上出现清晰的衍射斑；用夹子在屏上夹住一张白纸，分别记下各级衍射斑斑心的位置 S_k，并用卷尺测量 L；取掉钢尺，在白纸上记下 $-S_0$ 的位置；取掉白纸，在白纸上找到 O 点，游标卡尺测量各级的 h_k，由式（8.13.2）和式（8.13.3）计算激光的波长。

实验 8.14 测量液体的色散曲线

【实验器具】

分光计 1 台、2 块外形相同折射率不同的等腰三棱镜 ABC（底边 BC 为毛面）、汞灯 1 台、光栅 1 个（光栅常数 1 mm/300）、平面镜 1 个、待测液体 1 瓶、滴管 1 个、白纸若干等。

【实验要求】

（1）判断三棱镜中哪个棱镜的折射率高，写出判断方法，定义折射率高的棱镜为棱镜 H，折射率低的棱镜为棱镜 L，两个三棱镜的折射率分别为 n_1 和 n_2，$n_2 < n_1$。

（2）写出测量棱镜 H 顶角 A 的公式和画出光路示意图。

（3）测量液体的色散曲线。

①测量棱镜 H 折射率 n_1 的公式和光路；

②画出测量液体折射率 n 的光路、推出测量液体折射率 n 公式；

③测量汞灯波长的原理和步骤；

④写出测量液体色散曲线的测量步骤（棱镜折射率的测量步骤不需要写）；

⑤记录实验原始数据，处理数据，描绘液体色散曲线。

【实验原理】

1）折射率的比较

由于折射率大的棱镜的偏向角较大，可以通过比较两个棱镜的偏向角以判断出棱镜折射率的大小。方法有很多，例如：在纸上画一条直线，将两个外形相同的等腰三棱镜横向并排且 AB 面紧贴纸面，放置在白纸上，眼睛在 AC 面观察直线透过两棱镜的出射光线，偏向角大的对应的折射率大；在分光计上，入射角固定，观察出射光线，进而比较偏向角的大小。

2）液体色散曲线

液体色散曲线是折射率和入射光波长之间的关系曲线。根据提供的实验器具，由光栅衍射可以测量汞灯的波长，汞灯在可见光的波长参考值为 405 nm、436 nm、492 nm、546 nm、577 nm 和 579 nm。液体折射率的测量可以用掠入射法，但是掠入射法测量液体折射率时，需要单色扩展光源，如果是用汞灯作光源，经过毛玻璃扩展之后，视场中会出现若干颜色明暗分界的叠加现象，不利于精确测量极限角。本实验借助两块三棱镜光学面制备液膜，采用平行光入射的掠入射法测量液膜的折射率，光路图如图 8.14.1 所示。

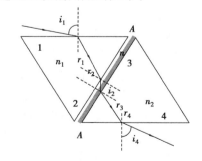

图 8.14.1 测量液体折射率的光路图

设空气的折射率为 1，待测液体的折射率为 n，且满足关系：$n < n_1$，$n < n_2$。光线在折射率高的棱镜 H 界面 1 上的入射角为 i_1，折射角为 r_1，入射角的范围为 $0 \sim 90°$。光线到达界 2 的入射角是 r_2，在液膜层的出射角为 i_2。由于液膜层的表面 2 与 3 平行，光线仍以 i_2 角度入射到

界面 3 上,在棱镜 L 中的折射角为 r_3,再以 r_4 角度入射到界面 4 上,在空气中的出射角是 i_4。根据几何关系 $A=r_1+r_2$ 和折射定律可知,逐渐减小入射角 i_1,出射角度 i_2 逐渐增大,同时棱镜组出射面的 i_4 逐渐减小,当 i_2 刚好为 90° 时,液膜层的光线是掠入射到棱镜 L 上,此时棱镜 L 出射面的光线消失,则对应的出射角 i_4 为棱镜 L 的极限角,入射角 i_1 为棱镜 H 的极限角。由于在棱镜 L 对应极限角 i_4 的光线刚好消失,因此 i_4 不能精确测量;而棱镜 H 的极限角只需要测量入射光线和界面 1(界面 4)法线的位置即可测得。由实验 3.2 掠入射法测液体折射率 n 的公式

$$n = \sin A \sqrt{n_1^2 - \sin^2 i_1} - \sin i_1 \cos A \tag{8.14.1}$$

再由最小偏向角法测量棱镜 H 的折射率 n_1,自准直法、分光束法或反射光法测量顶角 A,代入式(8.14.1),即可算出待测液体的折射率 n。

由波长 λ 和对应的折射率 n_λ 即可描绘液体的色散曲线。

3) 柯西色散公式

柯西于 1836 年根据当时所能利用的玻璃和透明液体所做实验的结果,首先列出了表达折射率和波长之间关系的一个经验公式,即柯西公式:

$$n = a + \frac{b}{\lambda^2} + \frac{c}{\lambda^4} + \cdots \tag{8.14.2}$$

式中,λ 是入射光在真空中的波长,$a,b,c,\cdots$ 都是物质常数,对于每一种物质,这些常数的值应该由实验测定。这个公式在可见光区域内对于正常色散(波长越长,折射率越小)相对准确。在大多数情况下,可以只取式中的前两项就够了。通常用色散率 υ 表征材料折射率随波长变化的程度,由柯西公式得到对应的色散率 υ 为

$$\upsilon = \frac{dn}{d\lambda} = -\frac{2b}{\lambda^3} - \frac{4c}{\lambda^5} + \cdots \tag{8.14.3}$$

4) 测量液体极限角的实验过程

首先,制作液膜层,按图 8.14.1 所示滴入待测液,并使两个光学面待测液均匀,无气泡。

其次,确定极限角。参照实验 3.4,调整分光计,使其满足要求;平行光管以较大角度照射三棱镜组,用眼睛观察三棱镜组的出射光线;转动游标盘,逐渐减小入射角,当目测到有出射光线出现消失的现象时,固定游标盘;然后用望远镜观察进行细调,转动望远镜以接收出射光线,固定望远镜;再转动游标盘微小改变入射角,当在望远镜中观察到某颜色光的出射光线消失时,固定游标盘,此时的入射角即为该颜色光的极限角。

最后,测量极限角。转动望远镜,使望远镜对准平行光管(需要略降载物台,保证平行光管的光可以直接入射到望远镜中),并且狭缝像与分划板竖线重合时记录角位置为 φ_1、φ_1'(即入射光线的角位置);转动望远镜找到棱镜组出射面反射回来的清晰绿色十字像,当其与望远镜的上叉丝线交点重合时,记录此角位置为 φ_2、φ_2'(出射面和入射面的法线角位置);两次角位置的差值为极限角 i_1,带入式(8.14.1)计算折射率 n;重复以上过程确定其他波长对应的极限角和折射率 n_λ,画出 n-λ 的曲线。

实验 8.15　布儒斯特角测定液体的折射率

【实验器具】

分光计 1 台(带有 6.3 V 变压器电源)、钠光灯 1 台、偏振片 1 片、平面镜 1 个、待测液体 1 瓶、平板光学玻璃 1 块(背面涂黑)、玻璃压片 1 块、激光器 1 台、镜头纸若干等。

【实验要求】

(1)简述布儒斯特角测定液体对钠光折射率的实验原理(包括必要的公式推导过程、结果和原理图)。

(2)写出调节步骤和测量步骤。

(3)记录实验原始数据,处理数据测液体的折射率。

(4)分析实验误差。

【实验原理】

1)实验设计

折射率是表征介质光学性质的物理量,折射率的测定是几何光学中的重要问题。在物理光学实验中,薄膜介质折射率的测定也是一个必做的基础性实验。测定液体折射率的方法通常有掠入射法、折射定律法、透镜组法、全反射法、等厚干涉法、迈克尔逊干涉法等,这些方法各有其优点和缺点,而用布儒斯特角测定液体折射率的方法不但所需实验器材简单,而且测得结果准确度高,是一种切实可行的方法。

透过偏振片的光线中只有与其透振方向平行的振动,这种只包含单一振动方向的光称为线偏振光。因线偏振光中沿传播方向各处的振动矢量维持在一个平面(振动面)内,故线偏振光又称为平面偏振光。当一束波长为 λ 的平面偏振光从空气入射到折射率为 n 的介质表面上,光的电矢量 E 分为两个分量,把光波在入射面上的分量称为 P 波,垂直入射面的称为 S 波。如果入射光是偏振面平行于入射面的平面偏振光 P 波,且光线的入射角为布儒斯特角 i_0,这时入射的平面偏振光在界面上将不反射而全部进入介质内。根据布儒斯特定律,入射角 i_0 的正切等于对应波长 λ 在介质中的折射率 n,即

$$\tan i_0 = n \tag{8.15.1}$$

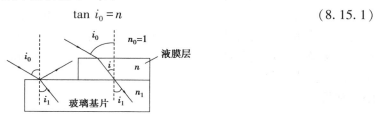

图 8.15.1　布儒斯特角测液膜折射率光路示意图

因此,若改变 P 波的入射角,当反射光强为零时,即可确定布儒斯特角 i_0,由式(8.15.1)求得介质的折射率 n。这种方法虽然简便,但精度较低,而且应用这种方法测量液体的折射率

时还将遇到新的困难,这是由于 P 波在液膜表面虽不发生反射,但在液膜和基片的界面上仍有反射光透过液膜层而折回到空气中,折返光对布儒斯特角 i_0 的准确测定产生了干扰。如果在一块平面玻璃基片上,局部区域涂上待测液膜,如图 8.15.1 所示,当用 P 波照明时,迎着反射光观察玻璃基片的表面,由于液膜层与玻璃界面和空气与玻璃界面的反射系数不同,故能看见液膜区与非液膜区界线分明,当光线的入射角等于布儒斯特角 i_0 时,P 波在液膜前表面没有反射光,进入液膜层的光虽然在液膜层后表面反射回来,但此时两个区域的分界线消失。理论推导如下。

假设 n_1 是基片玻璃折射率,i 是光线从液体膜射向玻璃基片的入射角,i_1 是在基片中的折射角,由于液膜层上下表面平行,从空气层到玻璃基片的折射角也是 i_1。

根据菲涅耳公式,液膜层与玻璃界面的振幅反射系数 r_p 为

$$r_p = \frac{n_1 \cos i - n \cos i_1}{n_1 \cos i + n \cos i_1} = \frac{\dfrac{n_1}{n} \cos i - \cos i_1}{\dfrac{n_1}{n} \cos i + \cos i_1} \tag{8.15.2}$$

当射入液膜光线的入射角为布儒斯特角时 i_0 时,根据 $i + i_0 = 90°$,可得

$$\cos i = \sin i_0, \sin i = \cos i_0$$

结合折射定律 $\sin i_0 = n \sin i$ 则有 $\cos i = n \cos i_0$,将此关系代入式(8.15.2),得到

$$r_p = \frac{n_1 \cos i_0 - \cos i_1}{n_1 \cos i_0 + \cos i_1} \tag{8.15.3}$$

根据菲涅耳公式,此时空气层与玻璃上的振幅反射系数 r'_p 为

$$r'_p = \frac{n_1 \cos i_0 - \cos i_1}{n_1 \cos i_0 + \cos i_1} \tag{8.15.4}$$

比较式(8.15.3)和式(8.15.4),显然布儒斯特角入射时,两种界面的反射系数 r_p 和 r'_p 有

$$r_p = r'_p \tag{8.15.5}$$

式(8.15.5)说明,当 P 波以布儒斯特角入射样品表面时,迎着反射光观察玻璃基片的表面,因液膜区与非液膜区的反射光强相等,明暗界线将消失,呈现一片均匀照明,尽管人眼视觉不能定量地确定光强的数值,但却能相当准确地判断两束光的强度是否相等,因而当眼睛观察到待测样品的视场呈现均匀照明,液膜区与非液膜区之间界线消失时,则此时光波的入射角必为布儒斯特角 i_0,应用式(8.15.1)即可较准确地求得液膜层介质的折射率。

2)实验过程

首先制作样品:取一块光学玻璃,用镜头纸将光学玻璃擦干净,在上面滴少许待测液体,为了使明暗界限清晰,用洁净的玻璃片把液体压到光学玻璃上形成一层均匀、无气泡的液体膜,另一半用镜头纸擦拭干净;然后利用辅助平面镜,根据自准直原理调整望远镜,使其能接收平行光并且光轴垂直于分光计转轴;点亮钠灯,用钠光照明平行光管,使平行光管发出平行光,再调整其光轴与望远镜共轴,并垂直于分光计转轴;将样品垂直放置在分光计的载物平台上,用调整好的望远镜对准待测样品的表面,使之位于与分光计转轴平行的位置;在平行光管物镜前加一偏振片,使其透光截面平行于样品的入射面,以获得 P 波(其中偏振片主截面的确定方法如下:将一背面涂黑的玻璃片立在铅直面内,激光器射出的一细光束沿水平方向垂

直偏振片再入射到玻璃片上,不断改变入射角和旋转偏振片使反射光消光,此时偏振片的透光截面平行于样品的入射面);为测定布儒斯特角 i_0,需要旋转载物台使光线的入射角不断改变,而样品表面反射光的方向也将随之改变,这不利于观察实验现象,因此可以在载物台上样品的近旁添置一块平面镜,则平面镜和样品就构成一个横偏向装置,当平台旋转时,经横偏向装置反射的平行光的方向将不随平台的旋转而变化,即出射光与入射光之间的夹角为常量;旋转望远镜到平面镜的反射光方向上,即可观察到样品表面的光强分布情况,缓慢地转动载物台,通过望远镜就能看到样品表面液膜区和非液膜区的光强对比明显不断变化;当视场的明暗界线消失时,固定载物台,则相应的入射角即为液膜层介质的布儒斯特角 i_0;取下平面镜,用望远镜对准样品的反射光方向,记录其角位置,再将望远镜直接对准平行光管,记录其角位置,由此求出入射光线和反射光线的夹角 α,则入射角 i_0 等于 $90°-\alpha/2$,多次测量取平均值,然后代入式(8.15.1)就可以计算出液膜的折射率。波长为 589.3 nm、温度 20 ℃时甘油的折射率是 1.474。

实验 8.16 晶体玻片折射率差的测量

【实验器具】

激光器(650 nm)1 台、偏振片 2 片(均带有度盘)、待测晶体玻片(厚度为 100 μm,带有度盘)1 片、数字检流计 1 台、光具座 1 台等。

【实验要求】

(1)简述测量晶体玻片折射率差(10^{-3})的实验原理(包括必要的公式推导过程、结果和原理图)。

(2)写出调节步骤和测量步骤。

(3)记录实验原始数据,处理数据测晶体玻片折射率差值。

(4)分析实验误差。

【实验原理】

如图 8.16.1 所示的平行偏振光干涉装置中,晶片的厚度为 d,起偏器 P_1 将入射的自然光变成线偏振光,检偏器 P_2 则将有一定相位差、振动方向互相垂直的两个线偏振光引到同一振动方向上,使其产生干涉。如果起偏器与检偏器的偏振轴相互平行,就称这对偏振器为平行偏振器;如果互相垂直,就叫正交偏振器。其中以正交偏振器最为常用。

让一束单色平行光通过 P_1 变成振幅为 E_0 的线偏振光,然后垂直投射到晶片上,并被分解为振动方向互相垂直的两束线偏振光(o 光和 e 光)。假设 e 光和 o 光的偏振方向分别为 x 轴和 y 轴,如图 8.16.1 所示,P_1 的偏振轴与 x 轴的夹角为 α,P_2 的偏振轴与 x 轴的夹角为 β,则通过 P_1 的光在晶片的两束线偏振光的振幅分别为

$$E_x = E_0 \cos \alpha \quad E_y = E_0 \sin \alpha \tag{8.16.1}$$

这两束光从晶片射出时的相位差为

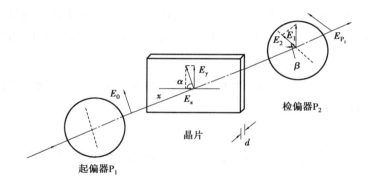

图 8.16.1 平行偏振光干涉光路图

$$\varphi = \frac{2\pi}{\lambda} |n_o - n_e| d \qquad (8.16.2)$$

到达偏振片 P_2 上,只有它们在 P_2 透振方向上的分量才能通过,则由晶片射出的两束线偏振光通过检偏器 P_2 后的振幅为

$$E_{P_2} = E_1 + E_2 \qquad (8.16.3)$$

电场分量分别为

$$E_1 = E_0 \cos \alpha \cos \beta$$
$$E_2 = E_0 \sin \alpha \sin \beta \cdot \exp(-i\varphi) \qquad (8.16.4)$$

这时它们的频率相同,振动方向相同,相位差 φ 恒定,满足干涉条件。它们相干叠加的光强度为

$$I = E_{P_2} \cdot E_{P_2}^* = I_0 \left[\cos^2(\alpha - \beta) - \sin 2\alpha \sin 2\beta \cdot \sin^2 \frac{\varphi}{2} \right] \qquad (8.16.5)$$

其中,$I_0 = E_0^2$;φ 是指从偏振片 P_2 出射时两束光之间的相位差,当 P_1 和 P_2 的透振方向处在相同的象限时不需引入附加的相位,否则就需要引入值为 π 的附加相位差。

式(8.16.5)中第一项与晶片参数无关,是由马吕斯定律决定的背景光,此时相当于在两个偏振器之间没有晶片时的透过光的光强,第二项表示了偏振光的干涉效应。

当 P_1 和 P_2 的偏振轴正交时,式(8.16.5)中第一项为 0,式(8.16.5)变成

$$I_\perp = I_0 \sin^2 2\beta \cdot \sin^2 \frac{\varphi}{2} \qquad (8.16.6)$$

当 P_1 和 P_2 的偏振轴平行时,式(8.16.5)变成

$$I_{//} = I_0 \left(1 - \sin^2 2\beta \cdot \sin^2 \frac{\varphi}{2} \right) \qquad (8.16.7)$$

由式(8.16.2)、式(8.16.6)和式(8.16.7)可知,当波片一定时,相位差 φ 恒定,透射光强 I 与 $\sin^2 2\beta$ 成线性关系。式中 $I_0 = I_\perp + I_{//}$,对式(8.16.6)式(8.16.7)进行归一化处理,得到

$$\bar{I}_\perp(\beta) = \frac{I_\perp(\beta)}{I_\perp(\beta) + I_{//}(\beta)} = \frac{1}{2} \sin^2 2\beta \cdot (1 - \cos \varphi)$$

$$\bar{I}_{//}(\beta) = \frac{I_{//}(\beta)}{I_\perp(\beta) + I_{//}(\beta)} = 1 - \frac{1}{2} \sin^2 2\beta \cdot (1 - \cos \varphi) \qquad (8.16.8)$$

实验时,由于光源强度不稳定、光源不是自然光和偏振片的偏化程度不均匀等的影响,光

强 I_0 并不是常数,归一化处理之后可以解决这个问题。实验过程中 β 值每次变化之后,测量对应的 $I_\perp(\beta)$ 和 $I_\perp(\beta)$,确定对应角度下的 I_0,代入式(8.16.8),得到透射光的归一化强度与 $\sin^2 2\beta$ 的关系式。

由透射光的归一化强度 $\bar{I}$ 与 $\sin^2 2\beta$ 的关系式中的系数求出相位差 φ,结合式(8.16.2)即可得到晶体玻片的折射率差值。

实验 8.17　偏振光干涉测晶体玻片厚度

与普通的干涉现象一样,偏振光的干涉同样也有重要的应用。从干涉现象来说,偏振光的干涉与通过分振幅和分波面方式获得的干涉现象相同,但偏振光干涉是利用晶体的双折射效应,将同一束光分成振动方向相互垂直的两束线偏振光,再经检偏器将其振动方向引到同一方向上进行干涉,也就是说,通过晶片和一个检偏器即可观察到偏光干涉现象。偏振光的干涉可以根据入射光分为两类:平行偏振光的干涉和会聚偏振光的干涉。

【实验器具】

白炽灯 1 台、小孔屏 1 个、透镜 1 个、扩束镜 1、偏振片 2 片、分光计 1 台(带有 6.3 V 变压器电源)、棱镜(或光栅)1 个、晶体玻片($n_o = 1.5667$,$n_e = 1.5572$)1 片、汞灯(主要谱线 365.0、404.7、435.8、491.6、546.1、577.0 单位:nm)1 台等。

【实验要求】

(1)简述偏振光干涉测晶体玻片厚度实验原理(包括必要的公式推导过程、结果和原理图)。

(2)写出调节步骤和测量步骤。

(3)记录实验原始数据,处理数据测晶体的厚度。

(4)分析实验误差。

【实验原理】

由实验 8.16 的原理可知:对于平行偏振光的干涉,当 P_1 和 P_2 的偏振轴正交时,透过偏振器 P_2 的光强为

$$I_\perp = I_0 \sin^2 2\beta \cdot \sin^2 \frac{\varphi}{2} \tag{8.17.1}$$

当 P_1 和 P_2 的偏振轴平行时,透过偏振器 P_2 的光强为

$$I_{//} = I_0 \left(1 - \sin^2 2\beta \cdot \sin^2 \frac{\varphi}{2} \right) \tag{8.17.2}$$

式中,β 为偏振片 P_2 与晶片光轴的夹角,φ 为 o 光和 e 光从晶片射出时的相位差。两式比较可知,正交和平行两种情况的干涉光强正好互补。

P_1 和 P_2 的偏振轴正交,$\beta = 45°$ 时,式(8.17.1)变为

$$I_\perp = I_0 \sin^2 2\beta \cdot \sin^2 \frac{\varphi}{2} = I_0 \sin^2 \frac{\varphi}{2} \tag{8.17.3}$$

由于两束光从晶片射出时的相位差 φ 为

$$\varphi = \frac{2\pi}{\lambda} | n_- n_e | d \tag{8.17.4}$$

当 $\varphi = 0, 2\pi, \cdots, 2m\pi, m$ 为整数时,透射光输出强度最大。

如果晶片厚度一定而用不同波长的光来照射,则透射光的强弱随波长的不同而变化,不同厚度的晶片出现不同的彩色。同一块晶片在白光照射下,偏振片正交和平行时所见的彩色不同,但它们总是互补的。把其中一块偏振片连续转动,则视场中的彩色的强度就跟着连续变化。偏振光干涉时出现彩色的现象称为显色偏振或色偏振。

如果在偏振片的后面加上分光装置,把透射光中的波长 $\lambda_0, \lambda_1, \lambda_2, \lambda_3, \lambda_4, \cdots$ 依次从大到小测出,并且波长 λ_0 对应的相位差是 $2m\pi$,那么 λ_1 对应的相位差是 $2(m+1)\pi$,结合式 (8.17.4) 和输出强度最大的条件,则有

$$\frac{1}{\lambda_i} = \frac{m+i}{|n_o - n_e| d} (i = 0, 1, 2, \cdots) \tag{8.17.5}$$

由式 (8.17.5) 可知,当晶片一定时,显色光的波长倒数 $1/\lambda$ 与整数 i 成线性关系。实验中借助分光计和光栅搭建分光装置,利用汞灯对分光装置进行定标。由分光装置测量 $\lambda_0, \lambda_1, \lambda_2, \lambda_3, \lambda_4, \cdots$,结合式 (8.17.5) 得到 $1/\lambda$ 与 i 的关系式,即可求出晶体玻片的厚度 d。

显色偏振是检定双折射现象极为有效的方法。当晶片的折射率差值很小时,用直接观察 o 光和 e 光的方法,很难检定是否有双折射存在。但是只要把这种物质薄片放在两块偏振片之间,用白光照射,观察是否有彩色出现,即可鉴定是否存在双折射。

实验 8.18　光栅自成像现象的研究实验

当平面光波垂直入射在光栅上时,透射光波的传播会与入射光波非常不同。一个有趣的现象是:透射光波在随后的传播过程中会以一定的空间距离为周期,重复再现光栅的结构,即光栅的像。这种不借助于其他光学元件的光栅成像方式称为光栅的自成像。

【实验器具】

He-Ne 激光器 1 台、扩束镜 1 个、准直透镜 1 个、小孔光阑 1 个、相同的光栅 2 片、光具座 1 台、摄像头 1 个、计算机 1 台、滑块和底座若干等。

【实验要求】

(1) 研究平面光波照明条件下的自成像问题。严格的理论推导得出,在平面波照明时,与光栅相距 $\frac{2nd^2}{\lambda} (n = 1, 2, 3, \cdots)$ 时自成像。试用实验室提供的光栅做定量的实验观测,确定光栅的光栅常数。

(2) 球面波照明光栅,透过的光波也能在空间重复形成光栅的像,且有放大或缩小的效应,只是像在空间的重复并不是等间距的,试用提供的光栅做定量的实验测量和分析,总结出

球面光波照明条件下光栅的自成像规律。

（3）用莫尔条纹观察泰伯效应，记录实验原始数据，确定光栅的光栅常数。

（4）简叙实验原理，写出调节步骤和测量步骤。

【实验原理】

1）泰伯效应

当用相干光照射光栅时，在离光栅某些特定的距离上，能够形成光栅的像，这一现象称为泰伯效应。在相干光场中，周期性的物体能自成像，称为无透镜自成像或傅里叶成像。它不是一种透镜成像，而是衍射成像。泰伯效应有许多有意义的应用。例如，可以用来检验和复制光栅，确定光束的准直性，实现图像相减以及构成泰伯干涉仪检测位相物体等。

位于 $z=0$ 的 xy 平面上的一个光栅常数为 d 的光栅，假设其透射系数 τ 是一个矩形函数，它的傅里叶级数展开为

$$\tau(x) = \tau_0 + \sum_{m=1}^{\infty} \tau_m \cos 2\pi f_m x \qquad (8.18.1)$$

式（8.18.1）中，$f_1 = 1/d$ 是光栅的基频，$f_m = mf_1$ 是谐频。

沿 z 正方向传播的平面波可以表达为

$$A(x,y,z) = A(x,y,0) \exp[jkz(1 - \lambda^2 f_x^2 - \lambda^2 f_y^2)^{\frac{1}{2}}] \qquad (8.18.2)$$

设有振幅为 A_0 的单色光波垂直地照射光栅，透过光栅的复振幅用它频谱（傅里叶级数展开）表示为

$$A(x,y,0_+) = A_0 \tau(x) = A_0 \tau_0 + A_0 \sum_{m=1}^{\infty} \tau_m \cos 2\pi f_m x \qquad (8.18.3)$$

式中，0_+ 表示刚通过光栅以后的情况。结合欧拉公式，式（8.18.3）可以写成

$$A(x,y,0_+) = A_0 \tau_0 + \frac{1}{2} A_0 \sum_{m=1}^{\infty} \tau_m [\exp(j2\pi f_m x) + \exp(-j2\pi f_m x)] \qquad (8.18.4)$$

其中，$A_0 \tau_0$ 是直射光或零级衍射光，方括号中第一项是正衍射级即正频项，第二项是负衍射级即负频项。

用 θ_m 表示第 m 级衍射光的衍射角，则光栅方程 $d \sin \theta_m = m\lambda$ 可改写为 $\sin \theta_m = m\lambda/d = \lambda f_m$，其中，$f_m = mf_1$ 是第 m 级衍射光 x 方向的空间频率分量。

结合式（8.18.2）和式（8.18.3），衍射波沿 z 方向传播时，复振幅可以写成

$$A(x,y,z) = A_0 \tau_0 \exp(jkz) + A_0 \sum_{m=1}^{\infty} \tau_m \cos 2\pi f_m x \cdot \exp[jkz(1 - \lambda^2 f_m^2)^{\frac{1}{2}}] \qquad (8.18.5)$$

或者

$$A(x,y,z) = A_0 \exp(jkz) \left\{ \tau_0 + \sum_{m=1}^{\infty} \tau_m \cos 2\pi f_m x \cdot \exp(jkz)(\sqrt{1 - \lambda^2 f_m^2} - 1) \right\}$$

$$(8.18.6)$$

由式（8.18.6）可知，当光栅的空间频率很小即 $\lambda^2 f_m^2$ 远远小于 1 时，位相项可用二项式定理展开，取其一级近似有

$$\varphi_m = kz(\sqrt{1 - \lambda^2 f_m^2} - 1) = -\pi\lambda f_m^2 z$$

如果令 $\varphi_1 = -\pi\lambda f_1^2 z = -2n\pi$，$n = 1,2,3,\cdots$，由于 $f_m = m f_1$，则有

$$\varphi_{\mathrm{m}} = -\pi\lambda\, f_{\mathrm{m}}^2 z = -2nm^2\pi, n = 1,2,3,\cdots$$

此时距离光栅的距离 z 为 $z = \dfrac{2n}{\lambda f_1^2} = \dfrac{2nd^2}{\lambda}$ 时,式 $(8.18.6)$ 可以写成

$$A(x,y,z) = A_0\exp(jkz)\left[\tau_0 + \sum_{m=1}^{\infty}\tau_{\mathrm{m}}\cos 2\pi f_{\mathrm{m}}x\right] \tag{8.18.7}$$

将式 $(8.18.7)$ 与式 $(8.18.1)$ 进行比较可以看到,除一个位相因子和常数外,二者完全相同。而实际观察的是强度,位相因子被消去,强度表达式为

$$I(x,y,z) = AA^* = A_0^2\left(\tau_0 + \sum_{m=1}^{\infty}\tau\cos 2\pi f_{\mathrm{m}}x\right)^2 \tag{8.18.8}$$

由以上分析可知,当距离光栅为 $\dfrac{2nd^2}{\lambda}$ $(n = 1,2,3,\cdots)$ 时,重现光栅严格的像。由于避免了透镜系统的像差,自成像的分辨本领很高。

令 $z_{\mathrm{T}} = \dfrac{2d^2}{\lambda}$,$z_{\mathrm{T}}$ 为泰伯距离,则图 8.18.1 表示出不同观察距离处得到不同类型的光栅自成像。

当 $z = nz_{\mathrm{T}}$ $(n = 1,2,3,\cdots)$ 时,观察到严格的光栅像,称为泰伯像;

当 $z = \dfrac{2n-1}{4}z_{\mathrm{T}}$ $(n = 1,2,3,\cdots)$ 时,观察到倍频的泰伯像,且条纹对比度下降,称为泰伯子像;

当 $z = \dfrac{2n-1}{2}z_{\mathrm{T}}$ $(n = 1,2,3,\cdots)$ 时,观察到对比度反转的泰伯像。

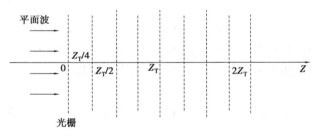

图 8.18.1　泰伯像的位置图

后两者并不是光栅真正的像。如果用周期性物体代替光栅,上述现象和结论仍然成立。

如果在光栅所产生的泰伯像的位置处放置一块周期相同的检测光栅,可以观察到清晰的莫尔条纹。在两个光栅之间若存在位相物体,由莫尔条纹的改变可测量物体的位相起伏。这就是泰伯干涉仪的工作原理。

在发散球面光波照明条件下,假设点光源和光栅的距离为 a,光栅和清晰像的距离为 b,则有 $1/a + 1/b = 1/f_{\mathrm{m}}$,其中 $f_{\mathrm{m}} = m(d^2/\lambda)$,$m$ 近似为整数。

2）光栅莫尔条纹

莫尔条纹是一种叠栅效应。当两只光栅刻划面以很小的交角 θ 相向叠合时,由于挡光效应(对刻线密度小于等于 50 条/mm 的光栅)或光的衍射作用(对刻线密度大于等于 100 条/mm 的光栅),在与光栅刻线大致垂直的方向上形成明暗相间的条纹称为莫尔条纹,如图 8.18.2 所示。

如图 8.18.3 所示,设主光栅与指示光栅之间的夹角为 θ,光栅栅距为 w,则相邻莫尔条纹之间的距离 B 为

$$B = \frac{w}{2 \sin \dfrac{\theta}{2}} \approx \frac{w}{\theta} \qquad (8.18.9)$$

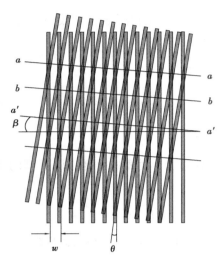

图 8.18.2　光栅莫尔条纹

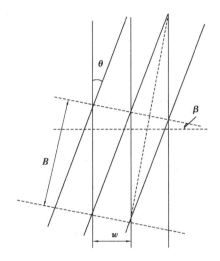

图 8.18.3　莫尔条纹间距与夹角的关系

莫尔条纹具有如下主要特征:

(1)运动方向。

莫尔条纹的运动方向与光栅的运动方向一一对应。当指示光栅不动,主光栅的刻线与指示光栅刻线之间始终保持夹角 θ,而使主光栅沿刻线的垂直方向作相对运动时,莫尔条纹将沿光栅刻线方向移动;当光栅反向移动时,莫尔条纹也作反向移动。

(2)位移放大作用。

当两个光栅刻线夹角 θ 较小时,在栅距 w 一定的情况下,θ 越小则 B 越大,相当于把栅距 w 放大了 $1/\theta$ 倍。

例如,对 50 线/mm 的光栅,$w = 0.02$ mm,若取 $\theta = 0.1°$,则莫尔条纹间距 $B = 11.46$ mm,$K = 573$,相当于将栅距放大了 573 倍。

(3)同步性。

当主光栅沿与刻线垂直方向移动一个栅距 w 时,莫尔条纹也移动一个条纹间距 B。

(4)误差平均作用。

莫尔条纹对光栅栅距局部误差具有消差作用。在光栅测量中,光电元件接收的是一个区域内所含众多的栅线所形成的莫尔条纹。因此,这一区域内个别栅线的栅距误差,或者个别栅线的断裂或其他疵病对整个莫尔条纹的位置及形状的影响很微弱。

实验 8.19　用双光栅 Lau 效应测量平板玻璃折射率

将两块同周期的光栅以栅线平行并以一定间隔垂直于光轴放置,用空间扩展光源照明,在无穷远处将得到定域的周期性条纹。这一现象由 Lau 于 1943 年首次发现,称为 Lau 效应。若采用白光扩展光源,将得到彩色条纹。以后 Patorski 等人对 Lau 效应作了扩展,讨论了不同光栅周期的双光栅在菲涅耳近场的广义 Lau 效应。有关 Lau 效应产生机理的研究,有许多学者们从衍射理论、相干理论等方面进行了解释,而 Swanson、Leith 和刘立人等人则基于光栅衍射干涉模型和采用反向脉冲传递法给出 Lau 效应的进一步解释。感兴趣的同学可以自行查找相关资料。

【实验器具】

光栅 2 块(光栅常数相同,20 线/mm)、钠光灯(589.3 nm)1 台、分光计 1 台(带有 6.3 V变压器电源,极限误差±1′)、标准样品 1 块($n_D = 1.5163$)、待测样品 1 块、螺旋测微计(极限误差±0.004 mm)1 个、直尺 1 个、二维调整架 2 个、磁性表座 2 个、铁板 1 块、万向节 4 个以及系列接杆若干等。

【实验要求】

(1)组装实验装置,观察 Lau 效应现象,并画出望远镜视场中 Lau 效应的图像。建议:由于空间的限制,Z_0 的范围最好为 6~8 cm。

(2)自查资料简述 Lau 效应测定样品折射率的实验原理(包括必要的公式推导过程、结果和原理图)。

(3)写出调节步骤。

(4)测量样品折射率。

①测量标准样品的厚度、入射角,各测量 3 次;

②测量待测样品的厚度、入射角,各测量 3 次;

③记录实验原始数据,计算待测样品的折射率;

④计算置信概率 $P = 0.95$ 时标准样品厚度的 A 类不确定度,已知 3 次测量的 t 因子 $t_{0.95}(3) = 4.30$。

(5)推导利用单色平行光干涉测量平板玻璃折射率的理论公式。

【实验原理】

1)测量原理

用扩展光源照明 2 个相互平行且有一定间距的相同光栅,在无穷远处可以看到平行的干涉条纹,称为 Lau 效应。如图 8.19.1 所示,当平行光垂直入射到第一个光栅(光栅刻线与准直管狭缝平行),在望远镜视场中可见到几条衍射亮线,逐渐加宽准直管的狭缝,视场中的亮线随之逐渐展宽,成为几个亮带,如图 8.19.2 所示,这时放置第二个衍射光栅(两个光栅的刻线必须平行),其后的衍射光发生多光束干涉,当两光栅间距 Z_0 为 $\Delta^2/2\lambda$ 的整数倍时(Δ 为光栅常量,λ 为波长),望远镜视场中的几条亮带中会出现干涉条纹,这是第一个光栅的刻痕在望远镜后焦面上的像,如图 8.19.3 所示,图中 s 为条纹间距。

将厚度为 d,折射率为 n 的标准样品置于载物台上,且入射光线垂直样品,转动载物台,样品后表面出射光线的横向位移 D 与入射角 i(入射光线与样品前表面法线的夹角)关系为

$$D = d \sin i \left[1 - \left(\frac{1 - \sin^2 i}{n^2 - \sin^2 i} \right)^{\frac{1}{2}} \right] \qquad (8.19.1)$$

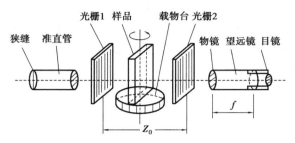

图 8.19.1　Lau 效应实验原理示意图

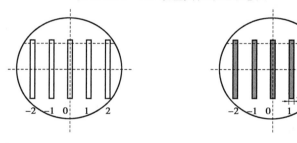

图 8.19.2　狭缝经第一个光栅的实验现象　　图 8.19.3　Lau 效应干涉图

从入射角 i 为零时开始转动载物台,随着载物台的转动,望远镜视场中的条纹发生移动,假设条纹移动了 m 条,其移动的距离为 $\frac{fD}{Z_0}$(f 为望远镜焦距),有:

$$D = \frac{Z_0}{f} ms \qquad (8.19.2)$$

又由于:

$$\Delta = \frac{Z_0}{f} s \qquad (8.19.3)$$

由式(8.19.1)—式(8.19.3)可得

$$m\Delta = d \sin i \left[1 - \left(\frac{1 - \sin^2 i}{n^2 - \sin^2 i} \right)^{\frac{1}{2}} \right] \qquad (8.19.4)$$

将待测样品(厚度为 d_1,折射率为 n_1)取代标准样品,按上述操作,使望远镜视场中的干涉条纹同样也移动 m 条(建议在本实验中取 $m = 10$),这时的入射角记为 i_1,由式(8.19.4)可得待测样品的折射率为

$$n_1^2 = \sin^2 i_1 \cdot \left[\frac{d_1^2 \cos^2 i_1}{\left\{ d_1 \sin i_1 + d \sin i \cdot \left[\frac{\cos i}{(n^2 - \sin^2 i)^{\frac{1}{2}}} - 1 \right] \right\}^2} + 1 \right] \qquad (8.19.5)$$

螺旋测微计测量标准样品和待测样品的厚度 d、d_1，分光计测量对应的角度 i 和 i_1，代入式（8.19.5），即可测得待测样品的折射率 n_1。

2）横向位移公式的推导

光线 AB 垂直平行平板入射，经过平行平板的出射光线沿 AB 出射。当转动平行平板时，入射角 i 随之发生改变，光线在平行平板内沿着 AC 传播，折射角是 r，由于平板上下表面平行，光从上表面透射出来后，仍沿着与 AB 平行的方向出射，但其出射光线产生了横向位移 D，如图 8.19.4 所示。假设平行平板的厚度是 d，折射率是 n，根据折射定律

$$\sin\ i = n\ \sin\ r \tag{8.19.6}$$

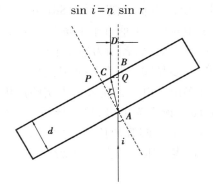

图 8.19.4　平行平板横向位移的示意图

由图 8.19.4 中几何关系可知

$$D = BC \cdot \cos\ i = (PB - PC)\cos\ i = d(\tan\ i - \tan\ r)\cos\ i \tag{8.19.7}$$

联立式（8.19.6）和式（8.19.7），可以得到横向位移 D 与入射角 i、厚度 d 的关系式（8.19.1）：

$$D = d\ \sin\ i(1 - \frac{\cos\ i}{\sqrt{n^2 - \sin^2 i}}) $$

3）单色平行光干涉测量平板玻璃折射率

平行光干涉可以通过迈克尔逊干涉或者马赫-曾德尔干涉的光路实现。以马赫-曾德尔光路为例，在产生干涉的其中一条光路中插入厚度为 d，折射率是 n 的平板玻璃。如果平板玻璃与平行光垂直，则干涉光增加的光程差为

$$\delta = (n-1)d \tag{8.19.8}$$

如果平板玻璃的法线与平行光夹角为 i，如图 8.19.4 所示，则干涉光增加的光程差 δ 为

$$\delta = nAC - AQ = nAC - AC\ \cos(i-r) = n\ \frac{d}{\cos\ r} - \frac{d}{\cos\ r}\cos(i-r) \tag{8.19.9}$$

将折射定律式（8.19.6）代入式（8.19.9），可得

$$\delta = d(\sqrt{n^2 - \sin^2 i} - \cos\ i) \tag{8.19.10}$$

实验时，可以将垂直入射作为起始条件，然后使平板玻璃绕其法线旋转 i 角，则增加的光程差 δ 为式（8.19.10）和式（8.19.8）的差值，即

$$\delta = d(\sqrt{n^2 - \sin^2 i} - \cos\ i - n + 1) \tag{8.19.11}$$

若旋转对应干涉条纹的移动数目是 m，光源波长为 λ，则有

$$m\lambda = d(\sqrt{n^2 - \sin^2 i} - \cos\ i - n + 1) \tag{8.19.12}$$

通过实验测得条纹的移动数目 m、平板的厚度 d 和转动角度 i,若已知光源波长 λ 则由式 (8.19.12) 可以测得平板玻璃的折射率 n。

实验8.20 用迈克尔逊干涉仪测量电致伸缩系数

1880 年,居里兄弟发现对石英单晶施加机械应力时,在晶体垂直于加力方向的两个表面上可以观测到大小相等、符号相反的电荷。随后在 1881 年,居里兄弟又发现了前者的逆效应,即在石英晶体相对表面施加电场时,在垂直于电场的方向上晶体产生应变和应力。这类现象称为压电效应,前者为正压电效应,后者则为逆压电效应。

具有压电效应的物质有单晶、多晶陶瓷及某些非晶固体。压电陶瓷是纳米研究的重要材料,纳米级的扫描器和位移器件多由压电陶瓷制成。本实验使用一种由锆钛酸铅制成的圆管形压电陶瓷。在圆管的内外表面镀银作为电极,接上导线,就可对其施加电压。当在陶瓷管的外表面加上正电压时(内表面接地),圆管伸长,反之外表面加上负电压时,圆管缩短。

用 ε 表示圆管轴向的应变,α 表示压电陶瓷在近似线性区内的电致伸缩系数,E 表示圆管内外表面间的电场强度,于是有

$$\varepsilon = \alpha E \qquad (8.20.1)$$

若压电陶瓷管的原长度为 l,压电陶瓷管内外表面所加的电压为 U,加电压后陶瓷管长度的变化量为 Δl,陶瓷管的壁厚为 δ,则由式(8.20.1)压电陶瓷的电致伸缩系数 α 可以表示为

$$\alpha = \frac{\Delta l \delta}{lU} \qquad (8.20.2)$$

【实验器具】

迈克尔逊干涉仪 1 台、He-Ne 激光器 1 台、扩束镜 1 个、直流电源(0~500 V)1 台、数字电压表(0 ~ 1 000 V)1 个、电位器(500 kΩ, 2 W)1 个、游标卡尺 1 个、待测压电陶瓷样品 1~2 只、502 胶 1 管等。

【实验要求】

(1)利用改装的迈克尔逊干涉仪研究压电陶瓷的电致伸缩现象,测定其在近似线性区的电致伸缩系数。

(2)叙述测量原理。

(3)写出实验步骤。

(4)记录实验原始数据,处理数据,分析实验误差。

注意:改装迈克尔逊干涉仪时,不可损伤平面镜的反射镜。

【实验原理】

式(8.20.2)中的压电陶瓷管长 l 和壁厚 δ 可以用游标卡尺测量,电压 U 可由数字电压表测出,但陶瓷管长的变化量 Δl 很小,用常规方法无法测量,本实验采用干涉法,由改装的迈克尔逊干涉仪测出。

测量微小长度变化量 Δl 的装置如图 8.20.1 所示。图中 G_1 为分光玻璃板,G_2 为补偿板,M_1 和 M_2 分别为可移动平面镜和固定平面镜。迈克尔逊干涉仪调好时,可以在观察屏 P 上观察到同心圆环状的干涉条纹。改变加在压电陶瓷管上的电压,则可移动平面镜 M_1,两相干光的光程差发生改变,观察屏上的同心圆环干涉条纹发生涨出或缩进。干涉条纹涨出或缩进的数目 n 和陶瓷管长度的变化量 Δl 的关系为

$$\Delta l = n \frac{\lambda}{2} \tag{8.20.3}$$

式中,λ 为 He-Ne 激光波长,n 为条纹涨出或缩进的数目。把式(8.20.3)代入式(8.20.2),整理后可得

$$n = \frac{2l\alpha}{\lambda\delta}U = bU \tag{8.20.4}$$

由式(8.20.4)可知,n 和 U 存在线性相关,则压电陶瓷的电致伸缩系数 α 可由上述回归方程的斜率 b 求得,即

$$\alpha = \frac{b\lambda\delta}{2l} \tag{8.20.5}$$

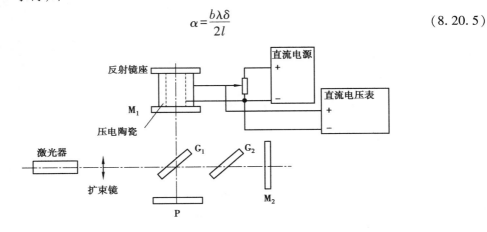

图 8.20.1 测量微小长度变化量 Δl 的示意图

需要指出的是,涨出或缩进的条纹数 n 并不随电压 U 做完全的线性变化,仅在某一电压范围内具有近似线性的特性,图 8.20.2 表示出了 n 和电压 U 的变化关系。在纳米级的长度测量中,即利用式(8.20.2),用精密的电压 U 测出 0.01 ~ 100 nm 级的长度。

注意:压电陶瓷的电致伸缩现象与磁滞回线相似,也有迟滞现象,测量中要缓慢地增加电压,电压减小时也应逐渐减小,等到干涉条纹稳定后再读数。

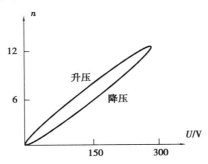

图 8.20.2 条纹数 n 和电压 U 关系图

实验中压电陶瓷管安装时,陶瓷圆管的两端面应与其轴线垂直,把可移动平面镜 M_1 用 502 胶固定在陶瓷圆管的一端,陶瓷圆管的另一端再粘在反射镜架上。注意不要损伤可移动平面镜的反射面。测量时,将压电陶瓷管上的电压由 0 V 慢慢增加到约 300 V,再逐步降低到 0 V,同时记录干涉圆环涨出或缩进一环时对应的电压值。然后,根据测量数据,作出 $n\text{-}U$ 曲线,用线性回归法求近似线性区域的压电陶瓷电致伸缩系数。

参考文献

[1] 赵凯华,钟锡华.光学:上册[M].北京:北京大学出版社,1984.

[2] 赵凯华,钟锡华.光学:下册[M].北京:北京大学出版社,1984.

[3] 母国光,战元龄.光学[M].北京:人民教育出版社,1978.

[4] 叶玉堂,肖峻,饶建珍,等.光学教程[M].2版.北京:清华大学出版社,2011.

[5] 叶玉堂,饶建珍,肖峻,等.光学教程[M].北京:清华大学出版社,2005.

[6] 丁慎训,张连芳.物理实验教程[M].2版.北京:清华大学出版社,2002.

[7] 张以谟.应用光学:上册[M].北京:机械工业出版社,1982.

[8] 倪光炯,王炎森,钱景华,等.改变世界的物理学[M].上海:复旦大学出版社,1998.

[9] 潘人培,董宝昌.物理实验教学参考书[M].北京:高等教育出版社,1990.

[10] 恰尔斯.物理常数[M].北京:科学普及出版社,1963.

[11] G.L.特里格.现代物理学中的关键性实验[M].北京:科学出版社,1983.

[12] J.W.顾德门.傅里叶光学导论[M].北京:科学出版社,1976.

[13] 王绿苹.光全息和信息处理实验[M].重庆:重庆大学出版社,1991.

[14] 陈群宇.大学物理实验:基础和综合分册[M].北京:电子工业出版社,2003.

[15] 赵家凤.大学物理实验[M].北京:科学出版社,1999.

[16] 于美文,等.光学全息及信息处理[M].北京:国防工业出版社,1984.

[17] GOODMAN J W. Introduction to Fourier optics[M]. San Francisco:McGraw-Hill,1968.